现代测试系统设计

岳瑞华　徐中英　孔祥玉　吴玉彬　编著

国防工業出版社

·北京·

内容简介

本书以现代测试系统的体系结构、特点为切入点，论述总线式测试系统和常用多总线融合测试系统的结构组成与应用；针对测试系统的精度设计进行了较详细论述；建立了测试系统评估的指标体系，研究了指标权重的确定方法，举例说明了测试系统的评估方法和步骤。本书贴近测试系统总体设计，贯穿先进设计理念，注重新技术、新成果的应用。

全书的编写具有系统性、先进性和实用性，适用面广，可以作为高等工科院校控制科学与工程、仪器科学与技术学科硕士研究生的教材或参考书，也可供从事测试系统设计的科技人员学习参考。

图书在版编目(CIP)数据

现代测试系统设计/岳瑞华等编著.—北京:国防工业出版社,2023.1
ISBN 978-7-118-12688-4

Ⅰ.①现… Ⅱ.①岳… Ⅲ.①测试系统-系统设计
Ⅳ.①TP206

中国版本图书馆 CIP 数据核字(2022)第 224942 号

※

国防工业出版社出版发行
(北京市海淀区紫竹院南路 23 号　邮政编码 100048)
天津嘉恒印务有限公司印刷
新华书店经售

*

开本 710×1000　1/16　**印张** 14¼　**字数** 254 千字
2023 年 1 月第 1 版第 1 次印刷　**印数** 1—1500 册　**定价** 89.00 元

(本书如有印装错误，我社负责调换)

国防书店：(010)88540777　　书店传真：(010)88540776
发行业务：(010)88540717　　发行传真：(010)88540762

前　言

《现代测试系统设计》是为控制科学与工程、仪器科学与技术学科研究生教学编著的教材。本书对研究生了解和掌握测试系统设计的基础知识、基本原则及方法具有重要作用。在内容安排上，以现代测试系统的体系结构、特点为切入点，论述总线式测试系统和常用多总线融合的测试系统；由于精度设计在现代测试系统设计中具有重要地位，本书特别研究论述了精度设计的目的、步骤、计算分析方法和误差分配方法等内容；对于不同体系结构测试系统，在方案阶段需要进行评估比较，以选择最优的设计方案，本书建立了测试系统评估的指标体系，研究了指标权重的确定方法，举例说明了测试系统的评估方法和步骤。本书贴近测试系统总体设计，贯穿先进设计理念，注重新技术、新成果的应用。全书的编写具有系统性、先进性和实用性，适用面广，可以作为高等工科院校控制科学与工程、仪器科学与技术学科硕士研究生的教材或参考书，也可供从事测试系统设计的科技人员学习参考。

全书共6章，第1章主要论述现代测试系统的分类、体系结构、特点与开发过程；第2章介绍自动测试系统内部总线，包括 VXI 总线、PXI 总线和 PC104 总线；第3章介绍自动测试系统外部总线，包括 RS－232C 总线、IEEE488 总线、LXI 总线；第4章论述常用多总线融合的自动测试系统；第5章介绍精度设计；第6章研究测试系统的评估技术和方法。全书由岳瑞华、徐中英、孔祥玉、吴玉彬编著，岳瑞华负责第1、6章，徐中英负责第4、5章，孔祥玉负责第2章，吴玉彬负责第3章。全书参考、引用了同类教材、专著的相关内容，第6章引用了研究生王学浩的硕士论文成果，在此表示衷心感谢。

本书在编写过程中得到了火箭军工程大学、导弹工程学院以及测试教研室的高度重视和大力支持，在此致以衷心感谢。

由于编著者水平所限，错误及不妥之处，恳请读者和同行提出批评意见！

编著者

2022年8月

目　　录

第 1 章　现代测试系统概论

测试技术是解决测试的方法和手段问题的一门科学。在完成每一项具体测试任务时，从获取被测对象或测试过程中的参数信息到完成整个测试任务，不仅需要有相应的器材、设备和仪器，还需要研究如何把它们组成一个既有效又经济的整体，以保证任务的完成。通常把为了完成某项测试任务而按某种规则有机构造的、互相连接起来的一套测试仪器（设备）称为测试系统。严格来讲，测试系统是包括测试仪器、测试人员、测试对象、测试环境等与测试行为有关的全部因素的整体。然而，习惯上称呼的测试系统仅指测试仪器这一部分。

现代测试系统是指具有自动化、智能化、可编程化等功能的测试系统。

1.1　现代测试系统的分类

现代测试系统主要有三大类：智能仪器、自动测试系统和虚拟仪器。智能仪器和自动测试系统的区别在于它们所用的微型计算机是否与仪器的测量部分融合在一起，也就是看它们是采用专门设计的微处理器、存储器、接口芯片组成的系统（智能仪器），还是用已有的 PC 配以一定的硬件与仪器的测量部分组合而成的系统（自动测试系统）。虚拟仪器与智能仪器、自动测试系统的最大区别在于它将测试仪器软件化和模块化了。这些软件化和模块化的仪器与计算机结合便构成了虚拟仪器。

1. 智能仪器

所谓智能仪器是指包含有微计算机或微处理器的测量（或检测）仪器。它拥有对数据存储、运算、逻辑判断及自动化操作的功能，具有一定的智能作用。智能仪器的典型结构如图 1－1 所示。

智能仪器是计算机技术与测量仪器相结合的产物，它所具有的软件功能已使仪器呈现出某种智能作用。与传统仪器仪表相比，智能仪器具有以下特点。

1）操作自动化

仪器的整个测量过程如键盘扫描、量程选择、开关启动闭合，还有数据的采集、传输与处理以及显示和打印等都用单片机或微控制器来控制操作，实现了测量过程的全部自动化。

2）具有自测功能

自测功能包括自动调零、自动故障与状态检验、自动校准、自诊断及量程自动转换等。智能仪器能自动检测出故障的部位甚至找到故障的原因。这种自测试可以在仪器启动时运行，也可在仪器工作中运行，极大地方便了仪器的维护。

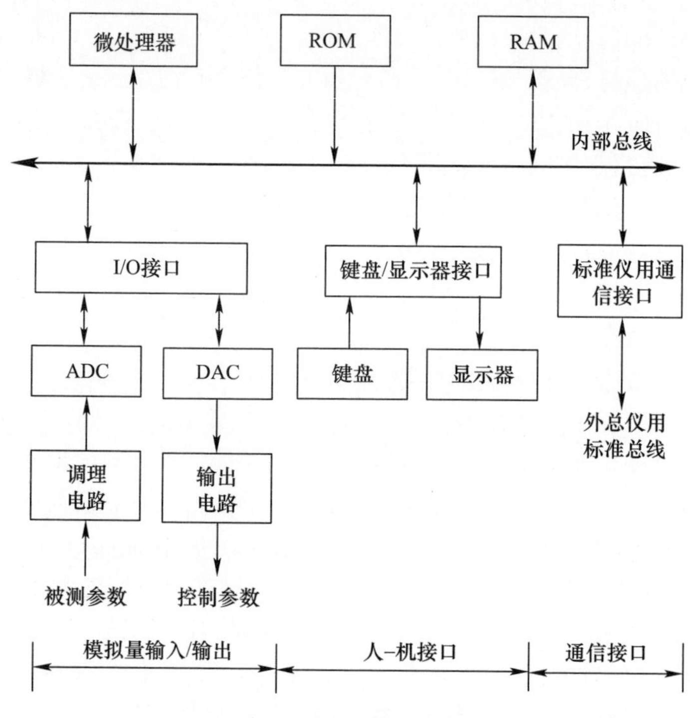

图1–1　智能仪器的典型结构

3）具有数据处理功能

具有数据处理功能是智能仪器的主要优点之一。由于智能仪器采用了单片机或微控制器，故许多原来用硬件逻辑难以解决或根本无法解决的问题现在可以用软件非常灵活地加以解决了。例如，传统的数字万用表只能测量电阻、交直流电压和电流等，而智能型的数字万用表不仅能进行上述测量，还具有对测量结果进行诸如零点平移、取平均值、求极值、统计分析等复杂的数据处理功能，不仅将用户从繁重的数据处理中解放了出来，也有效地提高了仪器的测量精度。

4）具有友好的人机对话能力

智能仪器使用键盘代替了传统仪器中的切换开关，操作人员只需通过键盘输入命令就能实现某种测量功能。与此同时，智能仪器还通过显示屏将仪器的运行情况、工作状态及对测量数据的处理结果及时告诉操作人员，使仪器的操作更加方便直观。

5）具有可程控操作能力

一般智能仪器都配有 GPIB、RS－232C、RS－485 等标准的通信接口，可以很方便地与 PC 和其他仪器一起组成用户所需要的多种功能的自动测量系统，以完成更复杂的测试任务。

2. 自动测试系统

自动测试系统（Automatic Test System，ATS）指的是以计算机为核心，在程序控制下，自动完成特定测试任务的仪器系统。自动测试系统的发展大致可分为 3 个阶段，即专用型阶段、积木型阶段和模块化集成型阶段。

1）第一代自动测试系统

第一代自动测试系统多为专用系统，通常是针对某项具体任务而设计的。它主要用于测试工作量很大的重复测试，还可用于高可靠性的复杂测试，也用来提高测试速度，在短时间内完成规定的测试，或者用于人员难以进入的恶劣环境的测试。第一代自动测试系统是从人工测试向自动测试迈出的重要一步，是本质上的进步。它在测试功能、性能、测试速度和效率以及使用便捷性等方面明显优于人工测试。使用这类系统能够完成一些人工测试无法完成的任务。

第一代自动测试系统的缺点突出表现在接口及标准化方面。在组建这类系统时，设计者要自行解决系统中仪器与仪器、仪器与计算机之间的接口问题。当系统较为复杂时，研制工作量很大，组建系统的时间增长，研制费用增加。而且由于这类系统是针对特定的被测对象而研制的，系统的适用性较弱，所以改变测试内容往往需要重新设计电路。造成这种结果的根本原因是其接口不具备通用性。由于在这类系统的研制过程中，接口设计、仪器设备选择方面的工作都是由系统的研制者各自单独进行的，系统的设计者并未充分考虑所选仪器、设备的复用性、通用性和互换性问题，所以第一代测试系统的通用性比较差。

2）第二代自动测试系统

第二代自动测试系统是在标准的接口总线（General Purpose Interface Bus，GPIB）的基础上，以积木方式组建的系统。系统中的各个设备（计算机、可程控仪器、可程控开关等）均为台式设备，每台设备都配有符合接口标准的接口电路。组装该系统时，可用标准的接口总线电缆将系统所含的各台设备连在一起。这种系统组建方便，一般不需要用户自己设计接口电路。由于组建系统时有积木式的特点，使得这类系统更改、增减测试内容很灵活，而且设备资源的复用性好。系统中的通用仪器（如数字多用表、信号发生器、示波器等）既可作为自动测试系统中的设备使用，也可作为独立的仪器使用。应用一些基本的通用智能仪器，可以在不同时期，针对不同的要求，灵活地组建不同的自动测试系统。

目前，组建这类自动测试系统普遍采用的接口总线为可程控仪器的通用接口总线 GPIB（在美国也称此总线为 IEEE488，HPIB）。采用 GPIB 总线组建的自动测试系统特别适用于科学研究或武器装备研制过程中的各种试验、验证测试。目前，这种系统已广泛应用于工业、交通、航空航天、核设备研制等多个领域。

基于 GPIB 总线的第二代自动测试系统的主要缺点表现为以下几点。

（1）总线的传输速度不够高（最大传输速率为 8MB/s），很难以此总线为基础组建高速、数据吞吐量大的自动测试系统。

（2）这类系统是由一些独立的台式仪器用 GPIB 电缆串接组建而成的，系统中的每台仪器都有自己的机箱、电源、显示面板、控制开关等部件，从系统角度看，这些机箱、电源、面板、开关大部分都是重复配置的，阻碍了系统的体积、质量的进一步降低。因此，以 GPIB 总线为基础，积木方式难以组建体积小、质量轻的自动测试系统。

3）第三代自动测试系统

第三代自动测试系统是基于 VXI、PXI 等测试总线，主要由模块化的仪器/设备所组成的自动测试系统。VXI（VME Bus eXtension for Instrumentation）总线是 VME（Versabus Module European）计算机总线标准向仪器领域的扩展，具有高达 40MB/s 的数据传输速率。PXI（PCI eXtension for Instrumentation）总线是 PCI（Peripheral Component Interconnect）总线向仪器领域的扩展，其数据传输速率为 132 ~ 264MB/s。以这些总线为基础，可组建高速、大数据吞吐量的自动测试系统。

在 VXI、PXI 总线系统中，仪器、设备或嵌入式计算机均以 VXI、PXI 总线插卡的形式出现，系统中所采用的众多模块化仪器/设备均插入带有 VXI、PXI 总线插座、插槽、电源的 VXI、PXI 总线机箱中，仪器的显示面板及操作用统一的计算机显示屏以软面板的形式来实现，从而避免了系统中各仪器、设备在机箱、电源、面板、开关等方面的重复配置，大大减小了整个系统的体积、重量，并能在一定程度上节约成本。

基于 VXI、PXI 等总线，由模块化的仪器/设备所组成的自动测试系统具有数据传输速率高、数据吞吐量大、体积小、重量轻、组建灵活、扩展容易、资源复用性好、标准化程度高等众多优点，是当前自动测试系统的主流组建方案。

自动测试系统是计算机技术、通信技术与测试技术相结合的产物，计算机技术与测试技术以不同的形式相结合，可以构造出不同结构的自动测试系统。常见的自动测试系统一般由测试控制器、可程控测试仪器、标准数字接口总线、测试软件等部分组成。测试控制器能够通过接口线向其他设备发送测试操作命令，并接收由其他设备发回的响应数据，通常还具有测试数据的分析、处理能力。测试控制器是自动测试系统的核心，多由特定的计算机担任，也称测控计算机。可程控测试仪器是为完成特定测试任务而选择的测试设备的总称，包括激励设备和测量设备等。可程控设备可能是独立的单机仪器，如示波器、信号源、频率计，也可能是插入机箱中的测试功能模块，如 VXI 数据采集模块、PXI 示波器模块等。接口总线是实现测试控制器与测试仪器连接、通信的物理手段，是测试控制器和测试仪器之间进行有效通信的重要环节。测试软件通常包括操作系统、测试开发工具和测试应用程序等。测控计算机通过执行测试程序实行对测试设备的操作控制，实施对数据的处理分析，最终得出测试结果，完成特定的测试任务。

典型的自动测试系统组成结构如图 1 - 2 所示。测控计算机通过 MXI - 3 (Multisystem eXtension Interface) 接口连接 PXI 系统和 VXI 系统，PXI 系统中的 GPIB 接口还可以用来连接 GPIB 仪器，构建成多总线混合自动测试系统。

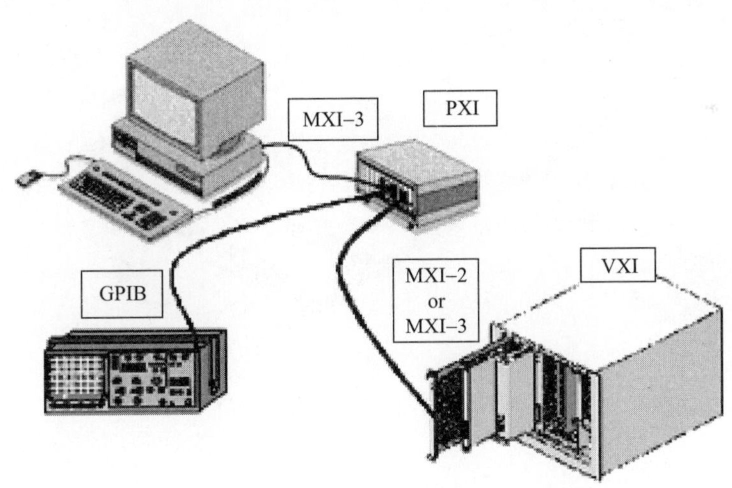

图 1 - 2　典型的自动测试系统组成结构

3. 虚拟仪器

虚拟仪器(Virtual Instrument, VI)是指在以通用计算机为核心的硬件平台上，由用户自己设计定义，具有虚拟操作面板，测试功能由测试软件来实现的一种计算机仪器系统。虚拟仪器是现代仪器技术与计算机技术相结合的产物，是对传统仪器概念的重大突破，是仪器领域内的一次革命。虚拟仪器是继模拟式仪器、数字式仪器、智能化仪器之后的新一代仪器。虚拟仪器的组成包括硬件和软件两个基本要素。硬件是虚拟仪器工作的基础，由计算机和 I/O 接口设备组成。软件是虚拟仪器的关键，通过运行在计算机上的软件，一方面可以实现虚拟仪器的图形化仪器界面，给用户提供一个检验仪器通信、设置仪器参数、修改仪器操作和实现仪器功能的人机接口；另一方面可以使计算机直接参与测试信号的产生和测量特征的分析，完成数据的输入、存储、综合分析和输出等功能。虚拟仪器既可以作为测试仪器独立使用，又可以通过高速计算机网络构成复杂的分布式测试系统。虚拟仪器的组成结构如图 1 – 3 所示。

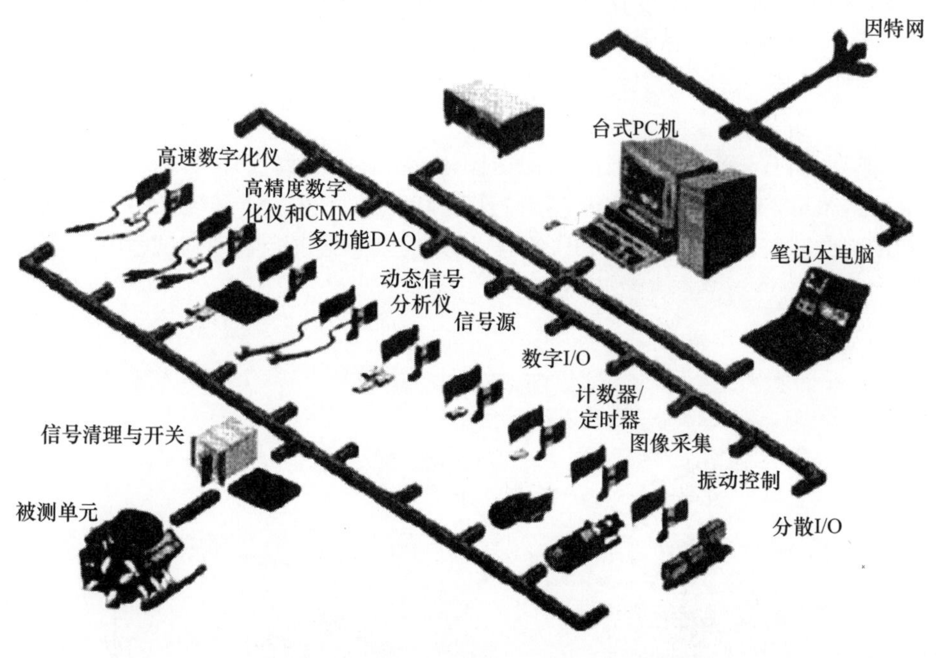

图 1 – 3　虚拟仪器的组成结构

1.2　现代测试系统的体系结构

现代测试系统是计算机技术、数字信号处理技术、自动控制技术同测量技术相结合的产物。从硬件平台结构来看，现代测试系统有以下两种基本类型。

1. 以单片机或微处理器为核心组成的内嵌微处理器系统

内嵌微处理器测试系统的结构如图 1－4 所示。

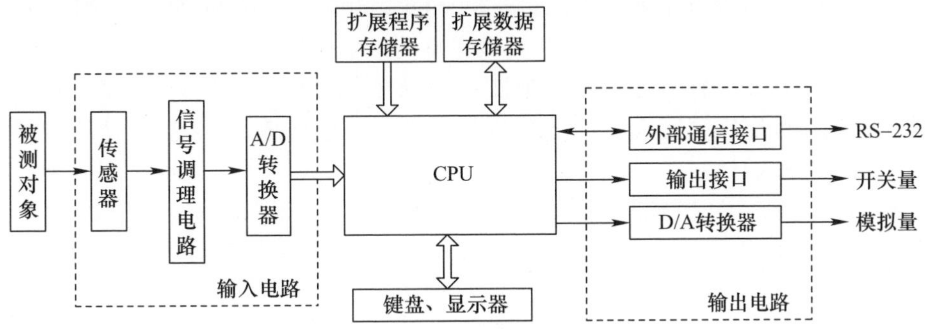

图 1－4　内嵌微处理器测试系统的结构

被测信号经过传感器及信号调理电路输入 A/D 转换器中，再由 A/D 转换器将模拟输入信号转换为数字信号并送入 CPU 系统中进行分析处理。

输出通道包括 D/A 转换器、RS－232 外部通信接口等部件。其中 D/A 转换器会将 CPU 系统输出的数字信号转换为模拟信号，用于外部设备的控制。

CPU 系统包含输入键盘和输出显示接口等部件，一般较复杂的系统还需要扩展程序存储器和数据存储器。当系统较小时，最好选用带有程序、数据存储器的 CPU，甚至带有 A/D 转换器和 D/A 转换器的微处理器芯片，以便简化硬件系统的设计。CPU 可选用单片机、DSP 或其他微处理器。

2. 以个人计算机为核心的个人仪器测试系统

个人仪器测试系统结构框图如图 1－5 所示。

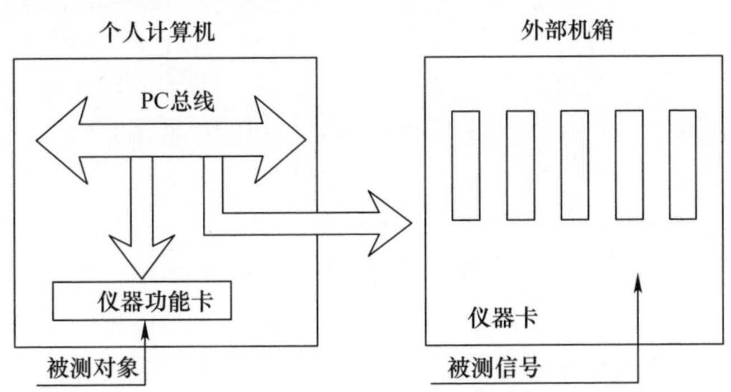

图 1－5　个人仪器测试系统结构框图

在这种测试系统的组建方法中，具有测量功能的模块或仪器卡是直接与个人计算机的系统总线相连接的。连接时模块或仪器卡既可以插在计算机内的接口槽上,也可插在计算机外部专用的仪器板卡架上或专用机箱内。个人仪器的各种测量功能都是由在个人计算机上开发的测试应用程序来实现的。典型的基于 VXI 模块化仪器的个人仪器测试系统如图 1-6 所示。VXI 测试系统的最小物理单元是仪器模块,仪器模块的机械载体是 VXI 标准机箱。标准机箱后备板装有 VXI 总线信号线和连接器插座,插入标准机箱的模块连接器插头应与背板插座连接。标准机箱背板信号线作为机箱内各个模块间的互连总线使用,这样就组成了"个人计算机 + 标准机箱 + 模块"形式的个人仪器测试系统。

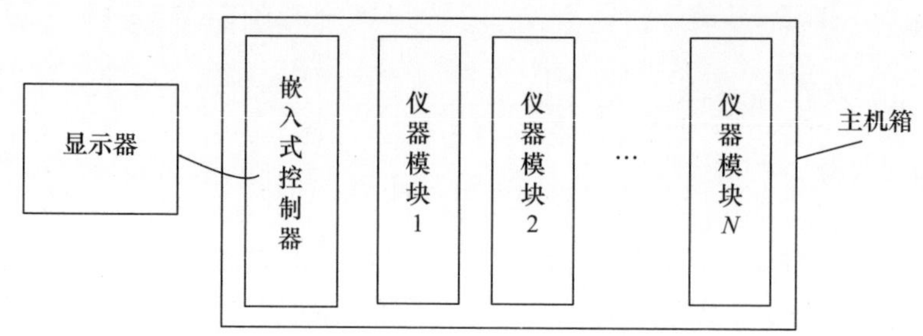

图 1-6　典型的基于 VXI 总线的个人仪器测试系统

在用个人仪器组建的测试系统中,可以去掉一些不必要的硬件,充分利用个人计算机的软、硬件资源。在这种情况下,不同功能的仪器仅体现于测量模块及相应软件的不同,而仪器不再以传统的独立形态出现了,从而提高了系统的设计效率。

1.3　现代测试系统的特点

计算机技术日新月异的发展及高速度、高精度 A/D 转换器的发展,将测试技术推向了一个新的发展阶段。以计算机为核心组成的测试系统使得数据采集、处理和控制融为了一体。现代测试系统与传统测试系统相比,具有以下特点。

1. 测试速度快、效率高

能够进行快速测试是现代测试系统的一个基本指标。随着电子技术的发展,电子产品日渐复杂,性能也相应提高,导致测试项目增多,而且其中有些项目的测试难以用人工来完成。采用现代测试系统后,各种测试可在事先编好的程序控制下自动进行,能够很快地完成测试任务,其测试速度可比常规人工测试快几十倍甚至几百倍,从而大大节省了时间和人力。

2. 测试精度高、性能好

现代测试系统可利用计算机的功能(特别是软件功能)进行自动校准、自选量程、自动调整测试点、自动检测系统误差并对各种因素引入的测量误差进行修正。这些功能决定了它具有以往简单测试仪器所没有的极高的性能。

3. 操作简单,维修方便,可靠性高

在利用计算机为核心组建的现代测试系统中,可以用软件代替许多惯用的硬件使测试系统的结构简化,从而缩短设计和研制时间。目前,由于微处理器、微型计算机和大规模集成电路的发展,设备的可靠性日益提高,售价逐渐降低,使得测试系统的硬件不断改进和减少,测试系统的可靠性大大提高,成本也大大降低。另外,采用模块仪器组建和设计系统时,维修也十分简便。

1.4 现代测试技术的应用与发展

测试技术是进行各种科学实验研究和生产过程参数检测等工作必不可少的手段,正如培根所说:“科学是建立在试验的基础上的。”随着近代科学技术,特别是信息科学、材料科学、微电子技术和计算机技术的迅速发展,测试技术所涵盖的内容更加深刻、更加广泛。现代人类的社会生产、生活和科学研究都与测试技术息息相关。各个科学领域,特别是生物、海洋、航天、航空、气象、地质、通信、控制、机械和电子等领域都离不开测试技术,而且测试技术将在这些领域中起着越来越重要的作用。现代测试技术的几个典型应用领域如下。

1. 产品质量的检定

产品质量是生产者关注的首要问题。对于产品的零件、组件、部件及整体等各个环节,都必须进行性能质量测量和出厂检验。

例如,发动机是汽车的主要组成部件,是车辆行驶的动力来源。由于它结构复杂、零件多、工作条件恶劣,运行中易出现故障,所以为了保证质量,出厂前每台机器都要在一定的工况(油门)下,对其温度、压力、功耗、转速、振动等指标进行测试。又如压缩机是冰箱的关键部件,占冰箱成本的20%以上,其性能的好坏直接影响冰箱的质量。因此,压缩机生产厂家在压缩机出厂前都要对其进行严格检测,检测项目以规定工况下的制冷量为主,其他检测项目还包括压缩机功率、电流、电压、电源频率、转速、主绕组温升、机壳温度、启动电流等。

2. 生产过程的监视与控制

在生产过程中通过测试与运行条件有关的物理量,可确保生产的正常运行。例如,焦炉是焦化厂最主要的生产装置之一,在整个焦化生产过程中,焦炉集气管压力是焦炉正常生产、减少环境污染的重要参数。它受风机出口压力、外供煤气压力、煤气发生量等多个参数影响较大。因此,为了保证焦化生产的正常进行、提高产品质量、减少环境污染,就需要对焦化厂生产过程中的温度、压力、流量等工艺参数进行监测,对检测结果进行实时分析与处理,并将分析结果反馈给生产设备控制装置,对集气管压力进行自动调节。

3. 故障诊断

故障诊断是设备性能检测与维护的重要手段。故障诊断的任务是根据状态监测所获得的信息,结合已有的特性和参数,判断和确定故障性质、类别,指出故障发生和发展的趋势及后果,提出控制故障继续发展和消除故障的措施。例如,在石油、化工、冶金等工业生产中,大型传动机械、压缩机、风机、反应塔罐、炉体等关键设备一旦因故障停止工作,将导致整个生产停顿,造成巨大的经济损失。因此,在这些设备的运行状态下,人们需要通过测试的方法,了解和掌握其内部状况,对设备的内部状况做出诊断,安排好维修的方式、时间和所需的零部件,确保设备运行的可靠性、实时性和有效性。

4. 科学研究

科技要发展,测试须先行。在科学研究中,需要对研究方案、设计电路或系统等进行反复测试与论证,用测试数据来确定方案、电路或系统正确与否。例如,在卫星的研制过程中,测试是十分重要的工作,贯穿于整个研究过程。从方案论证到发射的全过程中,它根据测试性质可分为仿真测试和实物测试;根据研制阶段可分为模样测试、初样测试、正样测试等;根据测试对象可分为单机测试和整机测试;根据场合可分为研制厂房测试、技术阵地测试、发射阵地测试等。另外,还有考核卫星各种力、热、电磁的测试。灵活、通用的测试系统,可极大地提高卫星的研制效率。

5. 国防电子装备的测试

现代测试系统在各个电子领域都有着非常迫切的需要,尤其是航空、航天及武器装备等军事电子领域。随着武器装备的信息化发展,新型武器装备都采用了大量电子和信息技术,而使装备经常处于良好战备状态,是保持和恢复装备战斗力的重要手段。因此,只有充分利用先进的计算机技术、网络技术、测试技术和故障诊断技术来构建自动化的综合保障系统,实现武器装备测试、维修和保障的综合化,才能提高维修保障效率。现代测试系统已经成为武器装备体系中不可或缺的组成部分。

现代测试技术的发展和其他科学技术的发展相辅相成。测试技术既是促进科技发展的重要技术,又是科学技术发展的结果。现代科学技术的发展不断向测试技术提出新的要求,推动测试技术的进步;与此同时,测试技术迅速吸收和综合各个科技领域(如物理学、化学、材料科学、微电子学、计算机科学)的新成就,不断开发出新的方法和装置。大致来说,现代测试技术将朝如下几个方向发展。

1. 先进的总线技术

总线是所有测试系统的基础和关键技术,是系统标准化、模块化、组合化的根本条件,总线的能力直接影响测试系统的总体水平。在现代测试系统的发展过程中,最能代表现代测试系统结构体系变化和发展的是所采用的总线形式。从某种程度上讲,若测试仪器没有开放、标准的总线接口,就不可能产生现代测试系统,因此总线形式已成为现代测试系统发展的重要标志。因此,研究和开发总线系统是设计、研制开放式体系结构的核心任务,也是测试系统技术研究的关键内容。目前,现代测试系统广为采用的是 GPIB、VXI、PXI 几类总线,未来必将采用 GPIB/VXI/PXI/LXI 混合总线。

2. 模块化、系列化和标准化硬件设计

开放式、标准化的体系结构是现代测试系统发展的主要趋势。在硬件设计方面,加强模块化、标准化设计,采取开放式的硬件架构,可使测试系统的组建方便灵活,可更好地实现可互换性和互操作性。而模块式结构将使测试系统体积减小、速度提高,从而使测试系统的小型化成为可能。

3. 网络化测试技术

随着计算机技术、通信技术和网络技术的不断发展,一种涵盖范围更宽、应用领域更广的全新现代测试技术——网络化测试技术迅速发展起来。具备网络化测试技术与网络功能的新型仪器——LXI 总线仪器应运而生,它使得测试技术的现场化、远程化、网络化成为可能。由于 LXI 基于开放的以太网技术,不受带宽、软件和计算机背板总线等条件的限制,故其覆盖范围宽、继承性能好、生命周期长、成本低,具有广阔的发展应用前景。LXI 是现代测试系统在未来理想的模块化仪器平台。

现代测试系统经过几十年的发展,已逐渐形成系列化、标准化和通用化产品,在各行各业均发挥了重要作用,但还存在一些不足。在新一代测试系统的研制过程中,应加快新技术的引入、新测试理论的研究和采纳国际通用标准,将测试系统设计成为一体化测试、维护与保障系统,促使测试向综合化、智能化、网络化和虚拟现实方向发展,从而提高现代测试系统的技术水平。

1.5 系统基本设计方法和开发过程

1.5.1 系统设计的基础

1. 系统的概念与属性

系统是指由有机联系的组元(子系统、模块、个体或要素)构成的有序整体。

系统是相对于“组元”或“部分”而言的。系统概念还包含古希腊哲学家亚里士多德“整体大于部分之和”的辩证观点。它表明无论如何优化组成系统的个体或部分,但整体(即系统)未必会同样优化。换言之,系统的优化可以大于个体或部分的优化之和,明确表达了个体或部分简单相加同由相互关联的个体和部分组成的集合整体(即系统)有质的区别。所以系统可以表述为:有组织或被组织的整体;形成结合为整体的各种概念与各种原理的综合;一组相互作用、相互依赖、有规划的事物的集合。

一个系统具有以下基本属性。

(1) 集合性。它是由两个或两个以上可识别的单元个体(组元、要素、部分、模块、单元、子系统等)构成。

(2) 相关性。构成系统的组元(要素)间必须存在相互关系,并相互作用或是形成协同机制支配下的自组织。这种相关性可以是物理关系(如牛顿定律)、逻辑关系(如合格品总数等于所完成的最终产品数与其中不合格品总数之差)、因果关系(如输入 x 导致输出 y),行为关系(如人机的交互作用)等。系统的相关性决定了系统的结构和有序性。当代研究最关心的相关性问题是系统组元间的交互作用、界面关系接口和系统的协同机制。

(3) 目的性。一个系统有一个或多个目的。系统的“目的”经量化后称为“目标”。一个目的可以对应一个或多个目标。例如:制造系统的目的是生产,而其传统的目标是生产率最大或生产时间最短、成本最低和利润率最大。

(4) (环境)适应性。它是指系统对支撑其运行的环境出现变化的适应能力。如果一个系统能够始终保持最优状况而不管环境如何变化,则称之为自适应或适应系统。

2. 系统的寿命期与功能

人们把从调查、构思、设计开始,经过试制、制造、销售、长期使用,直至报废或被其他产品所替代为止所经历的整个时期称为系统的寿命期。寿命期中的活动见表 1-1。在系统寿命期中它有 6 种基本功能:规划功能、研究功能、设计功能、制造或建造功能、测试与评价功能、使用与后勤支持功能。它们间的关系如图 1-7 所示。由于系统的多样性,其实现路径有区别,如 C 路径表示有一类系统可以直接从产品规划到制造生产或建造,其例子是基于模块或通用标准的物流设施系统,只要根据客户需求完成规划就可能由制造厂家开始制造并到现场安装调整,最后交付使用。

表1-1　在系统寿命期中的活动

<table>
<tr><td rowspan="7">系统的寿命周期</td><td>客户/用户</td><td>需求辨识</td><td>明显的变化和随机变化对系统要求的影响</td></tr>
<tr><td rowspan="5">生产厂家</td><td>系统的规则功能</td><td>市场营销分析，可行性研究，先进的系统规划（系统选择、技术要求与计划）、探索目标的研究/设计/生产/评价计划，系统的使用与后勤支持等，规划的综合，申报或建议</td></tr>
<tr><td>系统的研究功能</td><td>基本研究，面向需求的应用研究，研究方法，研究结果。从基本研究评价系统的设计和开发</td></tr>
<tr><td>系统的设计功能</td><td>设计技术要求，概念设计，系统的初步设计与详细设计，设计支撑，工程模型与原型开发，从设计到生产的转换</td></tr>
<tr><td>系统的生产/建造功能</td><td>生产与/或建造要求，工业工程与运作（行）分析（工厂工程、制造工程、方法工程、生产控制），质量控制，生产运作</td></tr>
<tr><td>系统的测试与评价功能</td><td>评价要求，试验、测试与评价的分类，试验准备（规划、资源需求等），正式试验与评价，数据采集、分析、识别、报告和修正活动，重复试验</td></tr>
<tr><td>顾客/用户</td><td>系统的使用与后勤支撑功能</td><td>系统的分配和使用运行，后勤保障与寿命期维护支持，系统评价、修改，产品退役与物料处理，重新设计与/或再造（reengineering）</td></tr>
</table>

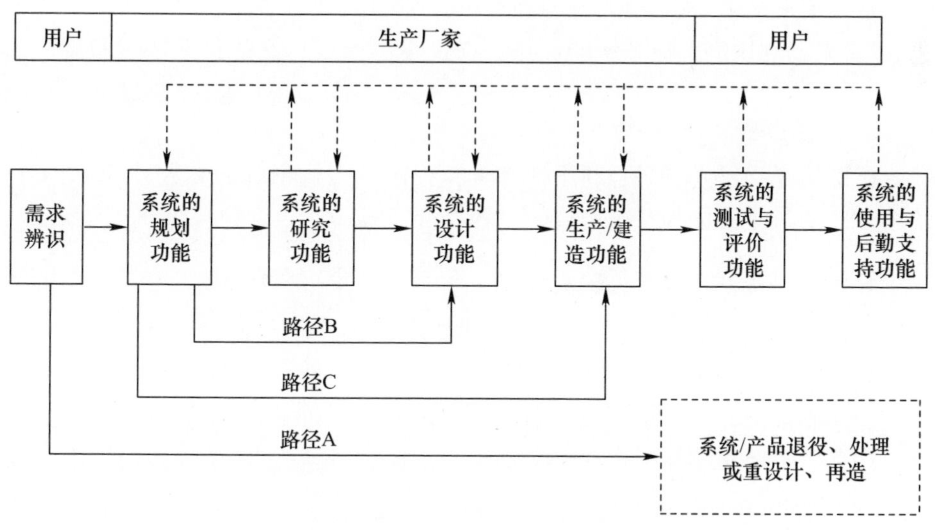

图1-7　系统寿命期内的功能

3. 系统的控制

系统设计要考虑:可以规定和控制的可控变量以及不能控制的不可控参数。

4. 系统的优化

系统优化是指达到系统最高目标性能可控变量选取的设定值。系统优化依赖于优化判据(准则)。传统的经济生产中常用的判据为生产率(或生产时间)、成本和利润率;按照 TOC(约束理论),其判据为总销售量(销售率)、库存与运行费用。由于系统优化中并未考虑不可控参数的优化问题,故现在讲的优化并非真实的优化。

1.5.2 系统建模

模型是利用适宜的表达方式或语言简洁扼要地表达系统真实状态和特性的工具。建模的关键是简洁地表达“现实”的本质。用来表达系统的模型有物理模型、图解模型、数学模型和仿真模型等。

1. 物理模型

它是一种立体的表达方式。它可以是与实物一比一的,也可以是缩小比例的复制物,如卫星的一比一模型、火箭的缩小比例模型等。

2. 图解模型

它是利用流程图、框图、过程控制图、机械图纸或各种特性图表达系统的状态、结构和特征的一种图示方式。在学习和决策中都有使用。

3. 数学模型

数学模型又称分析模型,是一种经过提炼的高度简洁而有效表达系统的方式,经常可以利用它完成系统的优化。它也是一种表达系统科学本质和规律的方式。

4. 仿真模型

所谓仿真,又称模拟,是利用计算机编程语言表达系统的参数、控制变量和约束条件的时序变化和系统构成的一种组合方式。

1.5.3 系统设计的基本方法

1. 3 种基本设计方法

系统的设计有 3 种基本方法。

(1) 归纳设计法。借助于辨识和研究现有系统的现实状况而导出实际系统一般解的一种分析方法。

(2) 推断(演绎)设计法。一种导出可行或优化解的公理方法。它要求设定一个基于理论科学和原理的理想解,利用设计公理导出系统设计方案。

（3）创新求解设计法。根据对要求设计的问题分析找出解的冲突（矛盾），利用基本的物理、化学和生物学等效应进行创造的设计方法。其目的在于摆脱传统设计方法与工具的限制，利用发明问题解的理论求解物理冲突，实现产品或系统创新设计的理论与方法。

2. 工作设计

Nodler 在 1970 年提出一种从理想系统的观点出发，分层设计工作系统的演绎设计方法。其成功的关键是如何确定系统的功能，如何开发理想的理论系统，如何简化以使它在实践上可用、技术上可行。这种方法利用系统的 7 种元素表达，它们是功能、输入、输出、顺序、环境、物理催化剂和人的作用，如图 1－8 所示。

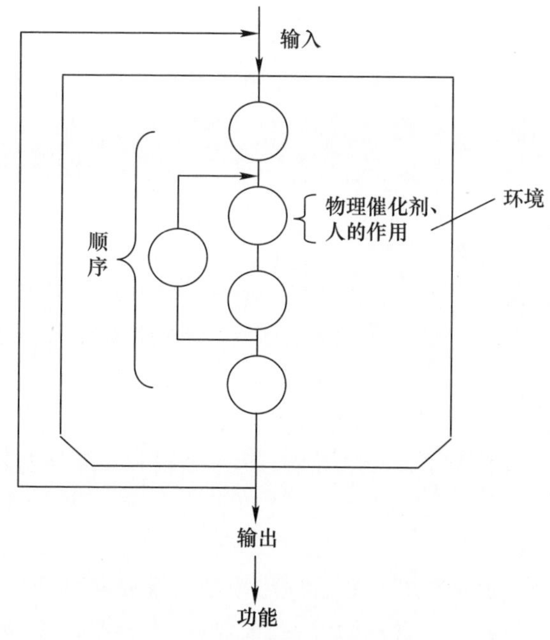

图 1－8　工作设计模块示例

根据基本规则，在工作设计中按以下 10 个步骤进行。

（1）确定功能。

（2）开发理想的系统。

（3）采集信息。

（4）设计可行方案。

（5）选择可工作的系统。

（6）明确表达系统。

(7) 评审系统。

(8) 测试系统。

(9) 配置系统。

(10) 测定系统性能。

1.5.4 系统的设计开发过程

系统的设计开发过程包括了预研支持下由顾客需求驱动的以下主要阶段。

1. 概念设计

(1) 可行性研究。含需求分析、系统运行(运作)要求和系统维护概要。

(2) 产品规划。含产品寿命期分析、新产品规划、产品的研究与开发和确定产品的技术要求。

2. 初步(具体)设计

(1) 系统功能分析。含功能要求(系统运行与维护功能)和系统分析(可行功能与子功能的识别)。

(2) 初步综合与设计判据。含性能因素、设计因素和效率要求的配置,系统支持要求的分配和系统分析。

(3) 系统优化。含系统与子系统的协调、可行方案的形成、可行方案的评价和系统与子系统分析。

(4) 系统的综合与定义。含初步设计的系统性能选择、结构和布置(含物理模型、试验与测试、数据与分析处理等)和详细规定技术条件。

3. 详细设计

(1) 系统或产品的设计。含功能系统详细设计(首要的是装置与软件设计)、系统逻辑支持元素的详细设计、支持功能的设计、设计数据及其说明、系统的分析与评价、设计评审。

(2) 系统或产品原型的开发。含原型模型的开发和后勤支持要求的开发。

(3) 原型测试与评价。含试验准备、原型装配与试验、数据处理、分析与评价、试验报告、系统的分析与评价和修改与改进活动。

4. 生产或建造

(1) 产品制造系统的设计建造或重组。

(2) 系统分析与评价。

(3) 修正与改进。

5. 系统或产品使用和使用寿命期的后勤支持

(1) 系统的评价。

(2) 修改与改进。

6. 系统退役

(1) 撤卸、再利用。

(2) 处理。

上述 6 个阶段间关系如图 1-9 所示。这一过程划分和相互关系可以在设计时灵活应用。它们间的反馈特征如图 1-10 所示。

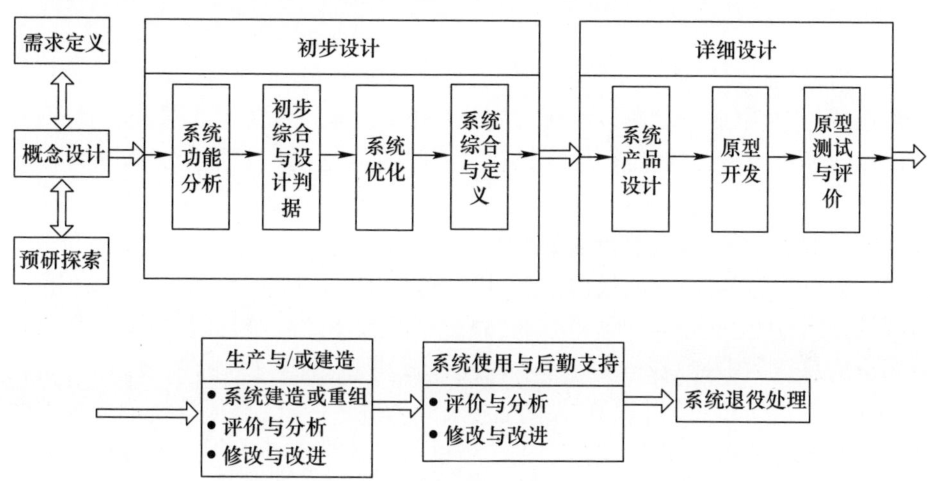

图 1-9　系统/产品的设计过程各阶段的关系

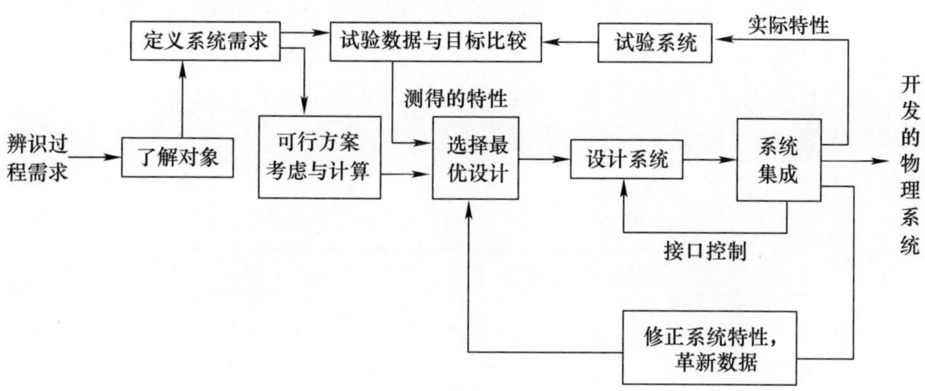

图 1-10　系统设计过程反馈特性

第2章　自动测试系统内部总线

接口总线是自动测试系统中各种信息的传输通路，它将计算机与各种设备仪器连接起来，组成自动测试系统，是自动测试系统的重要组成部分。因此，在设计以计算机为中心的测试系统时，设计和选择合适的接口成为系统设计的重要环节。

总线的类别很多，按其传输数据的方式可分为串行总线和并行总线；按其应用的场合可分为芯片总线、板内总线、机箱总线、设备互连总线、现场总线和网络总线等；按其用途可分为计算机总线、外设总线和测控系统总线；按其作用域可分为全局总线和本地总线等。由于现代计算机和测控技术的发展，计算机已融入测控系统之中，或者说测控系统融入计算机之中，已经很难将测控系统总线与计算机总线截然分开，例如，在计算机总线插槽中插入一些测控用的功能插件，或在测控机箱中嵌入计算机模块，它们就成为计算机与测控系统合一的系统。

本书中将组成测控系统的各种机箱的底板总线称为内总线。在总线底板上插入模拟量输入/输出、数字量输入/输出、频率或脉冲量输入/输出等功能插件，可以组成具有不同规模和功能的测控系统。除了许多计算机总线可以作为这种机箱底板总线外，还有不少专门为测控系统设计的总线。常用的内总线的主要性能如表2-1所示。

表2-1　内总线主要性能比较

项目	STD	CAMAC	ISA	PCI	Compact PCI	VXI	PXI
推出时间	1987年	20世纪70年代初	1984年	1992年	1994年	1987年	1997年
采用标准	IEEE P961-1987	IEEE 583	—	—	—	IEEE 1155-1992	—
总线连接器形式	边缘式印制插头	边缘式印制插头	边缘式印制插头	边缘式印制插头	针孔式	针孔式	针孔式
总线引脚数	56	86	62+36	—	329	96/192/288	329
数据总线个数	8/16（复用）	24（复用）	16	—	32/64（复用）	32	32/64（复用）

续表

项目	STD	CAMAC	ISA	PCI	Compact PCI	VXI	PXI
地址总线个数	16/24（复用）	24（复用）	24	—	32/64（复用）	32/64（复用）	32/64（复用）
总线带宽	8MHz	1MHz	8MHz	33MHz	33MHz	20MHz	33MHz
相对价格	最低	较高	低	低	高	高	高

通信总线又称为外总线。测试机箱、测试仪器设备或测试计算机之间的连接需要通过外总线实现，以便组成计算机控制的测试系统或测试网络。这类总线有两大类，即并行总线和串行总线。常用并行总线和串行总线的主要性能如表 2－2 所列。

表 2－2　外总线主要性能比较

项目	IEEE488	SCSI	MXI	RS－232C	RS－485	USB	IEEE 1394	MIL－STD－1553B
采用标准	IEEE 488－1975	ANSI X3. 131	NI 公司	EIA	EIA	—	—	—
接口类型	并行	并行	并行	串行	串行	串行	串行	串行
信号线数	16	18	62	25/9	2	4	—	2
数据线宽度	8	9	32	20kb/s	—	—	—	—
传输速率	1Mb/s	40Mb/s	23Mb/s	8MHz	—	12Mb/s	400Mb/s	—
传输距离	10m	6m	20m	15m	—	30m	72m	—

本章主要介绍自动测试系统中常用的内部总线，包括测试系统广泛采用的 VXI 总线、PXI 总线以及在构建嵌入式系统中常用的 PC/104 总线，将在下一章介绍自动测试系统中常用的外部总线。

2.1　VXI 总线系统

VXI 总线是 VME 总线在仪器领域的扩展（VME Bus eXtension for Instrumentation）。VME 总线是一种通用工业计算机总线标准，主要用于微型计算机和数字系统。VXI 总线系统在 VME 总线系统的基础上，充分考虑了模块式仪器在同步、触发、电磁兼容和电源等方面的特殊要求。VXI 总线系统是插件式仪器迅速发展的结果，是当前模块式测试系统的主流标准。

VXI 总线在系统结构及硬、软件开发技术等各方面都采纳了新思想、新技术,有很多特点。

(1) 测试仪器模块化。在 VXI 总线上,具有触发总线、模拟总线等测试仪器特有的总线,而且电磁兼容性好,因而数字多用表、信号源、示波器等传统的独立仪器均有相应的 VXI 总线模块化产品,使得用 VXI 总线组建的系统结构紧凑、体积小、重量轻,简化了连接和控制关系,有利于提高系统的可靠性和可维修性。

(2) 32 位数据总线,数据传输速率高。基本总线数传速度为 40Mb/s,本地总线速度可达 1Gb/s,远远高于其他测试系统总线的数传速度,如 CAMAC 总线最高速度只有 1 ~3Mb/s。

(3) 系统可靠性高,可维修性好。VXI 总线 C 尺寸主机箱平均无故障时间(MTBF)可高达 107h,VXI 总线模块仪器的 MTBF 一般可达到几万至十几万小时,基本系统的 MTBF 可达 6000h。模块化结构与系统强大的自检能力使得可维修性大大提高,一般系统的平均修复时间(MTTR)少于 15min。

(4) 电磁兼容性好。VXI 总线是在美国军方广泛应用的 VME 总线的基础上发展起来的,在总线的设计和标准定制中充分考虑了系统的供电、冷却和电磁兼容性能以及底板上的信号传输延迟、同步等因素,对每项指标都有严格的标准,保证了 VXI 总线系统的高精度及运行的稳定性和可靠性;总线的频带宽,现已有从直流到微波等各种可搭配仪器模块。

(5) 通用性强,标准化程度高。VXI 总线不仅硬件标准化,而且软件也标准化,有一系列软件标准,如 IEEE488.2 标准、SCPI 标准(可程控仪器的标准命令)、VPP 规范(VXI Plug & Play 即 VXI 即插即用规范)等。软件的可维护性与可扩充性好,这也是 VXI 总线优于其他总线,得到迅速发展的一个重要因素。

(6) 灵活性强,兼容性好。VXI 总线有 3 种规格机箱(B、C、D),4 种规格模块(A、B、C、D)供用户选择;支持 8 位、16 位、24 位和 32 位的数据传输,方便灵活。

本节就 VXI 总线的结构,包括 VXI 总线的标准体系结构、机械结构、总线模块结构和电气结构,以及 VXI 总线的控制方案、VXI 总线的通信协议和 VXI 总线接口设计方案等进行逐一介绍。

2.1.1 VXI 总线的标准体系结构

VXI 总线是 VME 总线在仪器领域的扩展(VME Bus eXtension for Instrumentation),是计算机操纵的模块化自动仪器系统。经过十多年的发展,它依靠有效的标准化,采用模块化的方式,实现了系列化、通用化,以及 VXI 总线仪器的互换性和互操作性。其开放的体系结构和即插即用(Plug and Play,P&P)方式完全符合信息产品的要求。今天,VXI 总线仪器和系统已为世人普遍接受,并已成为自动仪器系统发展的主流。

虽然 VME 主要是面向计算机的总线,但是由于减小自动测试设备(ATE)体积的需要、并考虑到 VME 总线高数据带宽在数字测量与数字信号处理应用中的优势,市场一直对基于 VME 总线的仪器模块有着巨大的需求。

VXI 总线标准发展历史如表 2-3 所列。

表 2-3 VXI Bus 标准发展史

版本	0.0	1.0	1.1	1.2	1.3	1.4	IEEE 1155
日期	1987.7.9	1987.8.24	1987.10.7	1988.6.21	1989.7.14	1992.4.21	1993.9.20

VXI 总线联合体制定 VXI 总线规范的目标是定义一系列对所有厂商开放的、与现有工业标准兼容的、基于 VME 总线的模块化仪器标准,其要点可概括如下。

(1) 使设备之间以明确的方式通信。

(2) 使 VXI 系统比标准的机架堆叠式系统具有更小的物理尺寸。

(3) 使用专门的通信协议和更宽的数据通道为测试系统提供更高的系统吞吐率。

(4) 通过使用虚拟仪器原理方便地扩展测试系统的功能。

(5) 通过使用统一的公共接口降低系统集成时的软件开发成本。

(6) 在该规范内定义实现多模块仪器系统的方法。

国际上现有两个 VXI 总线组织:VXI 总线联合体和 VPP 系统联盟,前者主要负责 VXI 总线硬件(即仪器级)标准规范的制订;后者的宗旨是通过制订一系列的 VXI 总线软件(即系统级)标准来提供一个开放的系统结构,使其更容易集成和使用。所谓 VXI 总线标准体系就由这两套标准构成。

VXI 总线仪器级和系统级规范文件分别由 10 个标准组成,参见表 2-4 和表 2-5。

表 2-4 VXI Bus 仪器级标准规范文件

标准代号	标准名称
VXI-1	VXI Bus 系统规范(IEEE1155—1992)
VXI-2	VXI Bus 扩展的寄存器基器件和扩展的存取器器件
VXI-3	VXI Bus 器件识别的字符串命令
VXI-4	VXI Bus 通用助记符
VXI-5	VXI Bus 通用 ASCII 系统命令
VXI-6	VXI Bus 多机箱扩展系统

续表

标准代号	标准名称
VXI－7	VXI Bus 共享存储器数据格式规范
VXI－8	VXI Bus 冷却测量方法
VXI－9	VXI Bus 标准测试程序规范
VXI－10	VXI Bus 高速数据通道

表 2－5　VXI Bus 系统级标准规范文件

<table>
<tr><th colspan="2">标准代号</th><th>标准名称</th></tr>
<tr><td colspan="2">VPP－1</td><td>VPP 系统联盟章程</td></tr>
<tr><td colspan="2">VPP－2</td><td>VPP 系统框架技术规范</td></tr>
<tr><td rowspan="4">VPP－3
仪器驱动程序
技术规范</td><td>VPP－3.1</td><td>VPP 仪器驱动程序结构和设计技术规范</td></tr>
<tr><td>VPP－3.2</td><td>VPP 仪器驱动程序开发工具技术规范</td></tr>
<tr><td>VPP－3.3</td><td>VPP 仪器驱动程序功能面板技术规范</td></tr>
<tr><td>VPP－3.4</td><td>VPP 仪器驱动程序编程接口技术规范</td></tr>
<tr><td rowspan="3">VPP－4
标准的软件输入/
输出接口技术规范</td><td>VPP－4.1</td><td>VISA－1 虚拟仪器软件体系结构主要技术规范</td></tr>
<tr><td>VPP－4.2</td><td>VISA－2VISA 转换库（VTL）技术规范</td></tr>
<tr><td>VPP－4.2.2</td><td>VISA－2.2 视窗框架的 VTL 实施技术规范</td></tr>
<tr><td colspan="2">VPP－5</td><td>VXI 组件知识库技术规范</td></tr>
<tr><td colspan="2">VPP－6</td><td>包装和安装技术规范</td></tr>
<tr><td colspan="2">VPP－7</td><td>软面板技术规范</td></tr>
<tr><td colspan="2">VPP－8</td><td>VXI 模块/主机机械技术规范</td></tr>
<tr><td colspan="2">VPP－9</td><td>仪器制造商缩写规则</td></tr>
<tr><td colspan="2">VPP－10</td><td>VXI P&P LOGO 技术规范和组件注册</td></tr>
</table>

2.1.2　VXI 总线的机械构造

1. VXI 总线主机箱

VXI 总线主机箱是为保证各模块恰当地连接到底板而设的。底板（Backplane）是一块印刷电路板（PCB），其上有 96 脚 J 型连接器和信号通路，主机箱不仅提供底板，而且还需提供冷却、通风设备和电源，并保证模块与底板可靠连接。每个主机箱有 13 个插槽，面对插入方向从左至右其编号从 0 到 12。

图 2－1 是一个典型的 VXI 主机箱的主视图。在所示的主机箱中，仪器模块是从前面垂直插进主机箱的，被插模块上的元件面朝右。

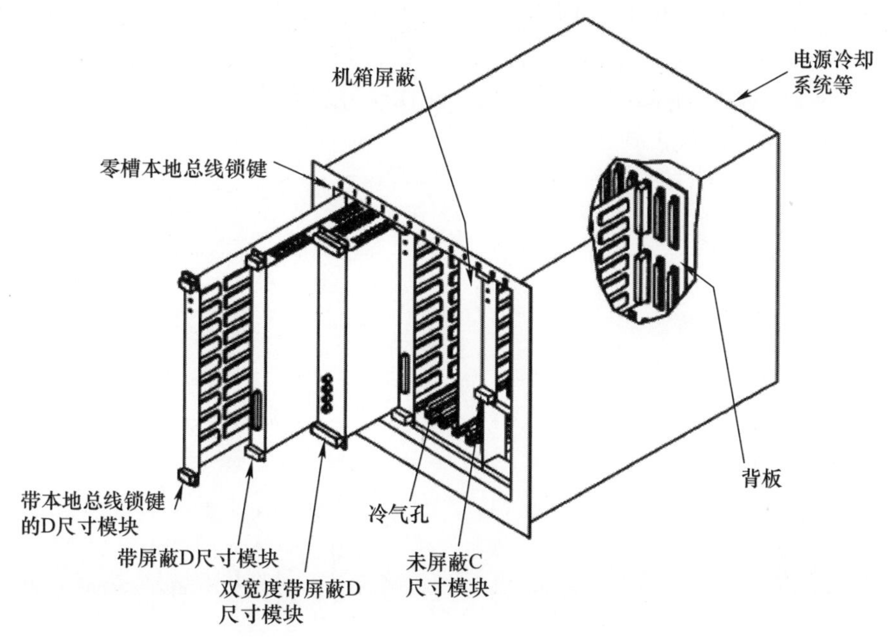

图 2-1 典型的 VXI 总线系统主机箱

2. 总线模块

VXI 总线模块实际上是由一块或几块 PCB 及其上面的元件构成，作为一个插件插在主机箱中，其上带有 96 脚 P 型连接器与主机箱底板上相对应的 J 型连接器相连接，一个模块可以占据一个或几个插槽。模块的外形如图 2-2 所示。

VXI 总线模块有如下 4 种标准尺寸。

(1) A 尺寸模块：100mm × 160mm(高 × 深)。

(2) B 尺寸模块：233.5mm × 160mm(高 × 深)。

(3) C 尺寸模块：233.5mm × 340mm(高 × 深)。

(4) D 尺寸模块：366.7mm × 340mm(高 × 深)。

其中，A 尺寸最小，D 尺寸最大，模块的尺寸示意图如图 2-3 所示。

A 尺寸模块和 B 尺寸模块是 VME 总线所规定的模块，适用于相应的 A 尺寸主机箱和 B 尺寸主机箱，两插槽的间距为 20.32mm(0.8inch)；C 尺寸模块和 D 尺寸模块是 VXI 总线所增加的，适用于相应的 VXI 总线 C 尺寸主机箱和 D 尺寸主机箱，两插槽的间距为 30.48mm(1.2inch)。这为高档仪器提供了模块的屏蔽空间。主机箱的 A、B、C、D 4 种尺寸中，大尺寸的主机箱通常也允许插入小尺寸的模块。一般地，B、C 尺寸的主机箱应提供 J1、J2 两种连接器，D 尺寸的主机箱应提供 J1、J2 和 J3 3 种连接器，而 A 尺寸的只需提供 J1 连接器。对模块而言，只有相应于 J1 连接器的 P1 连接器是必需的，相应于 J2、J3 连接器的 P2、P3 连接器是可选的。据资料统计，目前，在 VXI 总线测试系统中 C 尺寸模块是用得最多的，大致占总模块量的 85.3%，而 D 尺寸模块占 6.3%，B 尺寸模块占 8.2%，A 尺寸模块仅占 0.2%。

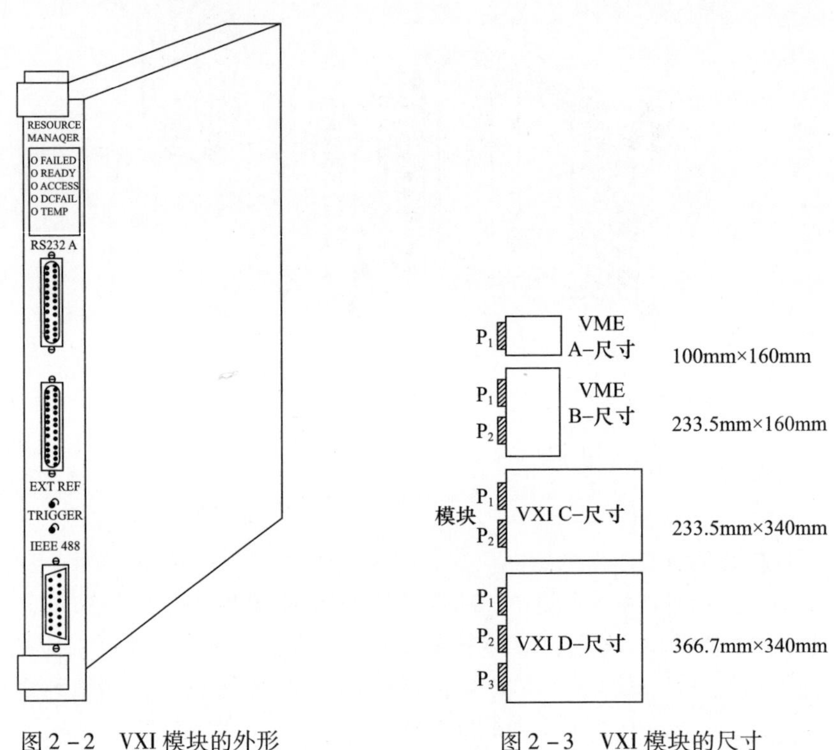

图 2－2　VXI 模块的外形

图 2－3　VXI 模块的尺寸

3. 总线器件

器件是 VXI 总线系统中的基本逻辑单元。在一个 VXI 总线系统中最多可有 256 个器件，每个器件都有一个唯一的逻辑地址，逻辑地址的编号从 0 到 255。在 VXI 总线系统中，各器件内部的各个可寻址单元是统一分配的，可用 16 位、24 位和 32 位三种不同的地址线统一寻址。在 16 位地址空间的高 16K 字节中，系统为每个器件分配了 64 个字节的空间，器件利用这 64 字节的可寻址单元与系统沟通信息，这 64 个字节的空间就是器件基本的寄存器，其中包含了每个 VXI 总线器件都必须具备的配置寄存器。而器件的逻辑地址就是用来确定其自有的这 64 字节寻址空间的位置的。

器件根据其本身的性质、特点和它支持的通信规程可以分为寄存器基器件、消息基器件、存储器器件和扩展器件 4 种类型。下面分别加以介绍。

1）寄存器基器件

每个 VXI 总线器件都有一组配置寄存器，系统可以通过 P1 连接器访问这些寄存器，以便识别器件的种类、型号、生产厂、地址空间以及存储器需求等。只规定这种最基本能力的 VXI 总线器件叫作寄存器基的器件。其特点是器件的通信是通过对它的寄存器进行读、写来实现的，这也是最简单器件，如 A/D 变换器，多路开关等。这类器件本身一般不具有智能，不能控制其他器件，只能受其他器件或系统控制。但这种器件硬件电路简便，易于实现，而且速度快，能充分体现 VXI 总线数传速率高的特点，节省了指令的译码时间，在速度要求高的情况下特别有用。

2）消息基器件

消息基器件不但具有配置寄存器，同时还具有通信寄存器来支持复杂的通信协议。这种器件一般都是具有本地智能的较复杂器件，如计算机、资源管理器、各类有本地智能的测试仪器等。

消息基器件可以控制其他器件，也可以被其他器件控制，它能够接受和处理复杂命令，支持字串行协议，但是这种器件也有其不足之处，就是由于它需对指令进行译码等操作，所以其速度必然降低。

3）存储器器件

存储器器件与寄存器基器件有很多相似之处，即它没有通信寄存器，只能靠寄存器的读、写进行通信。但是存储器器件也有自己的特点，这就是它本身就是存储器，如 ROM、RAM、磁盘存储器等，因而具有存储器的某些属性，如属于不同的存储器类型，具有一定的存取时间等。

存储器器件除具有配置寄存器外，还具有特征寄存器，只有存储器器件才有特征寄存器，这是一个只读型寄存器。特征寄存器中存储了该存储器的主要特点，例如，用两位编码给出寄存器类别，指出它属于 ROM、RAM 或是其他存储器，用三位编码指出 8 种不同的存储器存取时间范围（或者说访问速度）等。

这种器件的其他可寻址寄存器就是器件工作时使用的存储单元。这种器件一般由其他器件使用，而不能控制其他器件。

4）扩展器件

扩展器件是一些有特定目的的器件，它们允许为将来的应用定义新的器件门类，以支持更高水平的器件兼容性。扩展器件和其他器件一样也具有配置寄存器，因而能被系统识别。此外，它还具有子类寄存器和由子类确定的寄存器，子类寄存器为 16 位读寄存器，用来指示器件的子类，它分为由 VXI 总线标准定义的子类和生产厂定义的子类两种类型。

2.1.3 VXI 总线的电气结构

VXI 总线的模块共有 4 种不同的尺寸,只有 P1 连接器能适用于所有尺寸的模块在 VXI 总线中工作。VME 总线将未规定的 P2 连接器中靠外面的两排引脚留空,在 VXI 总线中这些引脚的信号全部都给安排了,并且对 P3 的引脚也全都作了安排。这样,P2 和 P3 连接器通过 VXI 总线结构中 7 个子总线的作用,能提供附加的电源、新的电源电压、计算机运行特性、自动配置能力、模块与模块间的直接通信,还能做到系统的同步,以扩大 VXI 总线的功能。

以上这几组子总线都在背板上,每一组子总线都为 VXI 系统中的仪器增加了新功能。总线的类型对如何在自动测试系统中发挥作用具有很大影响。全局型总线是为所有模块共用的,并且总是开通的。单一型总线是插槽 0 号中的模块同其他插槽进行点对点连线。专用型总线则连接相邻的插件。VXI 总线的物理位置在 3 个 96 接插引脚的 P1、P2 和 P3 上。

VXI 总线的电气结构如图 2-4 所示,从功能上可分为所谓的八大总线。

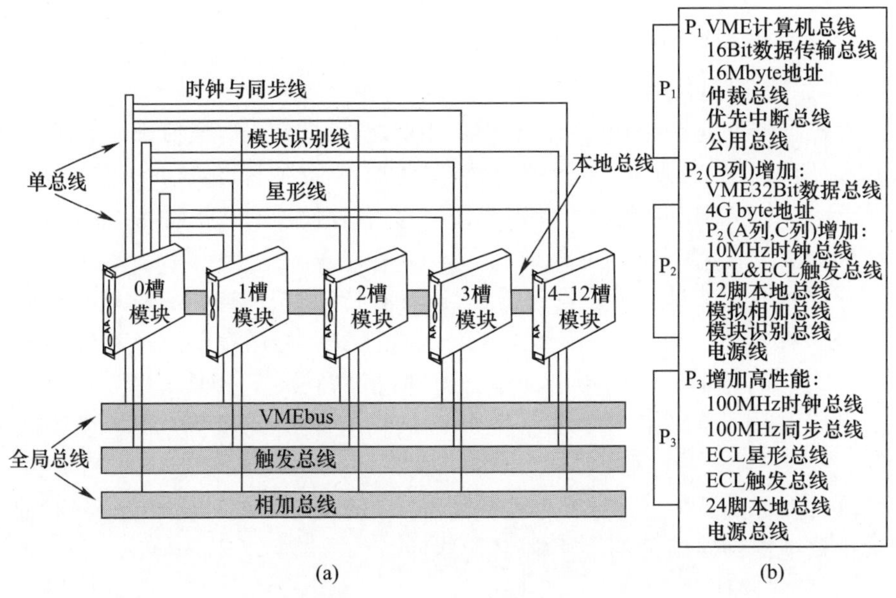

图 2-4 VXI 总线系统结构

(a) VXI 总线电气结构; (b) VXI 总线电气功能。

(1) VME 计算机总线。

(2) 时钟和同步总线。

(3) 模块识别总线。

(4) 触发总线。

(5) 模拟加法总线。

(6) 局部总线。

(7) 星形总线。

(8) 电源总线。

表2-6~表2-10 列出了 VXI 总线中各信号线在连接器上的对应位置及其定义。注意0槽和1-12槽的定义不完全相同。

表2-6　VXI 总线 P1 引脚的定义(0~12 槽)

引脚号	A 列信号	B 列信号	C 列信号
1	D00	BBSY *	D08
2	D01	BCLR *	D09
3	D02	ACFAIL *	D10
4	D03	BG0IN *	D11
5	D04	BG0OUT *	D12
6	D05	BG1IN *	D13
7	D06	BG1OUT *	D14
8	D07	BG2IN *	D15
9	GND	BG2OUT *	GND
10	SYSCLK	BG3IN *	SYSFAIL *
11	GND	BG3OUT *	BERR *
12	DS1 *	BR0 *	SYSRESET *
13	DS0 *	BR1 *	LWORD *
14	WRITE *	BR2 *	AM5
15	GND	BR3 *	A23
16	DTACK *	AM0	A22
17	GND	AM1	A21
18	AS *	AM2	A20
19	GND	AM3	A19
20	IACK *	GND	A18
21	IACKIN *	SERCLK(1)	A17
22	IACKOUT *	SERDAT * (1)	A16
23	AM4	GND	A15
24	A07	IRQ7 *	A14

续表

引脚号	A 列信号	B 列信号	C 列信号
25	A06	IRQ6 *	A13
26	A05	IRQ5	A12
27	A04	IRQ4 *	A11
28	A03	IRQ3 *	A10
29	A02	IRQ2 *	A09
30	A01	IRQ1 *	A08
31	-12V	+5V STDBY	+12V
32	+5V	+5V	+5V
注：* 表示该线为低电平有效(下同)			

表 2-7　VXI 总线 P2 引脚的定义(0 槽)

引脚号	A 列信号	B 列信号	C 列信号
1	ECLTRG0	+5V	CLK10 +
2	-2V	GND	CLK10 -
3	ECLTRG1	RSV1	GND
4	GND	A24	-5.2V
5	MODID12	A25	LBUSC00
6	MODID11	A26	LBUSC01
7	-5.2V	A27	GND
8	MODID10	A28	LBUSC02
9	MODID09	A29	LBUSC03
10	GND	A30	GND
11	MODID08	A31	LBUSC04
12	MODID07	GND	LBUSC05
13	-5.2V	+5V	-2V
14	MODID06	D16	LBUSC06
15	MODID05	D17	LBUSC07
16	GND	D18	GND
17	MODID04	D19	LBUSC08
18	MODID03	D20	LBUSC09
19	-5.2V	D21	-5.2V
20	MODID02	D22	LBUSC10

续表

引脚号	A 列信号	B 列信号	C 列信号
21	MODID01	D23	LBUSC11
22	GND	GND	GND
23	TTLTRG0 *	D24	TTLTRG1 *
24	TTLTRG2 *	D25	TTLTRG3 *
25	+5V	D26	GND
26	TTLTRG4 *	D27	TTLTRG5 *
27	TTLTRG6 *	D28	TTLTRG7 *
28	GND	D29	GND
29	RSV2	D30	RSV3
30	MODID00	D31	GND
31	GND	GND	+24V
32	SUMBUS	+5V	-24V

表 2-8　VXI 总线 P2 引脚的定义(1~12 槽)

引脚号	A 列信号	B 列信号	C 列信号
1	ECLTRG0	+5V	CLK10 +
2	-2V	GND	CLK10 -
3	ECLTRG1	RSV1	GND
4	GND	A24	-5.2V
5	LBUSA00	A25	LBUSC00
6	LBUSA01	A26	LBUSC01
7	-5.2V	A27	GND
8	LBUSA02	A28	LBUSC02
9	LBUSA03	A29	LBUSC03
10	GND	A30	GND
11	LBUSA04	A31	LBUSC04
12	LBUSA05	GND	LBUSC05
13	-5.2V	+5V	-2V
14	LBUSA06	D16	LBUSC06
15	LBUSA07	D17	LBUSC07
16	GND	D18	GND
17	LBUSA08	D19	LBUSC08

续表

引脚号	A 列信号	B 列信号	C 列信号
18	LBUSA09	D20	LBUSC09
19	-5. 2V	D21	-5. 2V
20	LBUSA10	D22	LBUSC10
21	MODID01	D23	LBUSC11
22	GND	GND	GND
23	TTLTRG0 *	D24	TTLTRG1 *
24	TTLTRG2 *	D25	TTLTRG3 *
25	+5V	D26	GND
26	TTLTRG4 *	D27	TTLTRG5 *
27	TTLTRG6 *	D28	TTLTRG7 *
28	GND	D29	GND
29	RSV2	D30	RSV3
30	MODID00	D31	GND
31	GND	GND	+24V
32	SUMBUS	+5V	-24V

表 2-9 VXI 总线 P3 引脚的定义(0 槽)

引脚号	A 列信号	B 列信号	C 列信号
1	ECLTRG2	+24V	+12V
2	GND	-24V	-12V
3	ECLTRG3	GND	RSV4
4	-2V	RSV5	+5V
5	ECLTRG4	-5. 2V	RSV6
6	GND	RSV7	GND
7	ECLTRG5	+5V	-5. 2V
8	-2V	GND	GND
9	STARY12 +	+5V	STARX01 +
10	STARY12 -	STARY01 -	STARX01 -
11	STARX12 +	STARX12 -	STARY01 +
12	STARY11 +	GND	STARX02 +
13	STARY11 -	STARY02 -	STARX02 -
14	STARX11 +	STARX11 -	STARY02 +

续表

引脚号	A 列信号	B 列信号	C 列信号
15	STARY10 +	+5V	STARX03 +
16	STARY10 -	STARY03 -	STARX03 -
17	STARX10 +	STARX10 -	STARY03 +
18	STARY09 +	-2V	STARX04 +
19	STARY09 -	STARY04 -	STARX04 -
20	STARX09 +	STARX09 -	STARY04 +
21	STARY08 +	GND	STARX05 +
22	STARY06 -	STARY05 -	STARX05 -
23	STARX08 +	STARX06 -	STARY05 +
24	STARY07 +	+5V	STARX06 +
25	STARY07 -	STARY06 -	STARX06 -
26	STARX07 +	STARX07 -	STARY06 +
27	GND	GND	GND
28	STARX +	-5.2V	STARY +
29	STARX -	GND	STARY -
30	GND	-5.2V	-5.2V
31	CLK100 +	-2V	SYNC100 +
32	CLK100 -	GND	SYNC100 -

表 2-10 VXI 总线 P3 引脚的定义(1~12 槽)

引脚号	A 列信号	B 列信号	C 列信号
1	ECLTRG2	+24V	+12V
2	GND	-24V	-12V
3	ECLTRG3	GND	RSV4
4	-2V	RSV5	+5V
5	ECLTRG4	-5.2V	RSV6
6	GND	RSV7	GND
7	ECLTRG5	+5V	-5.2V
8	-2V	GND	GND
9	LBUSA12	+5V	LBUSC12
10	LBUSA13	LBUSC15	LBUSC13
11	LBUSA14	LBUSA15	LBUSC14

续表

引脚号	A 列信号	B 列信号	C 列信号
12	LBUSA16	GND	LBUSC16
13	LBUSA17	LBUSC19	LBUSC17
14	LBUSA18	LBUSA19	LBUSC18
15	LBUSA20	+5V	LBUSC20
16	LBUSA21	LBUSC23	LBUSC21
17	LBUSA22	LBUSA23	LBUSC22
18	LBUSA24	-2V	LBUSC24
19	LBUSA25	LBUSC27	LBUSC25
20	LBUSA26	LBUSA27	LBUSC26
21	LBUSA28	GND	LBUSC28
22	LBUSA29	LBUSC31	LBUSC29
23	LBUSA30	LBUSA31	LBUSC30
24	LBUSA32	+5V	LBUSC32
25	LBUSA33	LBUSC35	LBUSC33
26	LBUSA34	LBUSA35	LBUSC34
27	GND	GND	GND
28	STARX +	-5.2V	STARY +
29	STARX -	GND	STARY -
30	GND	-5.2V	-5.2V
31	CLK100 +	-2V	SYNC100 +
32	CLK100 -	GND	SYNC100 -

1. VME 总线的特点及结构

VXI 总线是 VME 总线在仪器领域的扩展(VME Bus eXtension for Instrumentation)。显然,VME 总线是构成 VXI 总线的基础。VME 总线是国际上一种工业微机的总线标准,它参考了摩托罗拉公司一种称为 Versa 总线的通用总线和欧洲的模块卡式结构,是一种主要用于微型计算机和数字系统的总线标准。VME 总线已被 IEEE 和 IEC 分别定为 IEEE1014 和 IEC821 标准,已获得广泛应用。但是,由于 VME 总线是为微型计算机系统和数字系统设计的,它没有考虑现代模块化仪器系统的需要,不能满足模块化仪器同步、触发、电磁兼容和电源等方面的特殊要求。VXI 总线系统正是针对模块化仪器的这些要求而在 VME 总线系统的基础上形成的。因此,在介绍 VXI 总线系统的结构之前,先对 VME 总线系统的结构作简要介绍。

图 2 – 5 示出了 VME 计算机总线的组成。它包含了数据传输总线、数据传输的仲裁总线、优先级中断总线和公用总线。这些总线都安排在 P1 连接器(全部)和 P2 连接器的 B 列引脚上。

由图 2 – 5 可见,VME 总线的信号线可分为以下 4 组。

(1) 数据传输总线(Data Transfer Bus,DTB)。

(2) DTB 仲裁总线(DTB Arbitration Bus)。

(3) 优先中断总线(Priority Interrupt Bus)。

(4) 公用总线(Utility Bus)。

各种信号线由不同的功能模块使用,来完成不同的功能,以下分别讨论各组信号线及其功能。

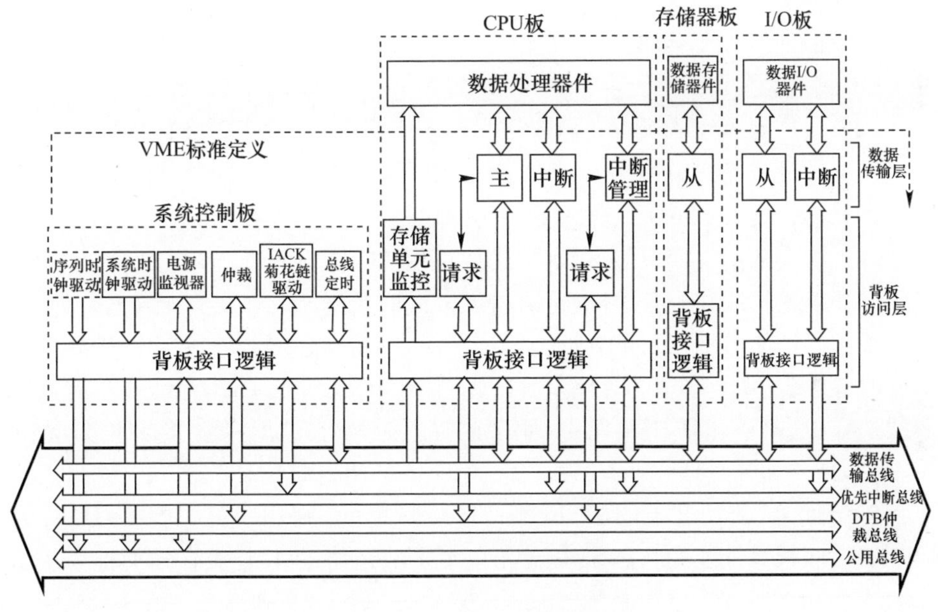

图 2 – 5 VME 总线结构

1) 数据传输总线(DTB)

数据传输总线主要是用于 CPU 板上的主模块(Master)与存储器板和 I/O 板上的从模块(Slave)之间传送数据、地址及有关的控制信号的,这是由主模块起动并控制 DTB 的数据传送周期。另外 DTB 也可供中断器与中断管理器之间传递状态/识别信息使用。数据传输总线按其功能可分为寻址线、数据线和控制线三组,见表 2 – 11。

表 2 - 11　DTB 信号线

寻址线	数据线	控制线
A01 ~ A31(地址)	D00 - D31	AS*
AM0* ~ AM5*(地址修改)	—	DS0*
DS0*(数据选通 0)	—	DS0*
DS1*(数据选通 1)	—	BERR*(总线错误)
LWORD*(长字)	—	DTACK*(数据传输认可)
—	—	WRITE*(读/写)

其中 DS0* 与 DS1* 是两条双功能线。"*"有两种含意,电平作用时表示低电平有效,边沿触发则表示是下降沿触发。

寻址线又包括以下几种。

(1) 地址线 A01 ~ A31,其中 A01 ~ A23 安排在 P1 引脚上,A24 ~ A31 安排在 P2 引脚上。

(2) 地址修改线 AM0* ~ AM5*,这 6 条地址修改线安排在 P1 引脚上。

(3) 数据选通线 DS0* ~ DS1*,这 2 条数据选通线安排在 P1 引脚上。

(4) 字长线 LWORD*,安排在 P1 引脚上。

寻址线全部由主模块驱动,对从模块提供的存储单元进行寻址,寻址空间达 4GB。32 条数据线在一个 DTB 周期内可以同时传送 1 ~4 个字节数据。为此,寻址线的寻址能力不仅要求寻址空间尽可能大,而且必须能够在一个 DTB 周期内同时寻址 1 ~4 个字节的存储单元。所以,VME 总线的 DTB 寻址线不像其他总线那样由 A00 ~ A31 来实现 4G 字节的寻址能力,在这里将整个寻址空间按 4 个字节为一组进行划分,每一组称为一个 4 字节组,由 A02 ~ A31 进行寻址,至于具体访问 4 字节组中的哪几个字节存储单元,则由 A01、DS0*、DS1* 及 LWORD* 四根寻址线的状态来决定。在 4 字节组中的 4 个字节分别称为字节(0)、字节(1)、字节(2)和字节(3),其定义如表 2 - 12 所列。

表 2 - 12　4 字节存储单元

名称	以字节为单位的地址
字节(0)	x x x …x x x 00
字节(1)	x x x … x x x 01
字节(2)	x x x … x x x 10
字节(3)	x x x … x x x 11

表 2 - 13 给出了用 DS0*、DS1*、A01 和 LWORD* 选择 4 字节组中哪几个字

节的方法，除表中给出的几种情况外，DS0*、DS1*、A01 和 LWORD*的组合还有6种，但因为进行数据传输时，DS0*与 DS1*必须至少有一个为低，所以实际上只有两种组合没有在表2-13中列出，这两种组合被视为非法状态。例如，某个主模块要在一个数据传送周期内读取地址 1234567816 处的两个字节，则其寻址线状态应为：A31～A02 对应 000100100011010001010110011110（1=高，0=低），DS0*、DS1*、A01 和 LWORD*分别对应低、低、低、高。

6条地址修改线 AM0*～AM5*提供了64种地址修改码，其中50种由用户定义或保留，其余14种用来通知从模块如下信息。

（1）DTB 周期使用的地址为短地址 A16（用 A01～A15）、标准地址 A24（用 A01～A23）还是扩展地址 A32（用 A01～A31）。

（2）进行的是块传送、程序传送还是数据传送。

（3）数据传送是管理式的还是非特权式的。

表2-13　用 DS0*、DS1*、A01 和 LWORD*选择字节存储单元

字节存储单元选择	DS0*	DS1*	A01	LWORD*
单字节访问：				
字节(0)	高	低	低	高
字节(1)	低	高	低	高
字节(2)	高	低	高	高
字节(3)	低	高	高	高
双字节访问：				
字节(0～1)	低	低	低	高
字节(1～2)	低	低	高	高
字节(2～3)	低	低	高	高
三字节访问：				
字节(0～2)	高	低	低	低
字节(1～3)	低	高	低	低
四字节访问：				
字节(0～3)	低	低	低	低

数据线 D00～D31，其中 D00～D15 安排在 P1 引脚上，D16～D31 安排在 P2 引脚上。32根数据线在一个 DTB 周期内可以同时传送1～4个字节，表2-14 给出了各数据线传送数据字节的情况。例如，主模块要读取地址为 1234567816 处的两个字节，则 1234567816 处对应的一个字节的数据由 D08～D15 传送，而 1234567916 处对应的一个字节的数据由 D00～D07 传送。

表2－14　使用数据线访问存储单元

访问的存储单元	D00～D07	D08～D15	D16～D23	D24～D31
字节(0)	—	字节(0)	—	—
字节(1)	字节(1)	—	—	—
字节(2)	—	字节(2)	—	—
字节(3)	字节(3)	—	—	—
字节(0～1)	字节(1)	字节(0)	—	—
字节(1～2)	—	字节(2)	字节(1)	—
字节(2～3)	字节(3)	字节(2)	—	—
字节(0～2)	—	字节(2)	字节(1)	字节(0)
字节(1～3)	字节(3)	字节(2)	字节(1)	—
字节(0～3)	字节(3)	字节(2)	字节(1)	字节(0)

控制线包括：

（1）地址选通线 AS*，安排在 P1 引脚上；

（2）数据选通线 DS0*～DS1*与地址线中的数据选通线相同，即数据选通线在寻址线和控制线中都具有相同的作用；

（3）总线错误线 BERR*，安排在 P1 引脚上；

（4）数据传输应答线 DTACK*，安排在 P1 引脚上；

（5）读/写信号线 WRITE*，安排在 P1 引脚上。

在主、从模块交换数据时，地址线由主模块驱动以进行寻址，根据利用的地址线数目不同，地址可以是短地址（寻址 64KB）、标准地址（寻址 16MB）和扩展地址（寻址 4GB），所用地址线的数目由地址修改线 AM0*～AM5*规定。数据线 D00～D31 用来传输 1～4 字节的数据。主模块用数据选通线 DS0*～DS1*、字长线 LWORD*和地址线 A01 配合指定不同的数据传输周期类型，例如单字节奇地址或偶地址的数据传输、双字节或四字节数据传输、不同字节数的数据块传输等。

数据传输总线 DTB 周期是异步进行的，主模块用地址选通信号 AS*和数据选通信号 DS0*～DS1*向从模块发出控制，而从模块用数据传输应答信号 DTACK*响应。当主模块发生寻址错误，从模块驱动总线错误信号 BERR*进行提示，若从模块产生故障使 DTB 周期超过时限，系统控制板上的定时模块也能驱动 BERR*线。读/写信号线 WRITE*确定数据传输的方向。CPU 板上还有一个存储单元监控模块，它监视是否有从属它的存储单元被访问，这在共享存储单元的通信方式中特别有用。此外，各板与总线的接口，都是通过背板接口逻辑模块来实现的。

2）DTB 仲裁总线

VME 总线可以支持多处理器的分布式微机系统，即多块 CPU 板可以同时存在于一个 VME 总线系统中，它们可以共享系统中的硬件和软件资源。VME 总线的仲裁系统可以防止两个或两个以上的主模块同时使用 DTB。当有多个模块请求使用 DTB 时，系统可通过控制板上的仲裁模块与 CPU 板上请求模块联系，并对总线请求做出安排，以避免两个模块同时使用数据传输总线，造成数据传输的错误。DTB 仲裁总线主要包括下列信号线。

（1）总线请求线 BR0* ~ BR3*。

（2）总线允许输入线 BG0IN* ~ BG3IN*。

（3）总线允许输出线 BG0OUT* ~ BG3OUT*。

（4）总线忙线 BBSY*。

（5）总线清除线 BCLR*。

以上 5 种 DTB 仲裁总线均安排在 P1 引脚上。

在 VME 总线仲裁系统中共有 0 ~ 3 4 种优先级，第 3 级优先权最高，第 0 级最低，也就是说 DTB 仲裁总线中总线请求、总线允许输入和总线允许输出线各有 4 条。每个请求模块只驱动一条请求线，并接受同一级别的总线允许链路仲裁，即 BRX*、BGXIN* 及 BGXOUT* 中 X 取值相同时才能构成一级仲裁链路。至于仲裁驱动模块对 4 条仲裁链路的处理，则可采用 3 种不同方式，即把 DTB 控制权先给优先级最高的链路（$X = 3$），再给优先级较低的链路的优先仲裁；循环驱动 4 条链路的循环仲裁；只驱动 $X = 3$ 链路而不使用其他链路的单级仲裁。在同一链路中靠近 1 号槽的模块又比其他编号模块有更高的优先级。

仲裁通过总线允许输入和允许输出信号构成的菊花链进行。槽号较低的 BGXOUT* 线直接与槽号比它大 1 的 BGXIN* 相连，如图 2－6 所示。只有本模块正进行总线请求（BRX* 低），且收到的总线允许输入信号 BGXIN* 也为低时，模块才获得总线使用权。

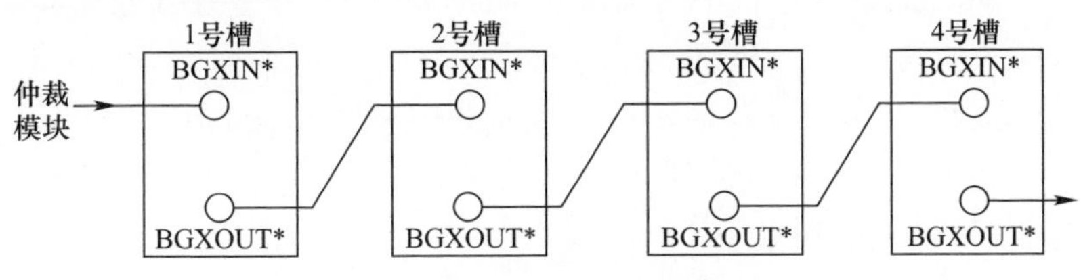

图 2－6　总线仲裁的菊花链

总线请求及其仲裁过程如下：请求使用 DTB 的模块在发出总线请求的同时

令其总线允许输出为高,使优先级低于它的模块不得使用 DTB 线。同时它监视总线允许输入线,一旦为低就表示总线请求得到允许,这时它驱动总线忙信号 BBSY* 表示总线已被占用。当它使用完 DTB 线就释放 BBSY* 线(令其为高电平),并使本模块的总线允许输出线变为低电平,取消对优先级低于它的模块总线使用权的封锁。若有优先级更高的模块产生总线请求,仲裁模块可用总线清除信号 BCLR* 来中断现行 DTB 周期,当前使用 DTB 的模块也释放该线。

仲裁链中每个模块的总线允许输出信号与总线请求及总线允许输入信号有如下逻辑关系:

$$\mathrm{BGXOUT}^{*} = \mathrm{BGXIN}^{*} + \mathrm{BRX}^{*}$$

式中均采用正逻辑,即低电平为逻辑 0、高电平为逻辑 1。由上式可见,当有总线请求时(这时 BRX* 为 1)总线允许输出总为 1(高电平);当无总线请求时总线允许输出与总线允许输入电平相同。图 2-7 是一个总线仲裁举例,其中处于 2 号槽和 4 号槽的模块都有总线请求,从而可确定各模块中 BGXIN* 和 BGXOUT* 的电平,可见 2 号槽中的模块总线请求已被允许,而 4 号槽中的请求未获允许。同时还可看出,对于未插入板的空槽应在该槽的 BGXIN* 和 BGXOUT* 之间连一短路线。

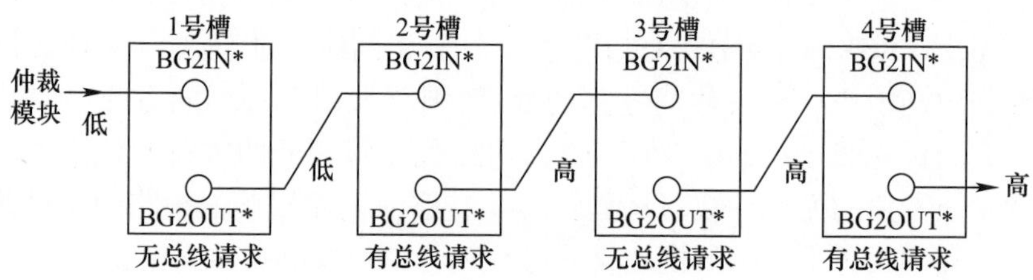

图 2-7 总线请求仲裁原理及举例

3) 优先中断总线

优先中断总线提供 VME 总线系统中的中断器(Interrupter)和中断管理器(Interrupt Handler)之间进行中断请求和中断认可的操作。各微处理器之间经过 DTB、DTB 仲裁和优先中断总线建立起通信路径。

VME 总线系统最多可以有 7 级中断,优先中断总线包括:

(1) 中断请求线 IRQ1* ~ IRQ7*;

(2) 中断应答线 IACK*;

(3) 中断应答输入线 IACKIN*;

(4) 中断应答输出线 IACKOUT。

以上四种优先中断总线均安排在 P1 引脚上。

VME 总线系统中各中断模块负责在必要时发出中断请求信号 IRQ1 * ~ IRQ7 *，CPU 板上的中断管理模块在监视到中断请求后驱动中断应答信号，它与系统控制板中的 IACK * 菊花链驱动模块配合，组成中断链路。在单 CPU 系统中，一个中断管理模块监视 IRQ1 * ~ IRQ7 * 共 7 条中断请求线，在多 CPU 系统中则只监视分配给它的中断请求线。不论哪种情况，中断应答链路都由 1 号槽中的 IACK 菊花链驱动模块激励，如图 2 – 8 所示。

图 2 – 8 中，CPU 板上的中断管理模块在收到它所监视的 IRQ * 线上出现中断请求信号后，先通过自己的总线请求模块申请 DTB 使用权，以便发出中断请求的模块利用数据传输总线向它报告状态/识别消息（STATUS/ID）。经过总线请求仲裁过程，若取得总线使用权，则启动中断响应周期。首先中断管理模块驱动 IACK * 线为低电平，该信号通过背板上的总线传至系统控制板上的 IACK 菊花链驱动模块，使后者的 IACKOUT * 线变为低电平，并驱动中断应答链路。与此同时，中断管理模块驱动地址线 A01 ~ A03，经译码指出是响应 IRQ1 * ~ IRQ7 * 中第几条线的中断请求，其中 IRQ7 * 具有最高的优先级。

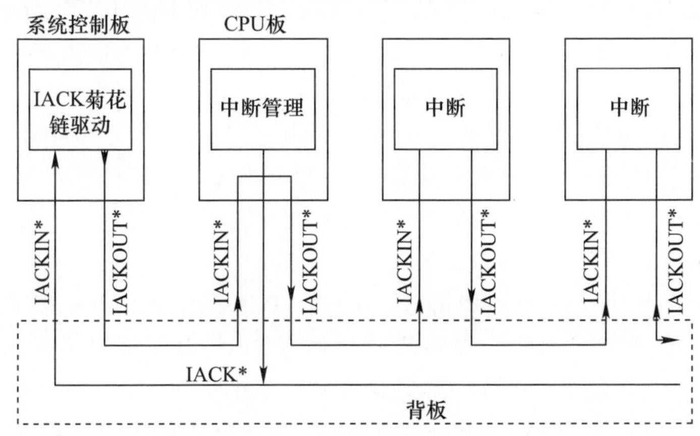

图 2 – 8　中断应答链路

中断模块需要 3 个条件才可认为自己的中断请求被响应，即本模块输入的 IACKIN * 为低电平，自己使用的中断请求信号 IRQN * 为低电平（N 为 1 ~ 7）及 A01 ~ A03 经译码得到的号数 N 与自己使用的中断请求 IRQN * 线中的号数 N 一致。在满足最后一个条件的情况下，每个中断模块的中断应答输出信号与其中断应答输入及中断请求信号间有如下逻辑关系：

$$\mathrm{IACKOUT}^{*} = \mathrm{IACKIN}^{*} + \mathrm{IRQN}^{*}$$

其表达形式及实际意义都与总线请求仲裁链类似。

当中断请求被响应时，中断模块就在数据传输线上发 1 ~4 个字节的状态/识别消息（STATUS/ID），相应的中断管理模块根据收到的这个消息，去执行一定的中断服务程序。

4）公用总线

公用总线为系统提供了系统时钟以及对系统初始化和故障监测等功能。

公用总线包括的信号线如下。

（1）系统时钟线 SYSCLK。

（2）序列时钟线 SERCLK。

（3）序列数据线 SERDAT*。

（4）交流故障线 ACFAIL*。

（5）系统复位线 SYSRESET*。

（6）系统故障线 SYSFAIL。

以上 6 种公用总线均安排在 P1 引脚上。

SYSCLK 由系统时钟驱动器驱动，为系统提供一个占空比为 50% 的 16MHz 时钟信号，作为系统操作的时间基准。SERCLK 和 SERDAT* 用于一种扩展的 VMS 总线。ACFAIL* 反映交流电源是否出现故障，SYSRESET* 反映系统是否处于复位状态，二者均由电源监视器监视和控制，当系统电源出现故障时，电源监视器驱动 ACFAIL* 向系统发出报警信号；当操作人员按下复位按钮时，电源监视器驱动 SYSRESET* 为低，使整个系统进入初始状态。系统复位后，总线上所有模块都进行自检，自检结果通过 SYSFAIL* 线传送给系统控制板，所以系统中任何模块都可能产生系统故障信号。

除上述 4 种总线外，还有电源线、地线 GND 和保留线（RESERVED）安排在 P2 引脚 B 列的第 3 个引脚。保留线不得随意使用，以便将来扩展和增强系统功能。

以上是 VME 总线的构成情况，这些也是 VXI 总线系统的重要内容之一，是进一步掌握 VXI 总线系统的基础。

2. VXI 增加的总线

为适应高速、高性能仪器组件模块的需要，VXI 在保留 VME 系统的数据传输总线 DTB、DTB 仲裁总线、优先中断总线和公用总线的基础上，新定义了一些面向仪器应用的信号线。这些新定义的信号线位于 P2 和 P3 连接器上，包括模块识别线、时钟和同步线、仪器触发线、星形线、模拟相加线、本地总线、电源线。

1）模块识别线 MODID

MODID 线用来检测特定位置上的模块是否存在，或者识别一个特定器件的物理槽位。这些线（MODID00 ~ MODID12）源于 VXI 系统的 0 号槽模块，分别接至 1 ~ 12 槽,连接形式如图 2 - 9 所示。0 号槽自己的识别线就是 MODID00。

如图 2 - 10 所示,0 号槽模块通过被检测模块上的一个 825Ω 的接地电阻将 MODID 线下拉到低电平来检测该模块的存在,这种方法可检测出包括损坏或不能正常工作模块在内的任何模块。每个模块在自己的 A16 配置空间的状态寄存器中还有一个 MODID 位。依次驱动 0 槽的 MODID00 ~ MODID12 线为高,查询指定器件的 MODID 状态位,可以确定指定逻辑地址的器件所在的物理槽位。

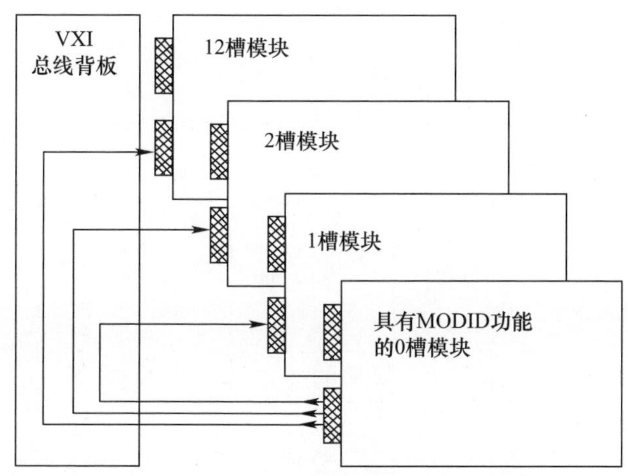

图 2 - 9　MODID 线的连接

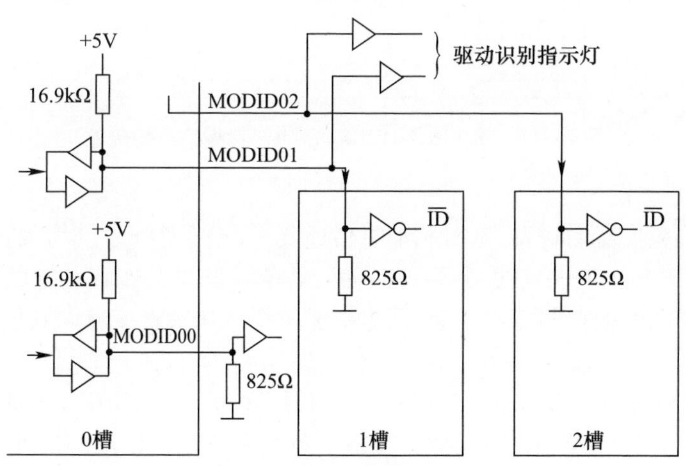

图 2 - 10　MODID 线的驱动

2）时钟和同步线

时钟和同步线包括一个 10MHz 的系统时钟 CLK10,一个与 CLK10 同步的

100MHz 时钟 CLK100,以及一个与 CLK100 上升沿同步的同步时钟 SYN100。SYN100 主要用于多个器件之间准确的时间配合,执行群触发功能。CLK10 和 CLK100、SYN100 都源于 0 号槽模块,分别分布于 P2 和 P3 连接器上。以 CLK10 为例,它们都采用单一连接方式(图 2-11),并且在背板上为各槽信号提供单独的 ECL 差分驱动。这些信号都有较高的性能,如频率准确度优于 0.01%,CLK10 的绝对时延小于 8ns,100MHz 信号插入时延小于 2ns 等。

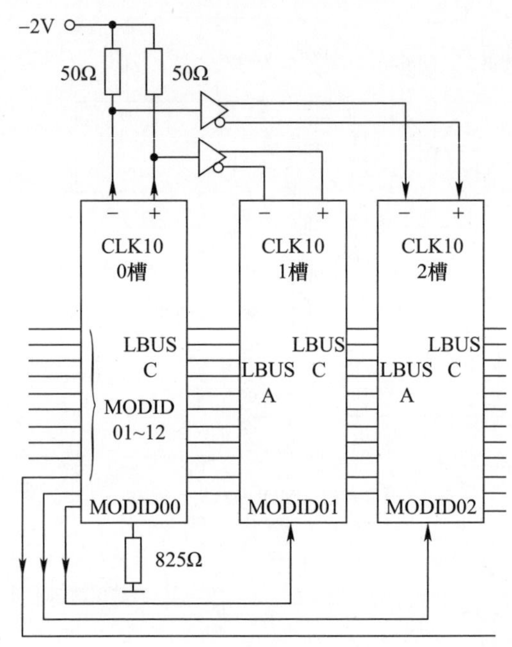

图 2-11　CLK10、MODID 和 LBUS 背板信号的传输

3）仪器触发线

为了适应仪器的触发、定时和消息传递要求,VXI 总线系统增加了 3 种触发线:TTL、ECL 和星形触发线,其中前两种的每条触发线上连着各槽的模块,信号在底板上的两个端点间逐次传递,而星形触发线从 0 槽直接连向其他各槽,构成星形连接。

VXI 总线系统共有 8 条 TTL 触发线 TTLTRG0 ~ TTLTRG7,全部集中在 P2 连接器上,它们都是集电极开路的 TTL 信号线,主要用于模块间的通信。包括 0 槽模块在内的任何模块都可以驱动这些线或从它们上面接收信号,它们是通用线,可用于触发、挂钩、时钟或逻辑状态的传送。

6 条 ECL 触发线 ECLTR0 ~ ECLTRG5 分布在 P2 和 P3 连接器上,主要作为模块高速定时资源。其连接方式、标准定时协议和用途均与 TTL 触发线相似,只不过它为正真逻辑、ECL 电平相容，要求信号线阻抗终端负载严格按 50Ω 设计。

星形触发线有 STARX 和 STARY 两种，分布在 P3 连接器上，用于模块间的异步通信。STAR 线在 0 槽和 1 ~ 12 槽之间按星形方式连接，0 槽模块可以通过一个交叉矩阵开关，控制 STARX 和 STARY 所连接的实际信号通路，也可以把从一条 STAR 线上接收的信号广播到一组 STAR 线上去。STAR 线是双向的，采用 ECL 差分驱动接收。星形线特别适于定时关系要求非常严格的场合，要求背板上的布线网络不应插入 5ns 的延迟和 2ns 的不对称性。

4）VXI 星形总线

VXI 星形总线仅存在于 P3 板上，它由 STARX 和 STARY 两条线构成，两线在每一模块槽和 0 槽之间相连，如图 2 - 12 所示。0 槽可以看作是有 12 只引脚的一个星形结构的中心，每一模块位于每一等长脚的末端。

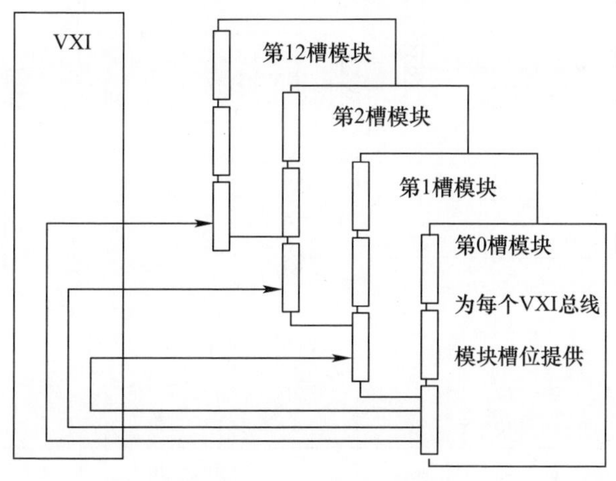

图 2 - 12　VXI 星形总线

对星形总线的两条线作如下规定，即任何两个星形信号间允许有一个最大为 2ns 的时间偏差，在 0 槽和任意一个模块之间允许有一个最大延迟为 5ns 的时间偏差。这就使总线在高速的模块内部触发及通信方面做得很完美。

5）模拟相加线

模拟相加线 SUMBUS 是 VXI 系统背板上的一条模拟相加节点线。该线通过一个 50Ω 的电阻接地，任何模块都可利用模拟电流源驱动该线，也可以借助高输入阻抗接收器（如模拟放大器）从该线接收信号。SUMBUS 线可以叠加多个模块输出的模拟电流，产生复杂的波形，用来作为另一模块的激励源。模拟相加线被安置于 P2 板内，如图 2 - 13 所示。

6）本地总线

本地总线位于 P2 模块上，它是一条专用的、相邻模块间的通信总线。本地总线的连接方式是一侧连向相邻模块的另一侧。除了 0 号模块连接 1 号模块的左侧与 12 号模块的右侧之外，其余所有的模块都是把一侧连到相邻模块的左侧，而另一侧连到另一个相邻模块的右侧。所以大多数模块都有两条分开的本地总线。标准的插槽有 72 条本地总线，每一侧各有 36 条，其中 12 条线在 P2 上，24 条线在 P3 上。本地总线上的信号幅度可为 -42V ~ +42V，最大电流为 500mA。信号的幅度又可分为 5 级，如表 2-15 所列。

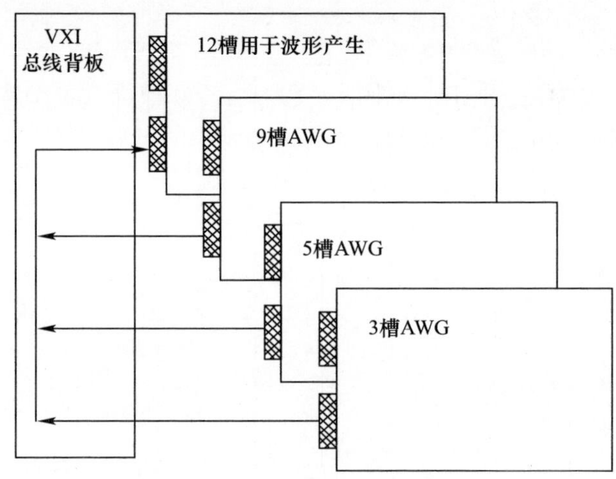

图 2-13　VXI 模拟相加线

表 2-15　本地总线的信号赋值

信号	级别	负电压极限/V	正电压极限/V
(1)	TTL	-0.50V	+5.50V
(2)	ECL	-5.46V	+0.00V
(3)	低幅度模拟信号	-0.50V	+5.50V
(4)	中幅度模拟信号	-16.00V	+16.00V
(5)	高幅度模拟信号	-42.00V	+42.00V

本地总线的目的是减少模块之间在面板上或模块内部使用带状电缆连接器或跨接线的需要，使两个或多个模块之间可进行通信而不占用全局总线。图 2-14所示为一个使用本地总线在各仪器模块进行通信的例子。在这个实例系统中，第 6 槽中的 A/D 转换模块在本地总线中发送数据到第 7 槽 DSP 模块。第 7 槽的 DSP 模块在本地总线中接收了数据作数据处理后，再传送给第 8 槽存

储模块作数据保存，然后，在本地总线中传送给第 9 槽的显示模块完成一个波形显示。

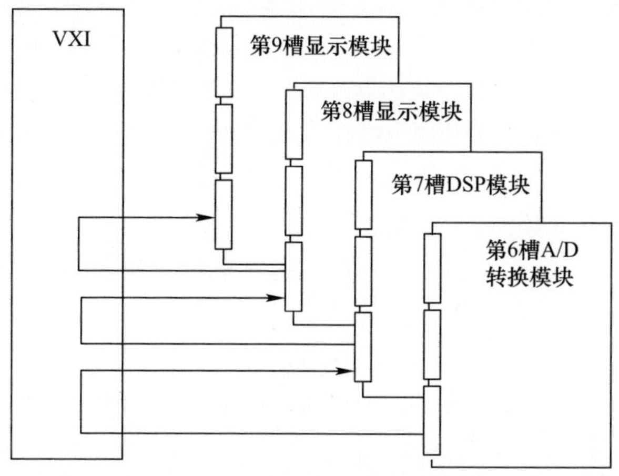

图 2－14　VXI 底板上的本地总线

7）电源线

VXI 总线系统的电源可为每个仪器模块提供最高 268W 的功率，通过 VXI 背板提供 7 种不同的电压。＋5V、＋12V 是 VME 标准规定的，其余 4 种电压为 VXI 规范新增加的。±24V 是为模拟电路设计的，－5V、2V 和 －2V 是为高速 ECL 电路设计的。

本地总线又为不同的模块提供了不同的通信方式，如图 2－15 所示。

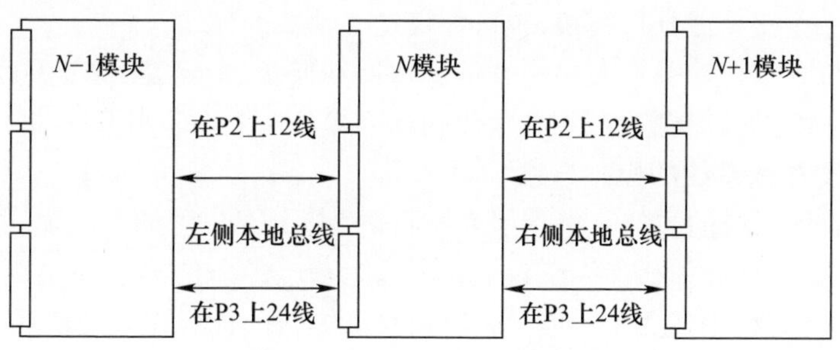

图 2－15　模块上的本地总线

2.1.4　VXI 总线的控制方案

1. 槽与资源管理器

VXI 机箱最左边的插槽包括背板时钟（Backplane Clock）、配置信号（Configuration Signals)、同步与触发信号(Synchronization and Trigger Signals)等系统资源,因而,只能在该槽中插入具有VXI“0槽”功能的设备,即所谓的“0槽”模块,通常简称为0槽。VXI资源管理器(RM)实际上是一个软件模块,它可以装在VXI模块或外部计算机上。RM与0槽模块一起进行系统中每个模块的识别、逻辑地址的分配、内存配置,并用字符串协议建立命令者/从者之间的层次体制。

0槽模块规定用来沟通CLK10脚(如果系统中配置有P3插座时,还能沟通CLK100和SYN100)。0槽资源控制器能满足所有选用的仪器模块的各项要求,是一种公共资源系统模块,它包括VME总线资源管理器和VME总线系统控制器。在0槽的许多模块中还包含其他的功能,如可以用于GPIB接口、IEEE1394接口、MXI接口和系统智能等功能的系统控制部件上。如果用一台外部的主计算机来控制VXI总线的仪器,那么需将计算机与VXI总线系统的0槽连接起来。在初期,最常用的连接线是IEEE488,然而其他连接线如LAN、RS-232、IEEE1394、MXI或VME都可选用。

VXI总线规范规定了两种可以通用的模块:即以寄存器为主的器件和以信息传递为主的器件。典型的以寄存器为主的器件是一种不带内含智能的单片模块,它能对底板进行寄存器读和写。这些模块诸如开关、数字I/O插件、单片的ADC(模-数转换器)和DAC(数-模转换器)。以信息传递为主的器件遵循VXI总线代码串行通信规约,它们通常是带有内含微处理器的智能器件,能够接收和执行ASCII指令。大多数高级仪器中的模块都是信息传递型器件。用户若希望用一种高级ASCII指令语言,如IEEE 488.2或CIIL(MATE)对一个寄存器型的器件进行编程,那就需要用一块信息传递型的器件对其进行控制。这种器件会带有一个接口或0槽模块,也可能仅是一种辅助模块。

信息传递型模块具有对另一个信息传递型模块进行“翻译”的能力。例如,能将CIIL(MATE)信息“翻译”成信息传递型模块“自身的”IEEE 488.2语言。

2. VXI总线系统的控制方式

VXI总线系统的主计算机是用来控制整个系统的,也可以称为主控计算机。由于VXI总线系统中没有传统仪器的控制面板,各个仪器模块也不能独立工作,所以主计算机不仅用来控制、协调各仪器的工作,而且参与各仪器的工作,提供仪器软面板,人们可以利用计算机强大的图形能力和丰富的软件来进行操作和控制。VXI总线系统的主计算机可分为外置式和内嵌式两种。主计算机可以在主机箱外部,通过某种电缆及接口与主机箱相连,称外置式,也可以在主机箱内部,称为内嵌式。

1)外置式计算机控制方式

在使用外置式计算机的情况下,一个VXI总线系统不但需要一个运行应用程序的系统，而且还需要考虑系统控制器与 VXI 总线之间的接口，采用外主计算机的系统结构如图 2－16 所示。

图 2－16 中计算机接口首先把程序中的控制命令转变为接口链路的信号，接着通过接口的链路进行传输，最后 VXI 总线接口再把接收到的信号转变成 VXI 总线命令。例如，用一台带有 IEEE488 接口的计算机作为外主计算机，它的 IEEE488 接口先把程序中的控制信号变为 IEEE488 信号，经过 IEEE488 总线传输至 VXI 总线子系统，子系统上装有 VXI 总线接口，这就是 IEEE488/VXI 翻译器，它把 IEEE488 信号转变成 VXI 总线系统可执行的 VXI 总线命令。

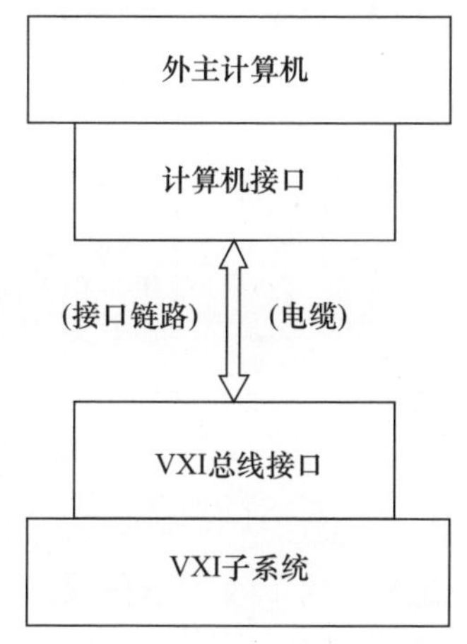

图 2－16　采用外部主计算机的 VXI 总线系统结构

选择接口时应该考虑三个关键因素，即数据传输速度、允许的控制器与 VXI 总线子系统的距离、能否对多个 VXI 总线子系统进行控制。下面讨论几种最常见的接口及其有关特点。

（1）IEEE488 总线接口。基于 IEEE488 总线接口控制方式的体系结构主要包括插入通用计算机的 IEEE488 接口卡、位于 VXI 主机箱 0 槽模块的 IEEE486－VXI 翻译器、IEEE488 电缆及 VXI 仪器模块，如图 2－17 所示。在这种体系结构中，计算机通过 IEEE488 接口与位于一个或多个主机箱 0 槽模块上的 IEEE486－VXI 接口模块进行通信，VXI 总线主机箱的初始化以及 IEEE488 和 VXI 总线协议的转换是由固化在零槽模块中的软件来实现的，每个仪器分配有一个独立的 IEEE488 地址，这样计算机就可以像控制 IEEE488 仪器那样控制 VXI 总线模块进行工作。同时在 0 槽模块中还有一个内建命令集，为计算机应用诸如系统配置和触发控制等 VXI 总线功能提供了工具。

IEEE488 总线是人们熟悉的仪器控制总线，已经开发出大量的测试系统，这种结构为人们熟悉和应用 VXI 总线技术提供了一条捷径。许多熟悉的软件工具和现成的系统软件可以很方便地用于开发 VXI 总线系统,而且 VXI 主机箱可以作为一个子系统集成到现有 IEEE488 测试系统中去。因此,许多工程师在刚刚开始研究 VXI 总线技术时愿意选用这种结构。这种结构的缺点是由于 IEEE488 总线传输速率最高为 1MB/s,远远低于 VXI 总线背板总线 40MB/s 的传输速率,因此 IEEE488 总线成为整个测试系统数据交换的瓶颈,在数据传输量大的场合严重制约了 VXI 总线整体性能的发挥。

这种结构主要用于对测试速度要求不高和计算机接口数据吞量小的场合。当系统为混合系统、有其他 IEEE488 接口仪器时,应考虑尽可能减少接口总线类型,选用 IEEE488 接口总线。

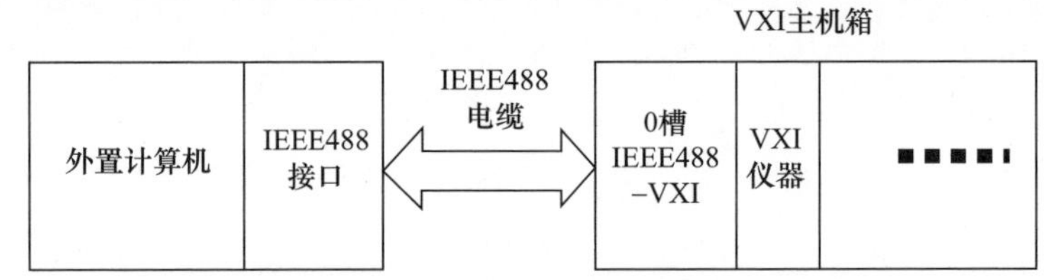

图 2-17　基于 IEEE488 总线接口控制方式结构框图

(2) RS-232C 接口。RS-232C 是一种串行接口,几乎每台计算机都有这种接口。RS-232C 通常是点对点的单线串行传输,一般只包含两个器件,最大电缆长度为 15m,它的数传速率也较低,只有 19.2kb/s。但是这种接口也有它突出的优点,首先,它允许使用更多的计算机和终端,因为它们都具有这种接口;其次,大量的计算机语言提供对这种接口的支持;第三,通过一定的调制解调可以在较远的距离控制 VXI 总线;此外,这种接口的价格也比较低廉。基于上述特点,RS-232C 接口常与 IEEE488 配合使用。例如,可在采用 IEEE488 作主控接口的系统中再采用一个带 RS-232C 接口的计算机进行调试、检测。

(3) MXI 总线接口。MXI 总线是一种多功能、高速度的通信链路,并且使用一种灵活的电缆连接方案与设备进行互连及互相通信。起源于 VME 总线,MXI 总线提供了一种高效能的方法,由广泛使用的桌面计算机和工作站去控制 VXI 系统。这种灵活的 MXI 接口总线由美国国家仪器公司开发,并在 1989 年发表了 MXI 技术规范,作为 VXI plug & play 的核心技术,MXI 接口已被 VXI plug & play 系统联盟所支持。在 1995 年,美国国家仪器公司又提供了具有更高性能的 MXI-2 规范,目前已发展至 MXI-3。由于 MXI 具有完整的技术标准和开放的工业标准,任何人都能根据这一标准去开发系统集成中可用做 MXI 控制的产品。MXI 总线的系统构造融合了通用计算机的灵活性以及实用的传统嵌入式

VXI 计算机的性能优点。

MXI 总线的系统构造使用了高速的 MXI 总线电缆,直接把一台外部的计算机与 VXI 机箱相连,控制的距离可达 20m。使用 MXI 总线可以很容易地在系统中增加更多的 VXI 机箱去组建一个大的测试系统。并且外部计算机中提供的插卡槽还可用做 IEEE488 总线控制、DAQ 插卡或其他的外设适配卡的配用。对于仪器控制,MXI 总线由利用 PCI 总线的高流通量能力来辅助。以 PCI 总线为基础的桌面 PC 优于大多数的嵌入式计算机工作站,提供一个廉价且具有优异性能的平台去控制复杂的 VXI 仪器。更重要的是新的桌面计算机能采用最新的技术,包括速度更快、功能更强的微处理器和随机存储器,能很容易地升级到最新的 VXI 系统。一个基于 PCI 总线的 MXI-2 解决方案能提供这些优秀的性能。

MXI-2 标准输出所有的 VXI 底板信号,如 VXI 定义的触发线、中断线和系统时钟,扩展了 MXI-1 标准的规范。作为标准的附加,MXI 总线信号直接输出到电缆的总线。MXI-2 用户能完成多达 8 个菊花形 MXI 设备之间的严格定时关系和同步工作。MXI 设备的连通性被完成在硬件水平。

MXI 电缆线担负着一个透明的链路,连接多路 MXI 设备。这些设备被交叉映射到带有它们独立地址空间的存储区,以便作为组成多个设备的一个单个系统,并共享这些地址存储空间。

MXI 支持 8 位、16 位和 32 的数据传输,并有不透明的读/写操作和完整的块模式传送功能。使用 MXI 的同步方式,MXI-2 能完成高达 33Mb/s 的爆炸式数据传输率和支持超过 20Mb/s 的传输速率。

单根 MXI 电缆线的长度最长到 20m。8 个 MXI 设备能使用菊花形方法相互连接在一根 MXI 电缆线上。如果多个 MXI 设备一起由菊花形方式连接,MXI 电缆线的总长度必须在 20m 以内。

MXI-1 连接电缆相似于 IEEE488 的电缆线,使用了一种 0.6 英寸直径外包屏蔽层结构,且灵活柔韧的电缆线采用 48 条单端双绞信号线所组成。MXI-2 电缆线改进了 MXI-1 连接电缆的方案,它的特点在于在系统内设备的连接使用单条双屏蔽电缆线,并为每个设备配备一个高密度、高可靠性的 144 引脚连接器。使用这种新的连接方式,所有的 MXI-2 设备不仅分享到了 MXI 总线本身的基本信号功能,而且也能用到了 VXI 总线所定义的触发线、中断线、系统时钟和其他提供在 MXI-1 产品上作为可选择的第 2 个连接器和 INTX 电缆中所用到的信号线。

MXI 总线有多种应用方式。应用工业标准的桌面计算机可接到 VXI 总线或 VME 总线;使用 VXI-MXI 或 VME-MXI 扩展器可以建立多个机箱的组合连接配置;它还能集成 VXI 和 VME 机箱进入同一测试系统中。图 2-18 是一个基本的 MXI 总线的应用配置。

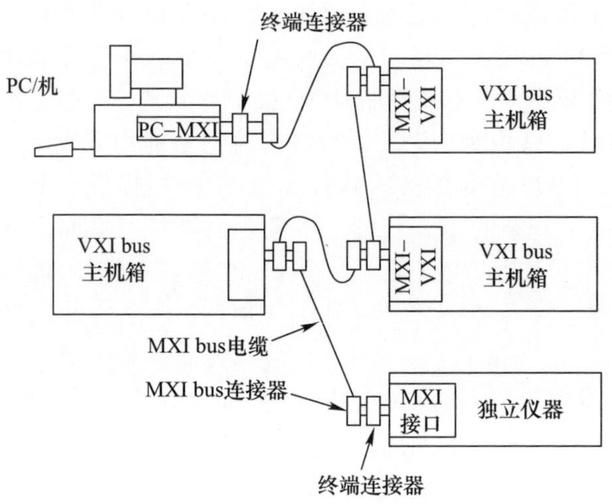

图 2-18　基于 MXI 总线接口的 VXI 系统

(4) IEEE1394 总线接口。IEEE1394 是一种高速串行总线,是面向高速外设的一种串行接口标准,IEEE1394 是 IEEE 在 APPLE 公司的高速串行总线 Fire wire(火线)基础上重新制定的串行接口标准。该标准定义了数据的传输协议及连接系统,可用较低的成本达到较高的性能,以增强 PC 与不断增加的外设的连接能力。IEEE1394 主要性能特点如下:

① 采用"级联"方式连接各个外设。IEEE1394 不需要集线器就可在一个端口上连接 63 个设备。在设备之间采用了树形或菊花形的结构,其电缆的最大长度是 4.5m。当采用树形结构时,可达 16 层。因此,从主机到最远末端的外设电缆总长可达 72m,电缆不需要终端器。

② 能够向被连接的设备提供电源。IEEE1394 使用 6 芯电缆,其中 2 条线为电源线,其他 4 条线被包装成两对双绞线,用来传输信号。电源的电压范围是 8~40V 直流电压,最大电流为 1.5A。

③ 具有高速数据传输能力。IEEE1394 的数据传输率有 3 挡(100Mb/s、200Mb/s 和 400Mb/s),特别适合于高速硬盘及多媒体数据的传输。

④ 可以实时地进行数据传输。IEEE1394 除了异步传送外,也提供了一种等时同步(Isochronous)的传送方式,数据以一系列固定长度的包,等时间间隔地连续发送,端到端既有最大延时的限制又有最小延时的限制;另外,它的总线仲裁除了优先权仲裁方式之外,还有均等仲裁和紧急仲裁两种方式,保证了多媒体

数据的实时传送。

⑤ 采用点对点(Peer to Peer)结构。任何两个支持 IEEE1394 的设备可直接连接,不需要通过主机控制。

⑥ 快捷方便的设备连接。IEEE 1394 也支持热即插即用的方式做设备连接,当增加或拆除外设时,IEEE1394 会自动调整拓扑结构,并重设整个外设的网络状态。利用 IEEE1394 对 VXI 系统进行控制的比较典型的板卡为 E8491B,利用该模块,可实现多机箱 VXI 系统的控制,如图 2－19 所示。

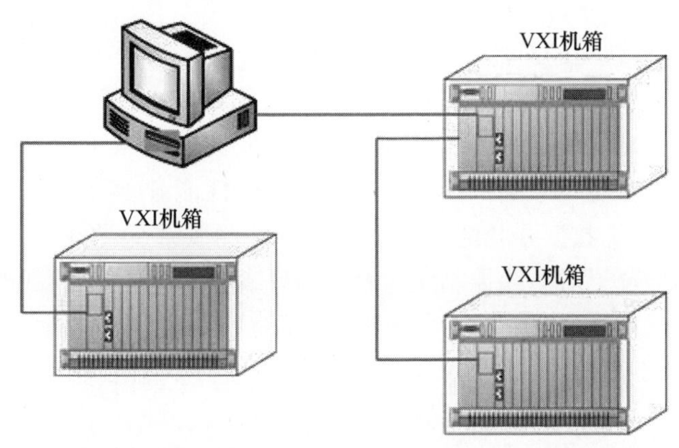

图 2－19 E8491B 应用在多机箱的 VXI 系统

(5) VME 总线接口。VME 总线接口是一种应用较普遍的计算机总线接口。由于 VXI 总线是由它扩展而来的,因此各类 VXI 总线器件都含有 VME 总线定义的某些特征功能,有些产品还提供了在外主计算机和 VXI 总线子系统间采用 VME 总线接口的手段。使用这种接口时需要注意信号的对接问题。

2) 内嵌计算机控制方式

内嵌(也称嵌入式)计算机控制方式结构如图 2－20 所示,这种体系结构是计算机做成 VXI 模块,直接插在机箱内的结构。该结构具有体积小、电磁兼容性好、总线吞吐量大等优点,特别是能利用 VXI 总线提供的所有功能和性能,如硬件中断、触发等。嵌入式计算机的主流是以 Intel CPU 为主控器的产品,它紧跟通用 PC 机的步伐而发展,外部接口以及应用方法与一台 PC 机无异。内嵌式计算机可以直接采用 VXI 总线字串行协议与 VXI 总线消息基器件进行通信,也可以直接访问寄存器基器件。它采用共享内存方式实现数据交互,还能够直接操作 VXI 总线背板的触发和定时功能,直接进行中断服务。这种结构的缺点是目前内嵌式计算机价格昂贵,灵活性差,如为多机箱系统,则还需配备外部接口。这种结构通常用于要求数传速度高,实时性好,体积小的单机箱测试系统。

内嵌式 计算机	VXI 仪器		

VXI主机箱

图 2-20 内嵌计算机体系结构框图

3）几种体系结构的对比

表 2-16 给出了以上讨论的几种 VXI 总线测试系统体系结构的性能比较。

IEEE488 总线体系结构适合于对总线控制实时性要求不高，并在系统中集成较多 IEEE488 仪器的场合；MXI 总线体系结构性能好，系统扩展和升级比较方便，适合于对系统数据吞吐能力有较高要求的测试系统，价格较高；IEEE1394 总线体系结构适合于对总线控制实时性要求不高，有较高数据吞吐能力要求的低价多机箱测试系统；内嵌式体系结构具有系统紧凑，数传速度高及电磁兼容性好等优点，适合于高性能，高投入的应用场合；在实际应用中，要根据被测对象的具体要求，选择一种恰当的体系结构。

表 2-16 几种体系结构性能比较

体系结构 / 性能	IEEE488 总线结构	MXI 总线结构	IEEE1394 总线结构	内嵌计算机结构
系统结构紧凑性	不紧凑	不紧凑	不紧凑	最紧凑
系统数据吞吐能力	较差	较强	较强	最强
VXIA 总线硬件利用	不充分	较充分	不充分	充分
系统框架造价	低	较高	最低	最高
主控器升级灵活性	较灵活	较灵活	较灵活	差
多机箱扩展便利性	较差	便利	便利	较差

2.1.5 VXI 总线系统的通信协议

VXI 总线系统定义了一组分层的通信协议（又称通信规程）来适应不同层次的通信需要。通信协议用于器件间的通信，不同的器件支持的通信协议也有区别。

VXI 总线系统的分层通信协议如图 2-21 所示。在图 2-21 中的最上层均为器件特定协议，或者说是器件消息协议，这些协议多年来都是由器件设计者决定。1990 年 4 月,由惠普、泰克、美国国家仪器公司等专业公司组成的联合体,制定了可程控仪器的标准命令(SCPI),对器件消息的语法、格式、命令标识符及数据交换格式作了很多规定,使器件消息的编程有了一个比较统一的环境,因此可以说器件特定协议部由器件设计者及 SCPI 共同决定。

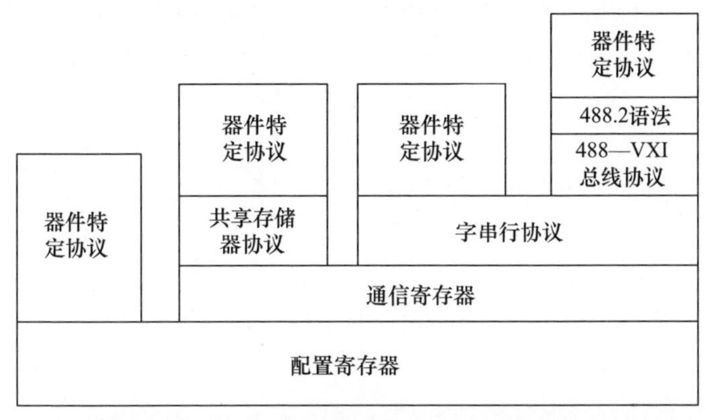

图 2－21　VXI 总线系统分层通信协议图

在通信协议的最下层是配置寄存器,这是任何 VXI 总线器件都必须具备的。因为基于寄存器的器件只有配置寄存器和由器件决定的操作寄存器,而没有通信寄存器,所以通信寄存器只能在配置寄存器的支持下靠器件特定协议通信。这主要是寄存器的读写操作,也可以利用中断来报告它的状态和识别信息。这种寄存器的详细操作在 VXI 总线规范中没有规定,仪器设计者通常可以自由指派,但是对用户来说进行这种操作需要详细的说明文件而且编程也比较复杂。为此,有些厂家为基于寄存器的器件提供一种智能驱动器,使用这种驱动器允许向基于消息的器件发送 ASCⅡ命令,再由驱动器把 ASCⅡ命令转换成寄存器操作。例如,HP 公司的 E1405B 命令者模块,它除了资源管理器、0 槽服务和 IEEE488/VXI 总线接口功能外,还提供了智能的基于寄存器器件的驱动器来驱动 B、C 尺寸的基于寄存器的器件。不论使用的基于寄存器的器件数目如何,都可以使用 SCPI 命令像驱动基于消息的器件一样驱动它们。

基于消息的器件除了配置寄存器外,还有通信寄存器和由器件决定的寄存器。通信寄存器是基于消息器件通信的基础,基于通信寄存器的通信协议最主要的是字串行协议。字串行协议与仪器特定协议之间有两种方式联系,一种是直接联系,即直接以字串行方式向器件发送它要求的命令或数据;另一种要经过 486－VXI 总线协议和 488.2 语法与器件特定协议联系,使用这种方式可以像控制 488 仪器一样控制 VXI 总线仪器。

除了字串行通信协议外,基于消息的器件通过通信寄存器还支持一种共享存储器协议,这种方式允许支持共享存储器协议的器件利用它们共享的存储器进行存、取,这不但明显地提高了工作速度,还有利于节约成本。下面分别介绍各通信协议。

1. 器件寄存器的基地址及地址分配

一个 VXI 总线系统至多有 256 个器件,每个器件都有唯一的逻辑地址,它们均在 0 ~ 255 中取值。器件的逻辑地址可以由一个 8 位的人工设备开关,并且只能用人工改变,这称为静态设置;也可以用编程的方法获得,这称为动态设置。

每个器件都支持 16 位的寻址方式,在 16 位地址空间(共为 $2^{16}=64\text{K bytes}$)中的高 16K 字节空间中为每个器件分配了 64 字节的空间作为该器件的配置寄存器和操作寄存器。若这个地址空间不够使用,可以用 A16/A32 或者 A16/A32 的寻址方式扩展操作寄存器的使用空间。每个器件 64 字节的最小地址空间是在寄存器基地址的基础上向上叠加的,如果器件的逻辑地址为 V,则器件寄存器的基地址可由下式给出:

$$器件寄存器基地址 = 2^{15} + 2^{14} + V^{*}64 = 49152 + V^{*}64$$

该式说明器件寄存器的基地址 A15 ~ A0 由以下三部分组成。

(1) A15 和 A14 恒为 1,因为基地址中包括 2^{15} 和 2^{14}。这说明配置空间在 A16 寻址的 64K 字节之高端。

(2) 基地址为 64 的整数倍,说明基地址的低 6 位(A5 ~ A0)均为 0。它恰好使每个器件的寄存器最小地址空间为 64 字节,即占用从基地址向上的 64 字节。

(3) 中间的 8 位即 A13 ~ A6 与器件的逻辑地址相对应。因为每个器件都有唯一的逻辑地址,而器件的寄存器基地址又由它确定,所以各器件的 64 字节寄存器地址空间不会重叠。

2. 配置寄存器

图 2 - 22 给出了每个器件占据的 64 字节寄存器分配图,其中地址为相对于基地址的地址。在图中配置寄存器是 VXI 总线系统各种通信的基础,操作寄存器分为与器件相关的寄存器和与器件类别相关的寄存器,这里只讨论配置寄存器。

1) 识别(ID)寄存器

这是 16 位的读寄存器,提供与器件配置有关的信息,格式如下:

位	15←14	13←12	11←0
内容	器件类别	地址空间	生产厂识别码

(1) 15←14 位:器件类别是指器件的 4 种不同类型,即 00—存储器器件;

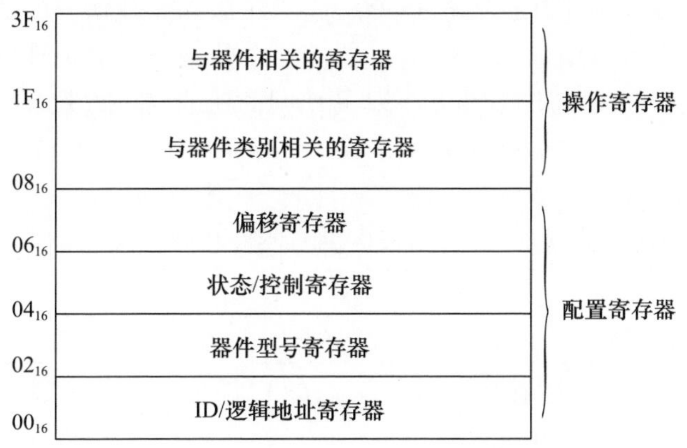

图 2-22 VXI 总线器件寄存器分配图

01—扩展器件;10—基于消息的器件;11—基于寄存器的器件。

(2) 13←12 位:地址空间是指该器件所使用的寻址空间的大小,用寻址线来表示,00—A16/A24;01—A16/A32;10—保留;11—仅用 A16。

(3) 11←0 位:生产厂识别码由 VXI 总线联合体指定,用以区别 VXI 总线产品的不同厂家。凡生产 VXI 总线产品的部门都可以申请一个唯一的识别码,如 HP 公司的识别码为 FFF,Tektronix 公司的识别码为 FFD。

2) 逻辑地址寄存器

这是 16 位写寄存器,具有功态配置能力的器件使用该寄存器(参阅 VXI 总线规范)。资源管理器向其低八位写入分派给该器件的逻辑地址,高八位没有定义。

3) 器件型号寄存器

这是一个 16 位的读寄存器,用来提供与器件类型有关的信息,其格式如下:

位	15←12	11←0
内容	要求的存储空间	型号编码

(1) 15←12 位:要求的存储空间只适用于 Al6/A24 和 A16/A32 寻址的器件,对应的 4 位给出一个数值 m($m=0\sim15$),以便按下式计算器件要求的存储器地址空间:

$$要求的存储空间=256^{a}\times2^{23-m}$$

式中:数值 a 由识别寄存器的地址空间部分读出,即当采用 Al6/A24 时 $a=0$;当采用 A16/A32 时 $a=1$。将 $m=0\sim15$ 代入上式并考虑 a 的不同取值,可以求出当采用 Al6/A24 时,器件要求的最小存储地址空间为 256 字节(对应 $m=15$),

最大存储地址空间为 8MB（对应 $m=0$），这恰好是 A24 能访问的地址空间的一半。同样可求出当采用 A16/A32 时．器件要求的最小存储地址空间为 64KB。最大存储地址空间为 2GB，这也是 A32 能访问的地址空间的 1/2。

（2）11←0 位：型号编码是厂家为该器件指定的卡识别编码。

4）状态寄存器

这是一个 16 位的读寄存器，用来提供与器件状态有关的信息，其格式如下：

位	15	14	13←4	3	2	1←0
内容	A24/A32 作用	MODID*	与器件相关	装备好	通过	与器件相关

（1）15 位：A24/A32 作用只适用于 A16/A24 或 A16/A32 器件，该位为 1 表示允许访问该器件在 A24 或 A32 地址空间的操作寄存器，为 0 则相反。该位是由控制寄存器的 A24/A32 使能位决定的。

（2）14 位：MODID* 位为 1 表示该器件不能通过 P2 连接器上的识别线 MODID* 选择，为 0 则相反，例如只有 P1 连接器的器件，MODID* 位就应为 1。

（3）3 位：准备好位与通过位的状态有关，若在器件通电初始化过程结束后，此位为 1 而通过位为 0，表示器件寄存器初始化失败；若此位为 1 而通过位也为 1，则表示器件已为执行操作命令做好准备；若准备好位为 0 则表示未准备好。

（4）2 位：通过位为 1 表示自检通过，为 0 表示正在进行自检或自检失败。

（5）13←4 和 1←0 位：与器件相关的位可以由厂家自行定义。

5）控制寄存器

这是 16 位的写寄存器，对该寄存器写入数据可使器件执行确定的操作，其格式如下：

位	15	14←2	1	0
内容	A24/A32 使能	与器件相关	Sysfail 禁止	复位

（1）15 位：A24/A32 使能位为 1 时允许访问器件的 A24 或 A32 操作寄存器，为 0 则相反。

（2）1 位：Sysfail 禁止位为 1 时禁止器件驱动系统故障线（Sysfail）。

（3）0 位：复位位为 1 时强制器件进入复位状态。

（4）14←2 位：与器件相关位由器件设计者自行定义。

6）偏移寄存器

这是 16 位的读/写寄存器，只用于采用 A16/A24 或 A16/A32 的器件，当分配给器件配置寄存器和操作寄存器的 64 个字节地址空间不够用时，可以给出一定的操作寄存器附加地址空间。这时偏移寄存器给出附加地址空间的基地址，其格式如下：

位	15←(15 - m)
内容	操作寄存器附加地址空间基地址的有关位

操作寄存器附加地址空间基地址的有关位是由系统的资源管理器在配置系统地址图时写入偏移寄存器的，究竟写入多少位与器件要求的存储空间有关，或者说与器件型号寄存器中第 15 ~ (15 - m)位定义的 m 值有关，即偏移寄存器中第 15 ~ (15 - m)位对应 A24 中的地址线 A23 ~ A(31 - m)，或者对应 A32 中的地址线 A31 ~ A(31 - m)，偏移寄存器中其他位没有意义。这种对应关系可举例如下：

一个采用 A16/A32 的器件需要附加 1MB 的操作寄存器存储空间，根据器件型号寄存器部分结出的公式，由

$$256 \times 2^{23-m} = 1\ \mathrm{M}(2^{20})$$

可以得到 $m = 11$。这样在配置系统地址图时，资源管理器应给偏移寄存器的 4 ~ 15 位填上适当的数值，并把它们作为 A32 地址线 A20 ~ A31 的值。可以看出由于 2^{20} 为 1M，所以地址线中的 A20 恰好能够分辨器件需要的 1M 字节附加存储空间。

3. 通信寄存器

基于消息的器件除了作具有配置寄存器外，还有通信寄存器，基于消息的器件使用通信寄存器进行消息的传递。通信寄存器在 A16 地址空间的相对地址如图 2 - 23 所示。

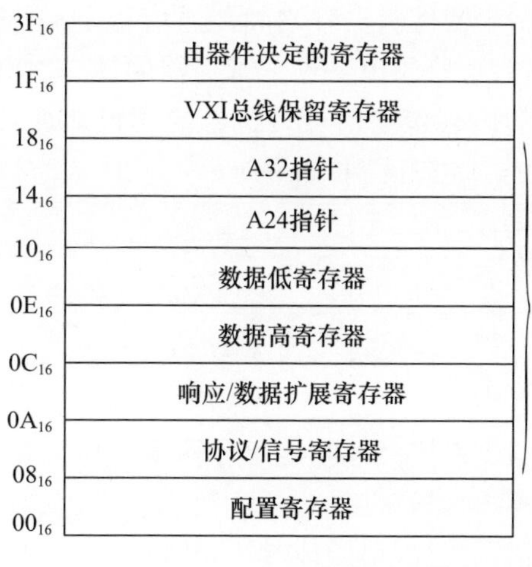

图 2 - 23　通信寄存器及其结构

其中协议寄存器、响应寄存器和数据低寄存器是必备的，而信号寄存器、数据扩展寄存器及数据高寄存器、A24、A32 指针是可选用的。下面分别对这些寄存器进行讨论。

1）协议寄存器

这是 16 位的读寄存器，用来指出器件所支持的通信协议和附加的通信能力，其具体定义如下：

位	15	14	13	12	11	10	9←4	3←0
内容	CMDR*	信号寄存器*	主模块*	中断器	FHS*	共享存储器*	保留	与器件相关

（1）CMDR*位为 1 说明该器件只具有从者能力，为 0 说明该器件既有从者能力又有命令者能力。

（2）信号寄存器*位为 0 表示器件配备了信号寄存器，反之则没有。

（3）主模块*位为 0 表示该器件具有 VME 总线主模块能力。

（4）中断器位为 1 表示该器件具有中断器能力。

（5）FHS*（快速挂钩*）位为 0 表示器件的数据寄存器支持“快速挂钩”方式，为 1 则表示器件只能实现正常传送方式。

（6）共享存储器*位为 0 表示该器件支持共享存储器协议。并具有 A24 指针和 A32 指针寄存器或者其中之一，为 1 则表示不支持共享储器协议。

（7）保留位是保留以待将来定义的，其默认值均为 1。

（8）与器件相关位则由器件的设计者自行定义。

2）信号寄存器

这是 16 位写寄存器，用于器件与器件之间传送信号，为了高效率的系统操作，作为命令者的器件必须能够检测出对这个寄存器的任一次写操作并迅速作出反应。写入信号寄存器的内容包括信号发送者的逻辑地址及其他特定的信息。有两种不同的格式，由位 15 来区别，如下所示：

位	15	14←8	7←0
内容	0	响应	逻辑地址
位	15	14←8	7←0
内容	1	事件	逻辑地址

（1）响应部分的内容与下面定义的响应寄存器的对应位相同，一般用作对某个器件产生的请求的回答。

（2）事件部分的内容指示与该信号有联系的事件。

（3）逻辑地址部分的内容就是信号发送者的逻辑地址。

3）响应寄存器

这是一个 16 位的读寄存器，它给出器件通信寄存器以及与它们有关功能的状态格式如下：

位	15	14	13	12	11
内容	0	保留	DOR	DIR	Err
位	10	9	8	7	6←0
内容	读准备好	写准备好	FHS 作用*	封锁*	与器件相关

（1）位 15 总为 0。

（2）位 14 保留供将来定义（其值暂填 1）。

（3）DOR（数据输出准备好）位，此位为 1 表明器件已准备好向它的命令者输出数据，为 0 则相反。

（4）DIR（数据输入准备好）位，此位为 1 表示该器件已准备好从它的命令者处接收数据，为 0 则表示没准备好。

（5）Err（错误）位，此位为 0 表示在执行串行通信协议过程中出现错误，并且这个错误还没有报告。错误的性质可以用该协议错误命令读出。此位为 1 表示没有错误。

（6）读准备好位为 1 表示器件的数据寄存器内装有可以读取的数据，当数据读出后该位消零。

（7）写准备好位为 1 表示器件的数据寄存器已空，准备好接收数据，当写入数据后该位消零。

（8）FHS 作用* 位为 0 时表示器件的从者寄存器当前正在使用快速挂钩方式传递数据，为 1 则表示以正常方式传送数据。

（9）封锁位为 0 表示该器件的命令者已对其进行了封锁，使其他本地源不能对其访问，这类似于 IEEE488 中的本地封锁，为 1 则相反。

（10）与器件相关位由器件设计者自行定义。

4）数据扩展寄存器

这是 16 位的写寄存器，在用到 48 位数据时，用来写入输入数据或命令的最高有效字。

5）数据高寄存器

这是 16 位的读/写寄存器，在读 24 位数据时，用来读数据的最高有效字；在写 24 位数据或 48 位数据时，分别用来存放其最高有效字或次最高有效字。

6）数据低寄存器

这是 16 位的读/写寄存器，用来保存数据的最低有效数字。这个寄存器用于字串行数据传输,如果未加说明,则写入数据寄存器(包括数据低、数据高和数据扩展寄存器)的均为 VXI 总线命令。当进行长字串行传送时,每次传递 32 位,既可以读又可以写,这时数据低寄存器和数据高寄存器配合工作;当进行扩展长字串行传送时,每次传递 48 位,它只用于写操作,这时三个数据寄存器配合工作。对于长字串行和扩展长字串行传送,都要最后传递数据低寄存器的内容,这是为保证响应寄存器各位的正确设置,从而保证通信的顺利进行。

7) A24、A32 指针寄存器

这是两个 32 位的可选用的寄存器,由共享存储器协议来定义。

4. 数据的传送协议

前面介绍了 VXI 总线规范定义的配置寄存器和通信寄存器。在 VXI 总线系统中,器件就是利用这些寄存器并操作寄存器进行消息的传递。在 VXI 总线系统中参加通信的单元有以下三类。

(1) 寄存器基从者。前面已讲过,这类器件的通信协议在 VXI 总线规范中没有定义,完全取决于器件。

(2) 消息基从者。该类器件通常能独立执行复杂的命令,也能在分层仪器系统中控制其他器件。消息基从者使用 VXI 总线消息基器件协议来通信。

(3) 消息基命令者。消息基命令者是消息基器件对其他器件实施控制的接口,它使用 VXI 总线消息基器件协议来通信。

消息基的从者和命令者都使用消息基的器件协议进行通信。这也是这部分所要讨论的主要内容。

命令者与从者(指消息基器件)之间进行通信的协议,涉及从者的协议寄存器、响应寄存器和数据寄存器,它还可以随意地使用命令者的信号寄存器或 VME 总线中断。最简单的通信是使用数据寄存器和响应寄存器,以字串行方式传送数据,这种方式定义为“字串行”协议。所有消息基器件都执行这种协议。它是为消息基器件定义的最基本的通信方式,在硬件和软件的实现上都很简单,而且还能为完成系统任务提供所需要的通信能力。

1) 字串行协议

“字串行协议”是以串行方式从一个固定地址向另一个固定地址传送数据的通信协议。如读写从者的数据寄存器。

字串行协议是基于全双工 URAT(通用异步接收器/发送器)的一种通用方式,每个操作都是用双向数据寄存器和一个响应寄存器来实现的。数据寄存器为全双工,因此,其读与写是完全独立的,每次写入的数据被解释为一个命令,除非事先已规定为数据。在连续写入时,命令可以包含嵌入的数据或被发送要求的数据,这样的命令/数据序列通常不允许中断。

数据传送过程由响应寄存器中的状态位来协调的。状态位表明写数据寄存器是否为空以及读数据寄存器是否为满。只有当响应寄存器中“写准备好”位置是1时,数据才能被写入到写数据寄存器中。当数据已放在写数据寄存器中时,“写准备好”位清0,直至此数据被从者接收。而只有当响应寄存器中“读准备好”位置是1时,有效数据才能从读数据寄存器中读出。当数据已从读数据寄存器中读出时,“读准备好”位清0,直至从者将另一个数据放入读数据寄存器中。

一个从者仅在对一个命令做出响应时才将源数据送入它的读数据寄存器。在它的命令者发出要求更多数据输出的命令之前,命令者已读出了已有的输出数据。因此,从者不需要一个保存数据的输出排队结构。

一个命令者可以发出一条命令,要求一个从者将多于一个的响应写到它的读数据寄存器中。一个从者不得将任何数据送到它的读数据寄存器中,除非响应由器件命令者提出了明确要求。如果一个命令者读出的从者数据不是事先明确要求的数据,则从者将作为总线错误来响应或返回未定义的数据(有一个错误指示)。因此,从者将出现错误的读出,检测错误或非法的规定。一个命令者不得发送要求从者将数据放入它的数据寄存器的任何命令,直到该命令者已从数据寄存器读出了由前面命令所产生的全部数据(读准备好位为0)。

上述规定不限制在高层协议中输出排队结构的实现。

字串行通信有3种形式:字串行通信(16位);长字串行通信(32位);扩展长字串行通信(48位)。对长字串行协议和扩展长字串行协议的支持是可选的,任何一种数据传送协议都可以随意地与其他两种协议混合使用。用长字串行和扩展长字串行传送到一个不支持这种协议的从者是无意义的,还可能引起不可预料的结果。每个消息基器件在它所支持的每个数据寄存器(数据低、数据高和数据扩展)上都有写方式定位监视器。这些定位监视器向器件表明在每次传送中,它的命令者正在使用何种协议。各种形式的字串行通信命令组都是正交的(相互异或的),这个内容在“命令与事件格式”中还要介绍。

(1)字串行通信。字串行传输是可使用的最小数据传输协议。它的数据通道宽度是16位(一个字)。数据是用由数据低寄存器的读写来进行传输的。在缺省情况下,所有的写操作都被解释为命令,每次传输都改变响应寄存器相应位(“读准备好”或“写准备好”)的状态。如果一个字串行传输需要多个单总线周期,那么最低有效字节必须最后传输,以确保相应的“读准备好”或“写准备好”位有效。所有消息基器件必须具有执行字串行协议的能力。

(2)长字串行通信。长字串行传送数据通道宽度为32位,通过读写数据高、数据低寄存器传送数据。在缺省的情况下,所有的写操作都被解释为命令。

每次长字串行传输都改变响应寄存器相应位（“读准备好”或“写准备好”）的状态。如果一个长字串行传输需要多个单总线周期，那么最低有效字或字节必须最后传送，以确保相应的“读准备好”或“写准备好”位有效。对于消息基器件来说，对长字串行通信协议的支持是可选的。

（3）扩展长字串行通信。扩展长字串行传输是一种比长字串行传输有更高性能的协议，具有 48 位宽的数据通道，它是一个只写协议。数据是通过对数据低、数据高和数据扩展寄存器的写来进行传输的。在默认情况下，所有的写操作都被解释为命令，每次扩展长字串行传送都改变响应寄存器“写准备好”位的状态。如果一个扩展长字串行传送需要多个单总线周期，那么，最低有效字或字节必须最后传送，以确保相应的“读准备好”或“写准备好”位有效。对于消息基器件来说，对扩展长字串行通信协议的支持是可选的。

2）快速挂钩传递

下面介绍字串行协议的快速挂钩传送方式。

（1）挂钩的种类。挂钩方式有两种：正常传送方式和快速挂钩方式，字串行协议可以用这两种方式之一来传送数据。如前所述，正常传送方式用从者响应寄存器的读准备好位和写准备好位来使数据同步传送，而快速挂钩方式则是用从者的 DTACK* 和 BEER* 信号线来进行挂钩传送，在这种方式下，从者在每次 VME 总线传送中等待读或写准备好条件，最多可持续 20μs。如在这段时间内，相应准备条件为真，则从者置 DTACK* 线有效，完成这次数据传送，否则从者置 BEER* 线有效，指出总线错误。

（2）从者数据传送方式。消息基的从者即便处于快速挂钩方式时，也是支持正常传送方式的。从者用其协议寄存器中的 FHS* 位来表示是否支持快速挂钩传送方式，用响应寄存器中的 FHS* 作用位来表示是否正在进行快速挂钩方式的传送。支持快速挂钩方式的从者可以随时通过将 FHS* 作用位清零来启动快速挂钩方式。在数据传送循环过程中，如从者不能在 20μs 内完成快速挂钩数据传送，则它须置 BEER* 线有效来终止这种传送方式。从者不用修改读写序列，而是将其 FHS* 作用位置改为 1，以正常方式传送数据。

（3）命令者数据传送方式。快速挂钩方式对命令者来说是任选的，而不必考虑其从者是否在快速挂钩方式下，这是因为从者在任何时候都支持正常传送方式。而支持快速挂钩方式的命令者只能与具有快速挂钩传送能力而且处于快速挂钩方式的从者进行快速挂钩传送。也就是说，命令者只能在从者的 FHS* 和 FHS* 作用位均为 0 时方能进行快速挂钩传送。如果在进行快速挂钩传送过程中 BEER* 有效，则命令者应终止与从者之间的快速挂钩传送方式，而以正常传送方式传送数据。

3）字节传送协议

这是命令者与其从者之间进行 8 位数据传送的协议，利用字中行协议的字节可用（Byte Available）和字节请求（Byte Request）命令，它类似于 IEEE488 的位并行、字节串行的数据传送方式。具体说明如下。

（1）字节可用命令，命令者利用此命令向从者发送一个字节的数据，其格式如下：

位	15	14	13	12	11	10	9	8	7	6	5	4	3	2	1	0
内容	1	0	1	1	1	1	0	END	数据字节							

其中位 9 至位 15 是固定的，作为命令的标识，位 0 ~ 位 7 是命令者向从者发送的数据字节，位 8 用来传送 END 消息，当它为 1 时表示这次发送的字节是字节串的最后一个字节，否则，说明还有字节要发送。

（2）字节请求命令。命令者用此命令从其从者处取回一个字节数据。字节请求命令是一个固定的 16 位命令，其编码为 DEFF16，写入从者的数据低寄存器，要求从者在其数据低寄存器返回一个数据字节，格式如下：

位	15	14	13	12	11	10	9	8	7	6	5	4	3	2	1	0
内容	1	1	1	1	1	1	1	END	数据字节							

其中位 9 ~ 位 15 均为 1，位 0 ~ 位 7 为从者发给命令者的数据字节，位 8 用来传送结束消息，即当它为 1 时表示这是从者发的最后一个字节，否则说明还有数据字节要发送。

在这种用命令直接传送数据字节的方式中，数据的流动靠从者响应寄存器中的 DIR 位和 DOR 位来控制。当 DIR 值为 1 时说明从者已准备好输入数据，能接收字节可用命令；当 DOR 位为 1 时说明从者已准备好输出数据，能接收字节请求命令；否则，当 DOR 位或 DIR 位为 0 时，命令者不能向其发送字节请求或字节可用命令。

4）错误处理

基于消息的器件用统一的多级方法来报告字串行协议错误，所有字串行协议一致性的错误由响应寄存器中的 Err* 位和读协议错误命令反映出来。较高一级的错误由较高级的形式报告，通常作为对命令的状态响应。

下面有 6 种字串行协议错误。

（1）非支持命令。当从者收到它不支持的命令时，产生这种错误。

（2）询问冲突。当从者收到一命令要求它输出一响应到其数据寄存器，而此时由于数据寄存器中还有对以前命令的响应而引起从者无法响应此命令时，产生此错误。

(3) DIR 违章。当从者的 DIR 位为 0 时,收字节可用等只能在 DIR 为 1 时才能接收的命令而引起的错误。

(4) DOR 违章。当从者的 DOR 位为 0 时,收到字节请求等只能在 DOR 位为 1 时才能接收的命令将引起这种错误。

(5) 写准备好违章。当从者的读准备好位为 0 时,有数据写入到该从者的寄存器将引起这种错误。

(6) 读准备好违章。当从者的读准备好位为 0 时,从其寄存器读出数据将引起这种错误。

5) 器件故障

器件出现严重故障时,则进入“失败”状态,“SYSFAIL*”为 1,并将“通过”位清 0。如果一个器件处于“失败”状态,则该器件的命令者必须将故障器件内控制寄存器的“系统故障禁止”位置 1。当一个器件有故障时,该器件的命令者可以将故障器件内控制寄存器的“复位”位置 1。一个命令者通过监视器件的“SYSFAIL*”信号或查询器件状态寄存器的“通过”位,来检测从者是否有故障。如果顶层器件有故障,资源管理者应将其控制寄存器的“系统故障禁止”位置 1。

5. 其他协议

1) 共享存储器协议

共享存储器协议是对 VXI 总线字串行协议的补充。该协议将使用少量的辅助操作而传送大量的信息,而这种辅助操作正是字串行协议所需要的。

在这种通信方式中具有此能力的器件可以利用它们共享的存储器进行存取,也可以实现器件间整块存储内容的交换、转移。这种通信中不再区分命令者、从者,可以使处于同一水平的器件双向通信,而且可以达到较高的数据传输速度,因而是一种较高水平的通信。例如,一个数字化仪和一个数据处理模块共同使用一个磁盘存储区,数字化仪可以把数据写到共享的存储块中,数字处理模块可以从共享的存储区取得数据。又如,若干个模块都可以与一个磁盘控制的存储器块建立消息通道并在该存储区存取数据。这些对字串行通信协议是不可行的,因为在字串行通信中磁盘是一个从者,它只能被一个命令者占有,其他命令者不能同时占有它。

2) 486 - VXI 协议

486 - VXI 协议是在用外部主计算机通过 IEEE488 总线进行控制时所用。用 IEEE488 消息控制 VXI 总线器件,主要靠 486 - VXI 接口,它允许外部主计算机像控制 488 器件一样控制 VXI 总线器件,这需要进行消息变换。另外,为使 VXI 总线器件执行 488.2 标准,486 - VXI 接口应像 IEEE488.2 器件一样，具有必要的 488.1 接口功能，还应该采用一定的方法进行 488.2 语法分析。

2.1.6 VXI 总线接口设计方案

为了开发研制 VXI 总线仪器，必须首先突破 VXI 总线接口电路的设计。VXI 总线模块仪器可分为 4 种器件，即消息基、寄存器基、存储器基和扩展器件，目前仪器模块多为寄存器基或消息基器件，下面介绍的设计方案是针对这两种器件的。本节总结出了 VXI 总线接口电路设计的一些规律，给出了 3 种 VXI 总线的接口方案，即消息基器件 VXI 总线接口方案、带智能芯片的寄存器基器件 VXI 总线接口方案和无智能芯片的寄存器基器件 VXI 总线接口方案。

消息基器件不仅应具有 VXI 总线配置寄存器，还应能进行更高级的通信，支持更复杂的协议，如字串行协议等。它可以控制其他器件，如 0 槽控制器等，也可以被其他器件控制，如数字多用表等。通常消息基器件内部有 CPU 以便接收、处理复杂的命令，这种器件接口寄存器多，而指令译码接口电路复杂，执行速度较慢。针对消息基器件的特点，在其 VXI 总线接口部分采用双端口 RAM 将有利于器件内部的 CPU 与 VXI 总线间的数据传输。

寄存器基器件的 VXI 总线接口只要求有配置寄存器。与这种器件的通信是通过对器件寄存器的读、写来完成的。这种器件不能控制其他器件，只能受其他器件控制，也是系统中用得最多的一种器件，如继电器开关模块、D/A 转换模块等，其特点是硬件电路简单、工作速度快。通常这种器件内没有 CPU，不具有智能。但也有一部分内设 CPU，具有一定功能，其接口方案可利用消息基器件接口方案。下面具体介绍这两种设计方案。

1. 消息基器件的 VXI 总线接口方案

把消息基器件接口功能分成两部分，即 VXI 总线接口部分和器件功能部分。VXI 总线接口部分用于完成 VXI 总线与器件内 CPU 之间的通信；器件的功能可由同一 CPU 进行控制来完成，也可以由另外的 CPU 完成，这时 CPU 之间还需要进行通信。在这里，只讨论与 VXI 总线直接相关的 CPU 与 VXI 总线之间的接口方案。以 A16/D16 从者模块为例进行说明。接口方案必须考虑模块能支持字串行协议，具有中断功能。

1）寄存器的设置

消息基器件除了配置寄存器外，还有通信寄存器，用来执行字串行协议。寄存器最基本的设置如表 2－17 所列。

表 2 - 17　寄存器的设置

偏移地址	寄存器名称	类型
00H	ID 寄存器	读
02H	器件型号寄存器	读
04H	状态/控制寄存器	读/写
08H	协议寄存器	读
0AH	响应寄存器	读
0EH	数据低寄存器	读/写

表 2 - 17 中各寄存器的定义可以参见 VXI 总线规范。如果需要更强功能，例如 D32、主模块功能等，则可进行相应扩展。

2）消息基 VXI 总线接口电路

控制逻辑 1、控制逻辑 2 和存储器监视逻辑均用 GAL 芯片实现，控制逻辑用于控制数据通道、地址译码、DTACK 及中断响应等。存储器监视逻辑用于向 CPU 产生中断（双端口 RAM、读/写数据低寄存器、写控制寄存器）。

3）数据传输接口电路设计

数据传输的接口部分以双端口 RAM - IDT7130 为中心。双端口 RAM 有 2 套独立的地址线、数据线、片选信号、输出使能信号及忙信号线 BUSY，可以从两面同时读/写双端口 RAM 中的存储单元。用“L”标识面向 VXI 总线的一面，用“R”标识面向 CPU 的一面。当两面同时访问同一 RAM 单元时，无效的一方会变低。用双端口 RAM 来实现配置、通信寄存器时，其地址译码电路、数据接口电路如图 2 - 24 所示。当 $\overline{G}$、$\overline{DS0}$、$\overline{DS1}$为低时，由 A01 ~ A05、WRITE 决定读或写相应的双端口 RAM 存储单元。各寄存器的初始设置是由 CPU 在上电时完成的。为了防止读/写双端口 RAM 的冲突，利用了 BUSY 线，在 VXI 总线对双端口 RAM 进行读/写时，如 BUSY 为低，则通过控制逻辑在保证读/写可靠时，才控制 DTACK 变低；在 CPU 对双端口 RAM 某存储单元访问时，如 BUSY 为低，则有忙中断产生，该中断使 CPU 再次访问该存储单元，确保了 CPU 对双端 RAM 读/写可靠性。

4）VXI 总线中断能力的实现

当器件上 CPU 有信息向 VXI 总线上发送时，可以用中断的方式完成。

5）字串行协议

字串行协议由模块内的 CPU 通过通信寄存器接收 VXI 总线字串行命令，并返回数据。通信寄存器的协议寄存的内容表明本模块所能支持的通信协议及附加的通信能力，包括有无信号寄存器、是否具有 VME 主模块能力、有无中断申请

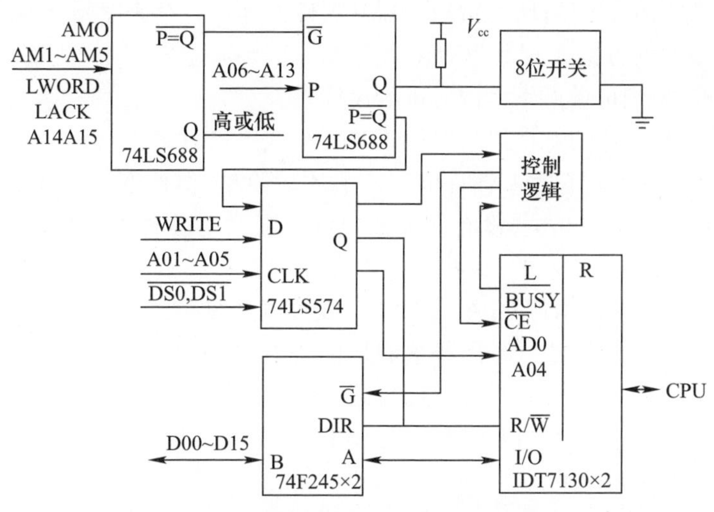

图 2－24　消息基器件接口地址译码及数据接口电路

能力、能否进行快速挂钩等。完成字串行协议主要是靠响应寄存器和数据寄存器,响应寄存器用来给出模块进行字串行传输时通信寄存器的状态和相关功能,如数据寄存器是否可以接收数据、是否有数据发送、有无错误等。当需要通过VXI 总线访问模块的数据寄存器时,首先要判断响应寄存器相应的状态位,只有状态正确时,才能进行读/写。而这种读/写操作将通过存储单元监视逻辑产生中断信号(图 2－25)通知 CPU,并引起响应寄存器有关位的变化。

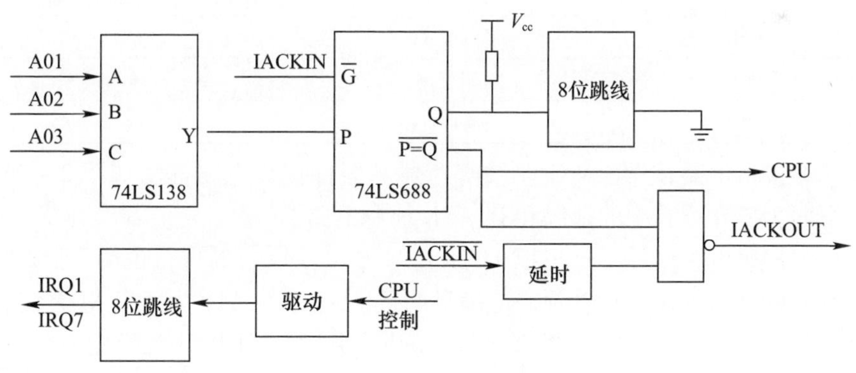

图 2－25　中断电路

2. 寄存器基器件的 VXI 总线接口方案

1）带智能芯片的寄存基器件的 VXI 总线接口方案

有不少 VXI 总线仪器内部虽有 CPU 芯片,但为简化设计、提高速度,接口方案可不按消息基器件设计,而按寄存器基器件设计。若对速度要求不是很高,可按消息基器件的方案实现其 VXI 总线接口,而接口电路可以大大简化;如果对速度要求较高,则可参照下面内容进行设计。

2) 无智能芯片的寄存器基器件的 VXI 总线接口方案

无智能芯片的寄存器基器件电路一般比较简单,但速度快。有时接口部分和功能电路部分密切相关,没有明显的界线。通常对器件的操作、控制是通过读/写操作寄存器来完成的,这些操作寄存器通常在 VXI 总线寻址空间内。下面以继电器开关模块为例,介绍其 VXI 总线接口方案。

(1) 寄存器的设置。寄存器基器件的寄存器可分为两部分:一部分是与 VXI 总线接口密切相关的配置寄存器;另一部分是与器件功能密切相关的、由开发者定义的操作寄存器。以 VXI 总线 16 路 C 型开关模块为例,其寄存器设置如表 2－18 所列。

其中,通道寄存器是一个 16 位读/写寄存器,对应 16 路 C 型开关。它的某位置 1 时,相应的继电器触点吸合,置 0 时则触点断开。读该寄存器时,返回 16 路继电器的工作状态。各寄存器的设计分为读寄存器和写寄存器。对读寄存器,通常可选用 7413540、74LS541 等缓冲器,其输入端接相应状态;写寄存器一般用 74LS273、74LS574、74LS377 等寄存器,其输出用于控制相关功能。

表 2－18　VXI 总线 16 路 C 型开关模块寄存器配置

偏移地址	寄存器名称	类型
00H	寄存器	读
02H	器件型号寄存器	读
04H	状态/控制寄存器	读/写
08H	通道寄存器	读/写

(2) 接口电路框图。VXI 总线寄存器基器件接口电路框图如图 2－26 所示。下面主要介绍其中的译码和 DTACK 控制电路。

(3) 译码电路设计。这里以 16 路 C 型开关模块为例进行说明,即模块为 A16/D16 的从者模块。地址译码应满足的条件是:A15、A14 为高(VXI 总线 A16 地址空间),A06 ~ A13 对应逻辑地址,模块内用 8 位地址开关设定(为 Q0 ~ Q7),A01 ~ A05 用来对模块内寄存器寻址。AM0 ~ AM5 为 2DH ~ 29H,$\overline{\text{LACK}}$、$\overline{\text{LWOBD}}$应为高,$\overline{\text{DS0}}$、$\overline{\text{DS1}}$用作数据选通,WRITE 的状态表示读/写(高/低)。在设计译码逻辑电路时,采用了分级译码的方法,设选中本模块可能的条件为 $\overline{G}$,可以用 2 片 8 位数据比较器 74LS588 串接来实现译码。第二级译码则由 A01 ~ A05、DS0、DS1、WRITE 来译码决定。

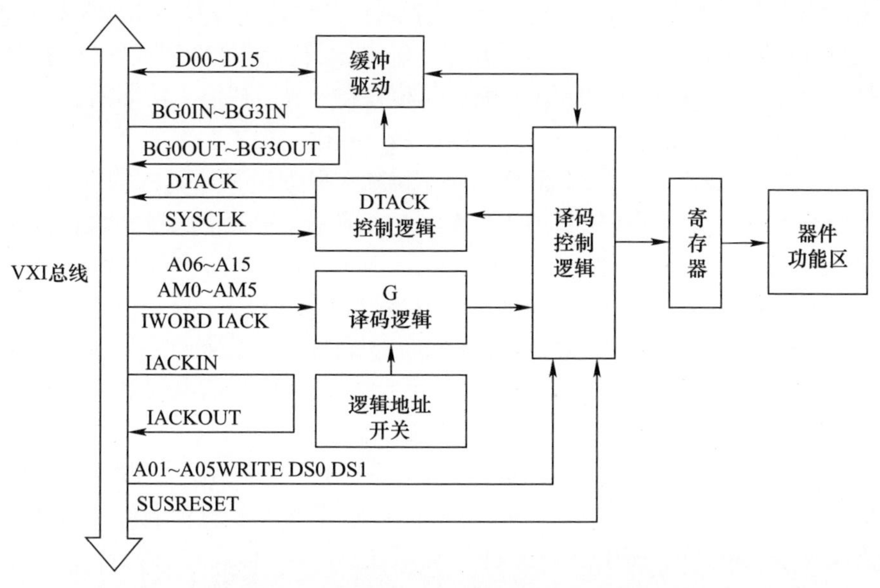

图 2-26 寄存器基器件 VXI 总线接口电路框图

(4) DTACK 的控制电路。DTACK 为数据传输认可线,由模块内 VXI 总线接口电路驱动。在 VXI 总线读周期里,模块应在 DS0、DS1 变低且待返回数据置于数据线上并稳定后,驱动 DTACK 为低作为响应,在 DS0、DSl 释放为高时释放数据线,驱动 DTACK 为高。在 VXI 总线写周期内,模块应在 DS0、DS1 变低后,从数据线上获取数据,然后驱动 DTACK 为低作为响应,并随 DS0、DS1 的释放而释放 DTACK 为高。为此,在设计时,DTACK 处的驱动可以用 DS0、DS1 的变低为准进行延时,并在 DS0、DS1 变高时立即释放 DTACK。通常可以采用以下两种方法:一种方法是用简单的 RC 延时电路对 $\overline{G}$ + DS0 + DS1 进行延时,整形后与 DS0 + DS1 进行"或非",驱动 DTACK;另一种方法是用一片 4D 触发 CD74L5175 构成串行移位寄存器,用 6MHz SYSCLK 作为同步时钟,延时时间可控制为 62.5ns 的整数倍。还可以用 GAL 芯片完成 DTACK 响应的设计。

2.2 PXI 总线系统

自 1986 年美国国家仪器公司(National Instruments Corp,NI)推出虚拟仪器(Virtual Instruments,VI)的概念以来,VI 这种计算机操纵的模块化仪器系统在世界范围内得到了广泛的认同与应用。在 VI 系统中,用灵活、强大的计算机软件代替传统仪器的某些硬件,用人的智力资源代替许多物质资源,特别是系统中应用计算机直接参与测试信号的产生和测量特征的解析，使仪器中的一些硬件、甚至整件仪器从系统中“消失”，而由计算机的软硬件资源来完成它们的功能。但是，在 GPIB、PC - DAQ 和 VXI 三种 VI 体系结构中，GPIB 实质上是通过计算机对传统仪器功能进行扩展与延伸；PC - DAQ 直接利用了标准的工业计算机总线，没有仪器所需要的总线性能；而第一次构建 VXI 系统尚需较大的投资强度。

1997 年 9 月 1 日，NI 发布了一种全新的开放性、模块化仪器总线规范——PXI。PXI 是 PCI 在仪器领域的扩展（PCI eXtension for Instrumentation），它将 CompactPCI 规范所定义的 PCI 总线技术发展成适合于试验、测量与数据采集等场合应用的机械、电气和软件规范，从而形成了新的虚拟仪器体系。制订 PXI 规范的目的是为了将台式 PC 的性能价格比优势与 PCI 总线面向仪器领域的必要扩展完美地结合起来，形成一种主流的虚拟仪器测试平台。

在我国，1998 年已拥有了 PXI 模块仪器系统的第一批用户。目前，由于 PXI 模块仪器系统具有卓越的性能和极低的价格，使越来越多的从事自动测试测量的工程技术人员开始关注 PXI 的发展。本节将对 PXI 总线规范及特性、PXI 模块仪器系统构成和应用做一简单介绍。

2.2.1 PXI 总线规范及特性

PXI 总线规范涵盖了机械规范、电气规范和软件规范三大方面的内容，如图 2 - 27所示。

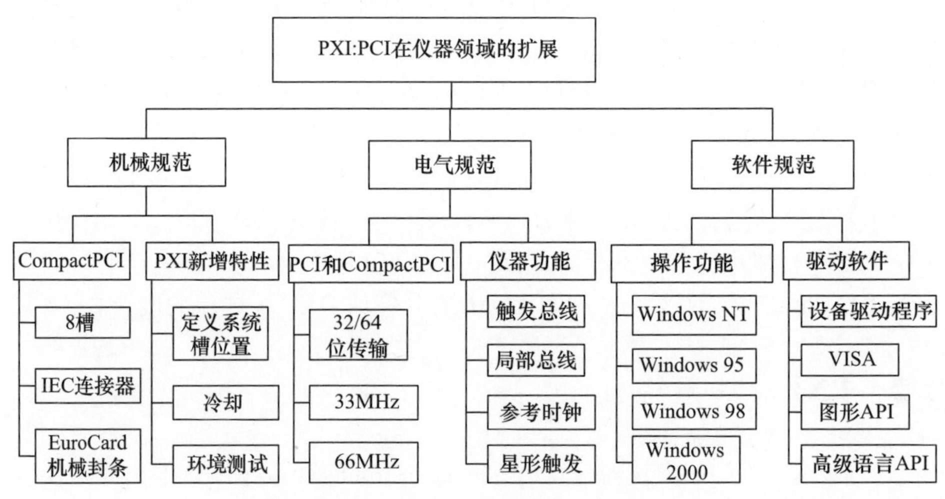

图 2 - 27　PXI 规范的体系结构

PXI 规范在 CPCI 机械规范中增加了环境测试和主动冷却要求，以保证多厂商产品的互操作性和系统的集成性。PXI 将 Micorsoft Windows NT 和 Microsoft Windows 95 定义为其标准软件框架,并要求所有仪器模块都必须带有按 VISA 规范编写的 WIN 32 设备驱动程序,使 PXI 成为一种系统级规范,保证系统易于集成与使用,从而进一步降低最终用户的开发费用。

1. 机械规范及特性

PXI 应用了与 CompactPCI 相同的、一直被用在远程通信等高性能领域的针孔连接器,这种由 IEC－1076 标准定义的高密度阻抗匹配连接器可以在各种条件下提供良好的电气性能。

PXI 和 CompactPCI 模块的结构形状完全采用 ANSI310－C、IEC－297 和 IEEE1101.1 等在工业环境下具有很长历史的欧洲卡(Eurocard)规范,支持 3U(100mm×160mm)和 6U(233.35mm×160mm)两种结构尺寸。IEEE1101.10 和 IEEE1101.11 等最新 Eurocard 卡规范中所增加的 EMC、用户可定义的关键机械要素,以及其他有关封装的标准均被移植到 PXI 规范中。这些电子封装标准所定义的坚固而紧凑的系统特性使 PXI 系统可以安装在堆叠式标准机柜上,并保证其在恶劣工业环境下应用的可靠性。

PXI 模块的结构尺寸及连接器如图 2－28 所示。其中,J1 连接器定义了标准的 32 位 PCI 总线,J2 连接器定义 64 位 PCI 总线和 PXI 新增加的信号。

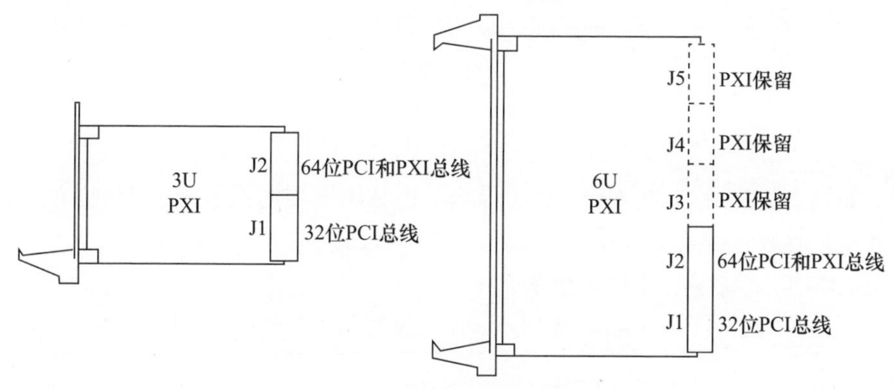

图 2－28　PXI 模块结构与连接器

PXI 与 CompactPCI 的兼容性使二者保持了较好的互操作性,用户可以在 PXI 机箱中使用 CompactPCI 模块(如网络接口模块),或者在 CompactPCI 机箱中使用 PXI 模块。

除了将 CompactPCI 所有机械规范直接移植进 PXI 规范之外,为了简化系统集成,PXI 还增加了一些 CompactPCI 所没有的要求。PXI 机箱的系统槽必须位于最左端,而且控制器只能向左扩展以避免占用仪器模块插槽。PXI 还规定模块所要求的强制冷却气流必须由模块底部向顶部流动。PXI 规范建议的环境测试包括对所有模块进行温度、湿度、振动和冲击试验,并以书面形式提供试验结果,同时规定了模块的工作和存储温度范围。

2. 电气规范及特性

PXI 总线的电气性能如图 2-29 所示。像 VXI 一样,PXI 通过增加专门的系统参考时钟、触发总线和模块间的局部总线等方法来满足仪器高精度定时、同步与数据通信要求。PXI 不仅在保持 PCI 总线所有优点的前提下增加了这些仪器特性,而且可以比台式 PC 多提供 3 个模块插槽,使单个 PXI 机箱的仪器模块插槽总数达到 7 个。

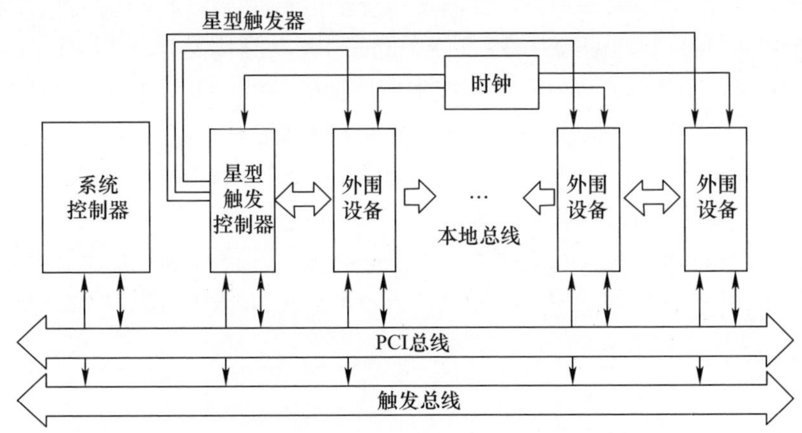

图 2-29 PXI 总线的电气性能

如表 2-19 所列,与 VXI 总线系统相比,PXI 增加的系统参考时钟、触发总线和星形总线全部都是 TTL 逻辑电平。这样设计的出发点是为了不显著增加系统成本,PXI 没有提供 ECL 电源。

表 2-19 PXI 与 VXI 面向仪器领域的扩展性能的比较

	参考时钟	触发总线	星形总线	局部总线	模块识别	模拟和	电源	连接器标准
VXI	10MHz ECL 100MHz ECL	8TTL 6ECL	ECL	12 根	有	有	±5V, ±2V, +12V, +24V	DIN41612
PXI	10MHz TTL	8TTL	TTL	13 根	无	无	±5V, ±12V, +3.3V	IEC-1076

1) 参考时钟

PXI 规范定义了将 10MHz 参考时钟分布到系统中所有模块的方法。该参考时钟可被用作同一测量或控制系统中的多卡同步信号。由 PXI 严格定义了背板总线上的参考时钟,而且参考时钟所具有的低时延性能使各个触发总线信号的时钟边缘更适于满足复杂的触发协议。

2) 触发总线

如表 2-17 所列,PXI 不仅将 ECL 参考时钟改为 TTL 参考时钟,而且只定义了 8 根 TTL 触发线,不再定义 ECL 逻辑信号。这是因为保留 ECL 逻辑电平需要机箱提供额外的电源种类,从而显著增加 PXI 的整体成本,有悖于 PXI 作为 21 世纪主流测试平台的初衷。

使用触发总线的方式可以是多种多样的。例如,通过触发线可以同步几个不同 PXI 模块上的同一种操作,或者通过一个 PXI 模块可以控制同一系统中其他模块上一系列动作的时间顺序。为了准确地响应正在被监控的外部异步事件,可以将触发从一个模块传给另一个模块。一个特定应用所需要传递的触发数量是随事件的数量与复杂程度而变化的。

3) 星形触发

PXI 星形触发总线为 PXI 用户提供了只有 VXI D 尺寸系统才具有的超高性能(Ultra - high performance)同步能力。如图 2-29 所示,星形触发总线是在紧邻系统槽的第一个仪器模块槽与其他六个仪器槽之间各配置了一根唯一确定的触发线形成的。在星形触发专用槽中插入一块星形触发控制模块,就可以给其他仪器模块提供非常精确的触发信号。当然,如果系统不需要这种超高精度的触发,也可以在该槽中安装别的仪器模块。

应当提出,当需要向触发控制器报告其他槽的状态或报告其他槽对触发控制信号的响应情况时,就得使用星形触发方式。PXI 系统的星形触发体系具有两个独特的优点:一是保证系统中的每个模块有一根唯一确定的触发线,这在较大的系统中,可以消除在一根触发线上组合多个模块功能这样的要求,或者人为地限制触发时间;二是每个模块槽中的单个触发点所具有的低时延连接性能,保证了系统中每个模块间非常精确的触发关系。

4) 局部总线

如图 2-29 所示,PXI 局部总线是每个仪器模块插槽与左右邻槽相连的链状总线。该局部总线具有 13 线的数据宽度,可用于在模块之间传递模拟信号,也可以进行高速边带通讯而不影响 PCI 总线的带宽。局部总线信号的分布范围包括从高速 TTL 信号到高达 42V 的模拟信号。

5) PCI 性能

除了 PXI 系统具有多达 8 个扩展槽(1 个系统槽和 7 个仪器模块槽),而绝大多数台式 PCI 系统仅有 3 个或 4 个 PCI 扩展槽这点差别之外,PXI 总线与台式 PCI 规范具有完全相同的 PCI 性能。而且,利用 PCI - PCI 桥技术扩展多台 PXI 系统,可以使扩展槽在数量理论上最多能扩展到 256 个。PCI 主要性能包括:

(1) 33MHz 性能;

(2) 32 - bit 和 64 - bit 数据宽度;

(3) 132MB/s(32bit)和 264MB/s(64bit)的峰值数据吞吐率;

(4) 通过 PCI - PCI 桥技术进行系统扩展;

(5) 即插即用功能。

3. 软件规范及性能

像其他的总线标准体系一样,PXI 定义了保证多厂商产品互操作性的仪器级接口标准。与其他规范所不同的是 PXI 还增加了相应的软件要求,以进一步简化系统集成,这些软件和硬件要求共同形成了 PXI 的系统级接口标准。

PXI 的软件要求包括支持 Microsoft Windows 这样的标准操作系统框架,要求所有仪器模块带有配置信息和支持标准的工业开发环境(如 NI LabVIEW、LabWindows/CVI 和 Microsoft VC/C ++ 、VB 等)。

对其他没有软件标准的工业总线硬件厂商来说,他们通常不向用户提供其设备驱动程序,用户通常只能得到描述如何编写硬件驱动程序的手册。用户自己编写这样的驱动程序,其工程代价(包括要承担的风险、人力、物力和时间)是很大的。PXI 规范要求厂商而非用户来开发标准的设备驱动程序,使 PXI 系统更容易集成和使用。

PXI 规范还规定了仪器模块和机箱制造商必须提供用于定义系统能力和配置情况的初始化文件等其他一些软件。初始化文件所提供的这些信息是操作软件和正确配置系统必不可少的内容。例如,通过这种机制可以确定相邻仪器模块是否具有兼容的局部总线能力。如果信息不对或者丢失,将无法操作或利用 PXI 的局部总线功能。

总之,基于 CompactPCI 工业总线规范发展起来的 PXI 系统可以从众多可资利用的软、硬件中获益,如运行在 PXI 系统上的应用软件和操作系统就是最终用户在通常的台式 PCI 计算机上所使用的软件。PXI 通过增加坚固的工业封装、更多的仪器模块扩展槽以及高级触发、定时和边带通讯能力更好地满足了仪器用户的需要。

2.2.2 PXI 模块仪器系统的构成

与 VXI 系统类似,一个典型的 PXI 系统一般由 PXI 机箱、PXI 控制器和若干 PXI 仪器模块组成。PXI 系统既可以由嵌入式计算机控制,也可利用 MXI - 3 接口或其他接口由外接通用计算机控制。除了实现单一的 PXI 总线测试系统外，还可以以 PXI 系统为核心，构建多总线混合测试系统。

1. PXI 机箱

与 VXI 总线系统类似，为节省空间，PXI 模块系统将所有的仪器模块、固定件和 PC 机集中装入一个标准箱内，PXI 机箱主要由总线背板、仪器插槽、冷却系统和壳体组成，有 3U 和 6U 两种尺寸。目前，常见有 4 种型号的 3U 尺寸的高性能机箱可供选择：PXI－1000、PXI－1010、PXI－1020 和 PXI－1025，四者均为 8 槽机箱，可为仪器模块提供经过过滤的和强制冷却的空气。PXI－1000 具有一个可拆卸的电源模块和冷却模块；PXI－1010 包括 4 个附加的扩展槽以用于机箱内的信号调理模块，以上两种形式均适用于架装结构；PXI－1020 为带有 LCD 的台式机箱；PXI－1025 为带有 LCD 和键盘的便携式机箱。

四种 PXI 机箱均内置高性能的定时和同步装置，还有一个 10MHz 的系统参考时钟用以同步多个数据采集模块。用户可以给几个仪器模块排序，让这些模块执行不同的测试程序步骤，不同的测试程序是以 8 条总线触发线中的任何一个或者在 PXI 背板上的专用星形触发器触发的，内置的本地总线可以用于临近的周边槽之间的模拟或数字通信。

标准 PXI 机箱有 8 个插槽，采用标准的 PCI－PCI 桥接技术可以扩展插槽数量。如图 2－30 所示，通过 PCI－PCI 桥技术可以建立多个总线段，桥接设备在每个总线段等同于 PCI 负载。由 2 个总线段组成的 PXI 系统，总的插槽数为 16，系统控制器占 1 个槽位，桥接设备占 2 个槽位，因此实际最多可提供仪器插槽数为 13。同样道理，由 3 个总线段组成的 PXI 系统，实际最多可提供仪器插槽数为 19，依次类推。

为了保证触发总线的高性能，便于对仪器在逻辑上进行分组，PXI 触发总线在各自总线段上是独立的，不能相互连接。在实际应用中，如果需要对大量仪器进行同步和时钟控制，可以通过星形触发线独立访问多个总线段上的仪器。

2. PXI 控制器

PXI 控制器目前常见的主要有两类：嵌入式控制器和 MXI－3 外置控制器。图 2－31 是一个典型的 PXI 嵌入式控制器的实物图，它实际上是一个具有 PXI 总线并且符合 PXI 机械、电气性能的计算机。PXI 嵌入式控制器通常提供串口、并口、USB 接口、鼠标、键盘显示接口、网络接口、GPIB 接口等标准和扩展的接口，采用嵌入式控制器的构造使体积紧凑，可以充分享受 132MB/s 的 PCI 总线带宽，特别适合高性能自动化系统的应用。

PXI 规定系统槽（相当于 VXI 的 0 号槽）位于总线的最左端，控制器只能向

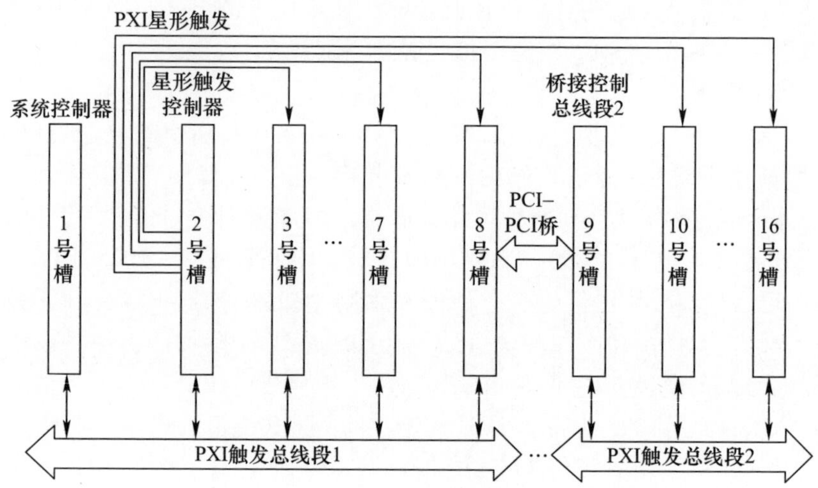

图 2-30　PXI 多总线扩展

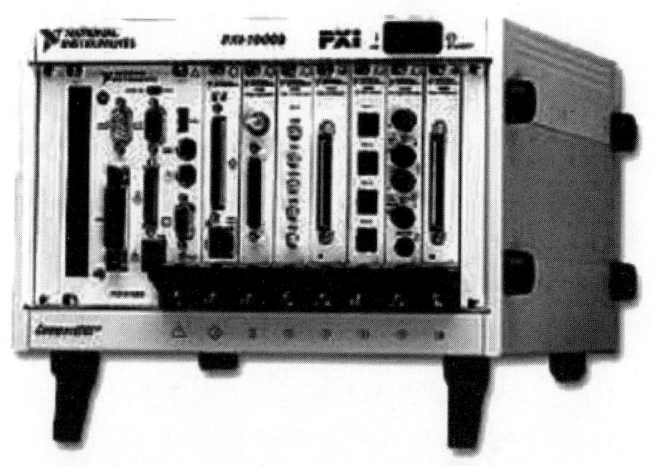

图 2-31　一个典型的 PXI 嵌入式控制器

左扩展空间,以免占用仪器模块插槽。

MXI-3 接口实现两条 PCI 总线的桥接,可达到 1.5Gb/s 的串行连接速度。它具有软件和硬件的透明性,独立于操作系统平台。从物理连接特性来看,MXI-3外置控制器有两种配置方式:直接 PC 控制(图 2-32)和 PXI 多机箱扩展方式(图 2-33)。

直接 PC 控制方式的主要特点是在外部计算机和 PXI 机箱内各插入一块 MXI 卡,通过线缆将二者连接起来。PXI 多机箱扩展方式是通过分别在两个

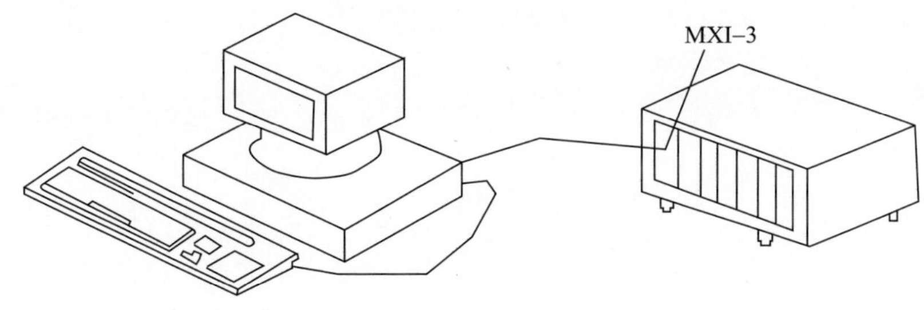

图 2－32　MXI－3 外置控制器(直接 PC 控制)

PXI 机箱插入 MXI 模块,实现多个 PXI 机箱级联,图 2－33(a)是采用外部计算机的情况,图 2－33(b)是采用嵌入式控制器的情况。

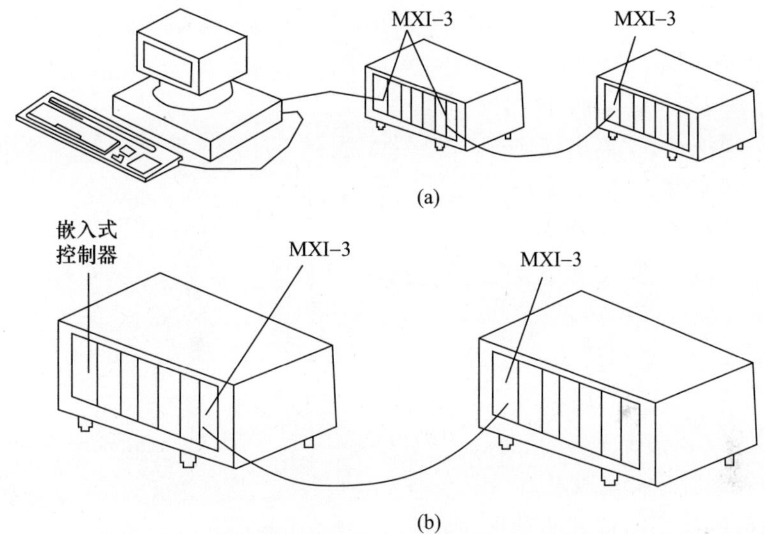

图 2－33　MXI－3 外置控制器(PXI 多机箱扩展)

(a) 采用外部计算机;(b) 采用嵌入式控制器。

由于 PXI 模块仪器系统的坚固便携和规范化,用户可以将整个测试系统带到现场或需要进行测量的任何地方,也可以将 PXI 装在机架上使用。用户在 PXI 方面的投资效益是长期的,因为在必要时只需升级或更换个别的模块而无须更换整个系统即可满足新的测试要求。尤其值得一提的是,PXI 还保护了用户在 GPIB 和 VXI 仪器方面的投资,用 PXI－GPIB 接口模块可以控制任何带有 GPIB 接口的仪器,而用 MXI－2 接口模块则可以控制任何 VXI 或 VME 系统,即是说,利用 PXI 用户可以组成与 GPIB 或 VXI 的混合系统,这极大地方便了用户,用户可以根据需要和实际可能去组建系统(图 2－34)。

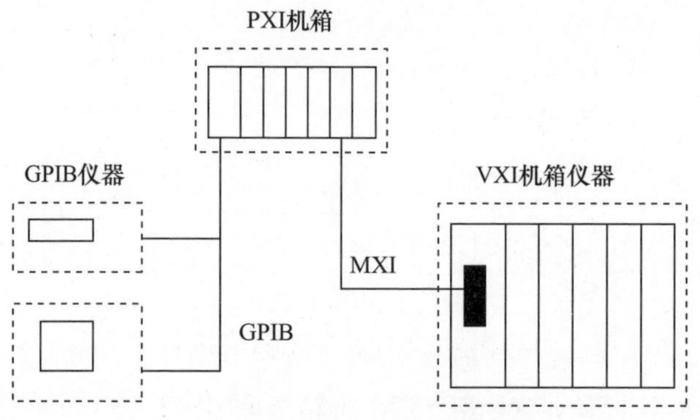

图 2－34　基于 PXI 的混合测试系统

归纳起来，一个由 PXI 组成的自动测试系统可选择以下硬件和软件。

(1) PXI 机箱。

(2) GPIB、VXI、串口仪器控制器。

(3) 模拟输入/输出模块。

(4) 数字输入/输出模块。

(5) 计数器/定时器。

(6) 示波器、数字多用表和串行数据分析仪等仪器模块。

(7) 多路开关模块。

(8) 图像采集模块。

(9) 信号调理模块。

(10) LabVIEW、LabWindows/CVI(C/C ++),和/或 Component/Work(VisualBasic)等系统软件。

(11) 即插即用仪器驱动程序。

(12) 测试管理和执行软件。

2.2.3 PXI 模块仪器系统的应用

1. 数据采集

由于通常数据采集系统在体积上都十分庞大，因此需要有一个既灵活又可操作的解决方案，PXI 以其模块化结构和标准化软件解决了这一困难。PXI 系统使用在台式 PC 机系统中使用的统一软件，却提供了更为坚固的机械结构，以及足够的用于安装数据采集模块的扩展槽，尤其是 PXI 直接采用了标准计算机，用户在配置数据采集系统时无须增加费用即可直接获得当今计算机的全部优越性能。

在具体设计数据采集系统时，可选用NI公司提供的PXI数据采集模块。NI公司E系列多功能I/O产品在一个模块中集中了模拟、数字和计数/定时、输入/输出等功能，它所采用的成熟的测量技术保证用户进行精确测量而无需估算。用户可以利用模拟输入功能测量各种量程的AC/DC电压信号，利用内置的计数器/定时器可以测量脉宽和频率，以及进行瞬态分析，利用模拟输出功能可产生波形或设置直流断点进行过程控制，利用这些多功能I/O模块可以连接外部数字电路，或控制继电器。对于要求更高级性能的应用，如图表生成，可选用具有80MB/s数据传输速率的高速32通道数字I/O模块，而对于高信号密度的应用，则可选用具有96通道的数字I/O模块或具有64通道的模拟I/O模块。

由于PXI具有Windows即插即用的能力，系统可以自动识别所安装的任何新的模块，用户可以很容易地快速更换系统中的任何模块，包括嵌入式计算机模块。

此外，还有与PXI配套工作的全套信号调理选件。为确保精确和可靠的变换测量，经常需要在将信号送入数据采集模块之前进行信号调理。这些信号调理选件包括放大、隔离、多重滤波、桥式整流以及对变换器的激励。

2. 工业自动化系统

将PXI应用到工业自动化中也是理想的选择，因为PXI完全与CompactPCI兼容，因此可以从众多厂商生产的产品中选择合适的模块及相应的软件组建成体积小、坚固耐用的模块化系统，利用开放的工业标准则大大提高了系统的可靠性、性能和系统集成速度。NI公司也提供了用于PXI和CompactPCI的工业自动化产品，如用于和现场装置连接的CAN、Device NET、RS－232、RS－485和基金会现场总线等工业通信接口产品。

此外，将图像采集、动作控制和数据采集模块集成在同一机箱内可用于生产线大批量产品的制造、检验和测试。

3. 机械观测和图像处理

计算机观测系统在高效率的大量重复生产的产品和元件测试中起着重要作用。一般要求观测系统必须能进行高速、精密和可靠的测量，同时具有较低的价格，对于给定的物体具有定位的能力，必须能够测量各种参数，如尺寸、位置、方向、颜色、识别记号、边缘等。配备有图像采集模块的PXI模块仪器平台构成的观测系统可满足上述要求，它不仅能够用于批量产品检验和测试，而且价格较低。

此外，利用PXI的定时和触发功能，用户可以很容易地把从模拟I/O或数字I/O插入式模块采集来的数据与图像关联起来，甚至可以用模拟或数字触发信号来触发图像采集，其应用领域包括薄膜检验、印制电路板检验、组件验证、条形码阅读、零件分类和计数等。

PXI 为仪器用户定义了一种基于主流 PC 工业技术优势的工业计算机平台，所以 PXI 模块仪器具有广阔的发展前景。通过采用 PCI 总线，PXI 模块仪器系统得益于现存在大量软件和硬件资源。在 PXI 系统上运行的应用软件和操作系统对最终用户已经很熟悉，因为它们已经在通用台式 PCI 计算机中使用。PXI 通过增加坚固的工业组件，充足的 I/O 插槽以及提供了高级触发、定时和旁带通讯能力等特征可以满足人们对测试的需要。

2.3 PC/104 总线系统

随着计算机技术的飞速发展，计算机嵌入式系统越来越受到业界的关注，而 PC/104 IEEE 国际标准广泛满足了嵌入式领域的要求，正在迅速成长为主流的嵌入式计算机系统。PC/104 是一种专门为嵌入式控制而定义的工业控制总线，是由美国加州的 Ampro 公司于 1980 年首先开发的，近年来在国际上广泛流行。1992 年被 IEEE 协会定义为 IEEE - P996.1。IEEE - P996 是 PC 和 PC/AT 工业总线规范，从 PC/104 被定义为 IEEE - P996.1 就可以看出 PC/104 实质上是一种紧凑型的 IEEE - P996，其型号定义和 PC/AT 基本一致，但电气和机械规范却完全不同，是一种优化的、小型堆栈式结构的嵌入式控制系统。

PC/104 系统计算机一般采用超大规模、极低功耗的 ASCI、CMOS、IC 电路，综合了高抗干扰电磁兼容技术、高抗震的叠层栈接技术、超小型高精度多层板技术、高精密双面 SMT 技术。由于其体积小、功能强、可靠性高、温度范围广等特点，广泛地应用于通信、医疗、电子、机械等行业，及智能仪器仪表、便携式设备、数据采集等各个方面。

PC/104 实质上就是一种紧凑型的 ISA 工业总线规范，在硬件和软件上与 PC 机体系结构完全兼容。近年来一直是嵌入式控制市场最受欢迎的技术规范之一。而随后的 PC/104 + 规范更是将高速 PCI 总线引入了堆栈式 PC 领域，它不仅是对 PC/104 模块的兼容，更是对 PC/104 规范的继承和发展，并为需要更高处理速度和更大数据流量的嵌入式应用领域提供了一条新的途径。在结构上，PC/104 + 采用紧凑的堆栈式、模块化结构，本质上就是尺寸缩小的 ISA 与 PCI 总线板卡，非常适于嵌入式系统。在性能上，PC/104 + 电气和机械特性可靠性高，功耗低，发热少，适用于恶劣的工作环境。在软件上，PC/104 + CPU 模块可运行微软的 MS - DOS、Windows 系统，这就使它有着低廉的软件开发成本和较好的软件工具及简单的升级方式。此外，PC/104 + 还支持标准的外围设备，如键盘、网络、串口等。正由于这些优点，PC/104 + 使系统的设计、软件的开发及市场运行周期大大缩短，受到了广大嵌入式系统设计者青睐。

2.3.1 PC/104 总线规范

PC/104 与普通的 PC 的差异主要都是结构上的，软件方面没有什么分别，本节主要介绍 PC/104 总线的机械规范和电气规范。

1. 机械规范

1）模块尺寸

代以通常 PC 或 PC/AT 扩展卡的尺寸(12.54 × 8inch)，PC/104 模块的尺寸是 3.550 × 3.775inch，有两种总线形式分别适应于 8 位和 16 位模块，但它不像台式 PC 的 8 位和 16 位扩展卡，两种形式的 PC/104 模块具有相同尺寸，图 2－35 所示是 16 位 PC/104 模块的基本外形尺寸，若是 8 位的，只需省略去 P2/J2 连接器。

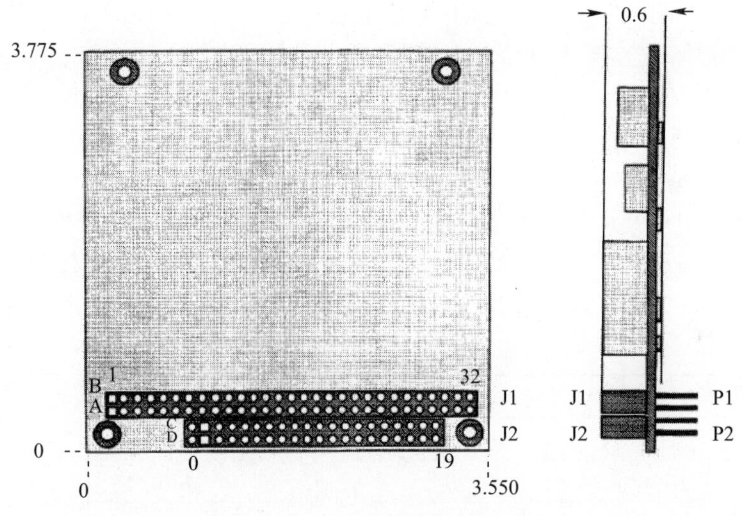

图 2－35　16 位 PC/104 模块基本机械尺寸

2）栈接式总线

为减小复杂度、降低成本，减小通常母板、背板、卡架等占用的空间，PC/104 采用了独特的“自栈式”总线连接器，多块模块可直接栈接(如图 2－36 所示)，栈接模块间距 0.6inch(15cm)，模块间由金属或者尼龙的支撑紧固件逐个牢固连接。

当一个堆栈同时连接 8 比特和 16 比特模块时，16 比特模块必须置于 8 比特模块之下(即 8 比特模块的背面)。在设计 8 比特模块时，可以有选择地加入一个“辅助的”P2 总线连接器，以允许在堆栈的任何位置使用 8 比特模块。

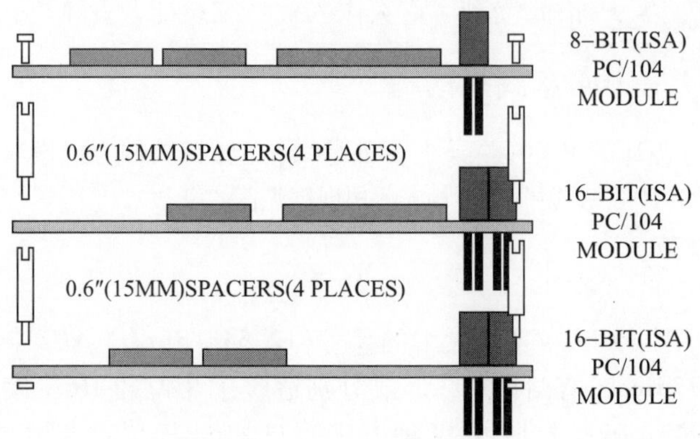

图 2-36　PC/104 模块栈

3）针/座连接器

坚固可靠的 64 芯和 40 芯阴/阳接头代替了标准 PC 的 62 点及 36 点（P1、P2）金手指总线连接器，PC/104 总线连接采用的是触点镀金、中心间距为 0.1inch 的针/座连接器。

2. 电气规范

1）信号分配

信号分配与 ISA 板卡插槽上连接器的顺序一致，但它们是转换到相应的头连接器引脚上的，与 ISA 板总线信号定义相同，但多了 A32/B32、C0/D0、C19/D19 引脚。表 2-20 给出了 J1/P1 和 J2/P2 连接器上的信号分配情况。

表 2-20　总线信号分配

J1/P1			J2/P2		
管脚	A 排	B 排	管脚	C 排	D 排
1	IOCHK*	GND	0	GND	GND
2	SD7	RESET	1	SBHE*	MEMCS16*
3	SD6	+5V	2	LA23	IOCS16*
4	SD5	IRQ9	3	LA22	IRQ10
5	SD4	-5V	4	LA21	IRQ11
6	SD3	DRQ2	5	LA20	IRQ12
7	SD2	-12V	6	LA19	IRQ15
8	SD1	SRDY*	7	LA18	IRQ14
9	SD0	+12V	8	LA17	DACK0*
10	IOCHRDY	KEY	9	MEMR*	DRQ0

续表

J1/P1			J2/P2		
管脚	A 排	B 排	管脚	C 排	D 排
11	AEN	SMEMW *	10	MEMW *	DACK5 *
12	SA19	SMEMR *	11	SD8	DRQ5
13	SA18	IOW *	12	SD9	DACK6 *
14	SA17	IOR *	13	SD10	DRQ6
15	SA16	DACK3 *	14	SD11	DACK7 *
16	SA15	DRQ3	15	SD12	DRQ7
17	SA14	DACK1 *	16	SD13	+5V
18	SA14	DACK1 *	17	SD14	MASTER *
19	SA12	REFRESH *	18	SD15	GND
20	SA11	BCLK	19	KEY	GND
21	SA10	IRQ7	—	—	—
22	SA9	IRQ6	—	—	—
23	SA8	IRQ5	—	—	—
24	SA7	IRQ4	—	—	—
25	SA6	IRQ3	—	—	—
26	SA5	DACK2 *	—	—	—
27	SA4	TC	—	—	—
28	SA3	BALE	—	—	—
29	SA2	+5V	—	—	—
30	SA1	OSC	—	—	—
31	SA0	GND	—	—	—
32	GND	GND	—	—	—
注:B10 和 C19 是安装位置					

2）增加地线

设备增加了几个地线引脚,以最大化总线的完整性,参见表 2 -20。

3）交流信号时序

所有 PC/104 总线信号的时序都与对应的 ISA 信号时序一致。

4）直流信号电平

所有 PC/104 总线信号的逻辑高、低电平都与对应的 ISA 信号一致。

5）总线驱动电流

为了减少元件数目、使功耗以及产生的热量降至最小，将大多数总线信号的驱动要求降到了4mA。只有一个例外，即集电极开路的驱动信号，它必须驱动被ISA规范定义的330Ω上拉电阻，这样就使很多ASIC器件、HCT系列逻辑器件能够直接驱动总线。

特别要指出的是，如ISA规范所述，以下信号必须由能够提供20mA灌电流的器件驱动：MEMCS16*、IOCS16*、MASTER16*、SRDY*，而其他所有信号则可以由能够提供4mA灌电流的器件驱动。

6）中断共享选择

ISA总线的中断请求信号线（IRQn）为高电平有效。因此，通常驱动为低电平有效的线或集电极开路技术就无法用于PC总线结构的中断共享。这里提供一种多个中断器件共享一根总线中断信号线的方案以供选择。

考虑到一些系统级限制，类似于图2－37所示的电路能够提供ISA总线的高电平有效IRQ中断共享信号。

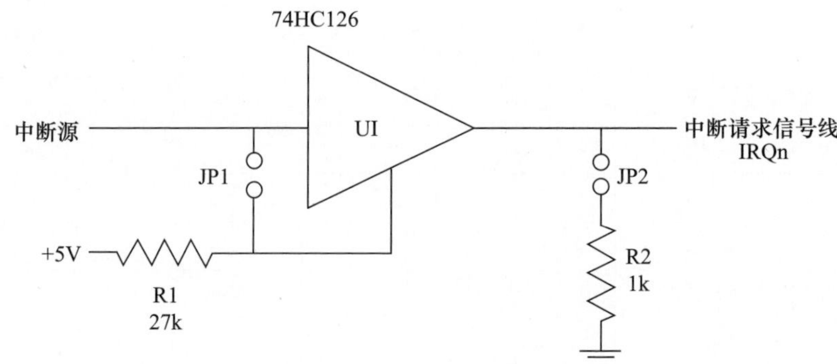

图2－37　典型的中断共享电路

共享一个普通中断的所有总线器件必须置于合适的中断共享电路中（参见图2－37），同时必须符合以下两条限制条件。

（1）共享的中断信号线在系统的任何地方必须不含有小于15kΩ的上拉电阻（相对于＋5V电压）。典型地，上拉电阻位于CPU模块，因此，一般来说本条是CPU模块的设计限制。

（2）一般地，电阻性总线终端是违背这个限制条件的，因而使用交流终端来代替电阻，这违反了共享中断推荐电路中允许的最小15kΩ的上拉电阻要求。在有这个值的上拉的系统中，置于图2－37所示电路中的器件可以通过禁止其中断共享电路来达到兼容。这是靠将JP1和JP2开路得到一个正常的ISA（非共享）中断配置（但仍然保持与其他PC/104总线信号一样的降低了的总线驱动）而实现的。

7）总线端接选择

在某些系统中，可以利用8比特和16比特的ISA总线信号端接来增强数据信号的完整性和系统的可靠性。当包含端接时，交流端接网络必须做到接近信号线阻抗特性、并且不超过驱动器直流电流输出能力。

和ISA标准一样，这里推荐的终接网络由阻容网络构成，每个阻容网络则由40～60Ω电阻与30～70pF电容串联、连于信号线与地之间。是否需要端接以及端接如何设置，取决于特定的系统布局，应该由系统设计者决定。

8）模块供电要求

表2－21给出了每个模块的工作电压范围以及最大供电要求。模块不会吸收大于表中所示的工作电流。一个PC/104模块堆栈总的功耗要求是堆栈中各个模块所需的功耗之和。工作电压指的是在任意给定模块适合的总线连接器管脚上测量到的电压，其浮动范围为±5%。只有系统中模块要求的那些电压才能提供总线上。

表2－21 模块电源要求

额定电压	最大电压	最小电压	最大电流
+12V	+12.6V	+11.4V	1.0A
+5V	+5.25V	+4.75V	2.0A
-5V	-4.75V	-5.25V	0.2A
-12V	-11.4V	-12.6V	0.3A

2.3.2 PC/104总线结构

PC/104总线是嵌入式PC机所用的总线标准。有两个总线插头，其中P1有64个引脚，P2有40个引脚，共有104个引脚，这也是PC/104名称的由来。PC/104有两个版本，是8位和16位，分别与PC和PC/AT相对应。PC/104＋则与PCI总线相对应。

PC/104模块本质上就是尺寸缩小的ISA总线板卡。它的总线与ISA在IEEE－P996中定义基本相同。具有16位数据宽度，最高工作频率为8MHz，数据传输速率达到8MB/s，地址线24条，可寻访16MB地址单元。

所有PC/104总线信号定义和功能与它们在ISA总线相应部分是完全相同的。104根线分为5类：地址线、数据线、控制线、时钟线、电源线。简要介绍如下：

1. 地址线

SA0～SA19和LA17～LA23。SA0～SA19是可锁存的地址信号，LA17～

LA23 是非锁存信号，由于没有锁存延迟，因而给外设插板提供了一条快捷途径。SA0 ~ SA19 加上 LA17 ~ LA23 可实现 16MB 空间寻址（其中 SA17 ~ SA19 和 LA17 ~ LA19 是重复的）。

2. 数据线

数据线 SD0 ~ SD7 和 SD8 ~ SD15，其中 SD0 ~ SD7 为低 8 位数据，SD8 ~ SD15 为高 8 位数据。

3. 控制线

AEN：地址允许信号，输出线，高电平有效。AEN =1，表明处于 DMA 控制周期；AEN =0，表示非 DMA 周期。此信号用来在 DMA 期间禁止 I/O 端口的地址译码。

BALE：允许地址锁存，输出线。该信号由总线控制器 8288 提供，作为 CPU 地址的有效标志，当 BALE 为高电平时将 SA0 ~ SA19 接到系统总线。其下降沿用来锁存 SA0 ~ SA19。

IOR：I/O 读命令，输出线，低电平有效。用来把选中的 I/O 设备的数据读到数据总线上，在 CPU 启动的周期通过地址线选择 I/O。在 DMA 周期，I/O 设备由 DACK 选择。

IOW：I/O 写命令，输出线，低电平有效，用来把数据总线上的数据写入被选中的 I/O 端口。

SMEMR 和 SMEMW：存储器读/写命令，低电平有效，用于对 SA0 ~ SA19 这 20 位地址寻址的 1MB 内存的读/写操作。

MEMR 和 MEMW：低电平有效，存储器读/写命令，用于对 24 位地址线全部存储空间作读/写操作。

MEMCS16 和 I/OCS16：它们是存储器 16 位片选信号和 I/O16 位片选信号，分别指明当前数据传送是 16 位存储器周期和 16 位 I/O 周期。

SBHE：总线高字节允许信号，该信号有效时表示数据总线上传，送的是高位字节数据。

IRQ3 ~ IRQ7、IRQ9、IRQ10 ~ IRQ15：用于作为来自外部设备的中断请求输入线，分别连接主片 8259A 和从片 8259A 中断控制器的输入端，其中 IRQ13 留给数据协处理器使用，不在总线上出现。这些中断请求线都是边沿（上跳边）触发、三态门驱动器驱动。优先级排队是：IRQ0 最高，其次为 IRQ1，IRQ10 ~ IRQ15，然后是 IRQ3 ~ IRQ7。

DRQ0 ~ DRQ3 和 DRQ5 ~ DRQ7：来自外部设备的 DMA 请求输入线，高电平有效，分别连接主片 8237A 和从片 8237A DMA 控制器输入端。DRQ0 优先级最高，DRQ7 最低，DRQ4 用于级联，在总线上不出现。

DACK0 ~ DACK3 和 DACK5 ~ DACK7:DMA 回答信号,低电平有效。有效时表示 DMA 请求,被接受 DMA 控制器占用总线,进入 DMA 周期。

T/C:DMA 终末/记数结束输出线,该信号是一个正脉冲,表明 DMA 传送的数据已达到其程序预置的字节数,用来结束一次 DMA 数据块传送。

MASTER:输出信号,低电平有效,它由要求占用总线的有主控能力的外设卡驱动,并与 DRQ 一起使用,外设的 DRQ 得到确认 DACK 有效后才使 MASTER 有效,从此该设备保持对总线的控制直到 MASTER 无效。

RESETDRV:系统复位信号,输出线,高电平有效,此信号在系统电源接通时为高电平,当所有电平都达到规定以后变低,即上电复位时有效,用它来复位和初始化接口及 I/O 设备。

IOCHCHK:I/O 通道检查输出线,低电平有效,当它变为低电平时,表明接口插件的 I/O 通道出现了错误,它将产生一次不可屏蔽中断。

I/O CHDRY:I/O 通道就绪,输入线,高电平表示就绪。该信号线可供低速 I/O 设备或存储器请求延长总线周期之用。当低速设备在被选中且收到读或写命令时会将此线电平拉低,表示未就绪,以便在总线周期中加入等待状态。

REFRESH:刷新信号为了防止在内存刷新周期内产生不必要的中断。ISA 提供该刷新信号,防止中断发生。

KEY:钥匙位。

ENDXFR:零等待状态信号,输入线,该信号为高电平时,无须插入等待周期。

SYSCLK:系统时钟。

OSC:主振信号输出。

除了以上信号外,还有电源 ±12V、±5V,地线 GND 等信号。

16 位的 PC/104 总线比 ISA 的信号线多 6 根,且都是地线。

2.3.3 基于 PC/104 总线的 ATE 开发及应用

现代武器系统的自动化程度、综合化水平及技术密集程度的不断提高,对测试设备及测试系统提出了越来越高的要求。自动化测试设备(ATE)在导弹武器系统的研制、生产、使用、技术保障等诸多环节被广泛地重视、研究和应用。就决定导弹发射成败的地面测发控系统而言,某系列导弹的地面测发控系统就经历了以逻辑硬件电路为主组建、以 CAMAC 测控总线为主组建、以 VXI 测控总线为主组建三个阶段。目前,以 VXI、PXI 等测控总线为基础的 ATE 发展比较迅速,技术支持也比较成熟。但是,该类 ATE 体积较大,质量较大,尤其使用在复杂武器系统中不可避免需要信号转接、调理、适配等电路,这样就会增加整个测控系统的设备数量、体积、质量和复杂程度。另外,在导弹测试设备的计量维修等技术保障中,迫切希望保障设备能够便携机动到训练、作战第一线,实施现场技术保障。这就要求 ATE 高度集成、轻小可靠、扩展灵活、使用方便。

总线是 ATE 设备的重要组成部分。总线制约着计算机的选择以及测控模块的配置和设计,也决定着 ATE 设备的功能、性能、尺寸、重量等一系列与使用密切相关特性。比较各种测控总线,嵌入式 PC/104(包括 PC/104、PC/104 - PLUS、PCI - 104)标准具有明显优点。它将 PC 机的全部功能集成于一个统一格式标准的模块中,在硬件方面,具有工作稳定可靠、配置灵活、尺寸小、抗恶劣环境(振动、冲击、潮湿、高低温、电磁兼容)能力强的优点;在软件方面,资源丰富、开发方便、成本低,特别是在许多 PC/104 系统的设计中,大量的实时操作系统已经被成功地应用。

下面就笔者在导弹测发控系统及其计量维修设备研制中涉及的关键技术、开发平台及应用逐一进行简单介绍。

1. PC/104 - ATE 关键技术研究

在导弹测发控系统及其计量维修设备研制中,基于 PC/104 计算机总线的 ATE(简称为"PC/104 - ATE"),需要解决小型化信号转接、高精度测量,多 ATE 可靠通信和开放性可裁剪软件等关键技术,笔者在这几方面取得了突破,并得到了很好的实际应用。

1) 嵌入式小型化信号接口与转接技术

作为导弹等大型武器系统计量维修和测试发射控制中使用的 PC/104 - ATE,面临着小型化和信号转接控制环节多的矛盾,要达到高可靠、高集成、小型化的目的,必须注重小型化信号的接口与转接技术研究。主要有三类模板的研究:一是嵌入式小型化继电器转接模块;二是嵌入式小型化多路转换模块;三是光电隔离数字量输入输出模块。3 种模块均应具有体积小、质量小、信号适配与转接能力强、结构简单、可靠性高等特点,外形尺寸应为 90mm × 96mm,以与 PC/104 标准规定的外形尺寸一致。

目前,3 种模块均研制出了基本型并投入使用。继电器转接模块具有 24 路机械式继电器,带有驱动电路,其输出接点包括常开接点和部分常闭接点;多路转换模块可以转换 16 路模拟输入信号到一个输出口,串接数多达 16 块板、256 个通道,其先断开后接通技术使两通道永不短路,即在任何时间也不会出现多通道接通送出的情况,保证了测量的正确性和安全性;光电隔离数字量输入输出模块,具有带整形器的 48 路光电隔离 DI/DO,可根据需要将每路设置为信号输入或输出状态。

2) 高精度数字化测量技术

PC/104 计算机强大的计算和存储能力,使得嵌入式数字化仪器的测量能力、分析能力和处理能力得到了大幅度的提升。而购置费用、开发费用、维护费用显著降低。

在一定的硬件资源下，通过算法软件可以实现不同的测量功能和性能，这与传统仪器的功能和性能“提前设计，不可改变”相比，具有很大的灵活性和扩展性。数字化测量几乎可以实现传统仪器的全部功能，并且具有传统仪器无法比拟的优势，数字化测量可以将原始数据存储，对原始数据进行多次、多角度分析，获得满足不同需求的信息。例如，一组采样数据，根据需要，可以计算得到信号的幅度、频率、相位甚至瞬态信息。对不同要求的测量，可以采用不同的测量策略。例如，在计量中，对有些量，测量的准确度要求高而实时性要求不高，可以通过获取更多数据、数字滤波、校准修正得到准确的测量结果；在维修或测控系统中，对于实时性要求高而准确度要求相对较低的情况下，通过较少的采样数据快速给出测量结果。

在导弹测试设备的测量中，主要是电学和时频两大类参数的高准确度测量。其中电学参数主要是直流电压、交流电压、相位等参数的测量，除了在硬件上选择具有较高转换位数、较高采样速率的高性能模数转换器外，软件上采取了大量措施，比如数字滤波、相关分析、校准补偿等，实现了电学参数的高准确度测量，电压测量不确定度可以达到 10^{-4} 量级，相位测量不确定度可以达到 0.12°。时间频率类的测量主要是频率测量，采用等精度并量化时延法可以有效消除或降低 ±1 误差对测量的影响，提高测量准确度。

在导弹装备维修中，需要故障快速诊断与定位，涉及检测和推理两个方面的问题。导弹装备故障诊断监测通道少，检测诊断与装备操作规程无法同步。研究微负载、非介入的在线隔离测试技术，把导弹正常测试中的信号转到故障监测设备上加以检测和监视，以丰富故障检测诊断所依据的信息量，为快速准确地进行故障分析、分离定位提供信息来源和决策依据。对导弹装备，研究切实有效的特征信息表达、获取、存储、应用方法，完善推理算法，完成故障的快速有效分析定位。

3）多 ATE 可靠通信技术

对于大型 ATE，如导弹嵌入式测控系统，是由相互联系的若干个较小的 ATE 组成，总线控制器 BC 控制整个测控系统的正常运行，其地位非常重要。为提高导弹测控系统的可靠性和容错能力，要对 BC 进行双机冗余设计，即节点计算机在双机下工作。双机冗余涉及双机故障判定，状态向量传递与识别、工作进程跟踪、双机的切换与重构等问题，在主机发生故障情况下，备份机能进行故障判断，在必要时完成自动切换。更加复杂的多功能测试与控制 ATE 多采用分布式结构，为保证各节点之间数据传递的可靠性和实时性，其中通信网应多重冗余设计。如基于 CAN 总线设计的通信网,采用硬件冗余与软件冗余相结合的方式,确保了导弹测试发控系统的实时性和可靠通信的要求。

目前,基于 PC/104 和 CAN 总线通信网络的冗余设计技术,已成功应用于某战略导弹测发控系统和自动化测试系统的改造研制中,取得了五年无故障的效果。

4) 开放性可裁剪软件技术

目前导弹测发控系统及其计量维修等技术保障设备的应用软件大多基于 DOS 和 Windows 操作系统环境,实时性差,开放性低,安全性无法保证,甚至存在灾难性的后果。嵌入式实时操作系统已经有很多,但有的源代码没有公开,有的实时性不够强,有的版权价格很高,这些嵌入式实时操作系统非常不利于军用,特别是导弹测试控制、计量维修 ATE 的应用软件,其可靠性、灵活性、实时性的要求很高,加之总线式、网络化测试控制的特殊性,迫切需要在嵌入式实时操作系统方面做有价值的技术研究和开发工作,主要是开放的实时操作系统和测控功能软件库的建立,研发新的实用的实时操作系统和模板控制、测量功能、通信功能等应用软件,建立满足导弹测发控 ATE 和计量维修 ATE 开发的软件平台。

2. PC/104 - ATE 开发平台

通过关键技术的研究,可以建立基于 PC/104 总线标准的 PC/104 - ATE 开发平台的基本型,如图 2 - 38 所示,主要包括七部分。

(1) 工业控制计算机总线及基本计算机系统(PC/104)。

(2) 直接总线控制功能模板。它包括基于工业控制计算机总线的各种可程控测量、检测功能和产生标准信号的模板以及控制转接模板。PC/104 功能模板非常丰富,目前 CPU 板、显卡、数据采集、数模转换、定时计数、DOS 芯片、数字量 I/O 等功能强大,种类多样。并且世界上许多极具实力的大公司都致力于此方面的研究开发,这为今后开发平台的应用和发展提供了强有力的保证。另外,也可以自主开发 PC/104 总线模板。

(3) DIO 控制功能模板。它包括扩展量程范围和适应性的可程控模板以及控制转接模板。开发其他面向测控设备的控制转接、信号调理以及信号放大等非基于 PC/104 总线的模板,一般在必要的情况下,应具有 DIO 控制功能,即可以通过数字 I/O 实施控制。同时保持和 PC/104 模板一样的物理尺寸,便于安装连接。除了控制方式不同之外,其他与基于总线控制的功能模板一样。

(4) 程控接口。为充分利用仪器仪表领域的先进成果,必要时,仍需使用商品化的标准仪器,这对保持测发控系统及其技术保障系统的先进性、通用性,提高可用性,降低研制成本,缩短研制周期很有意义。对标准仪器的控制采用标准

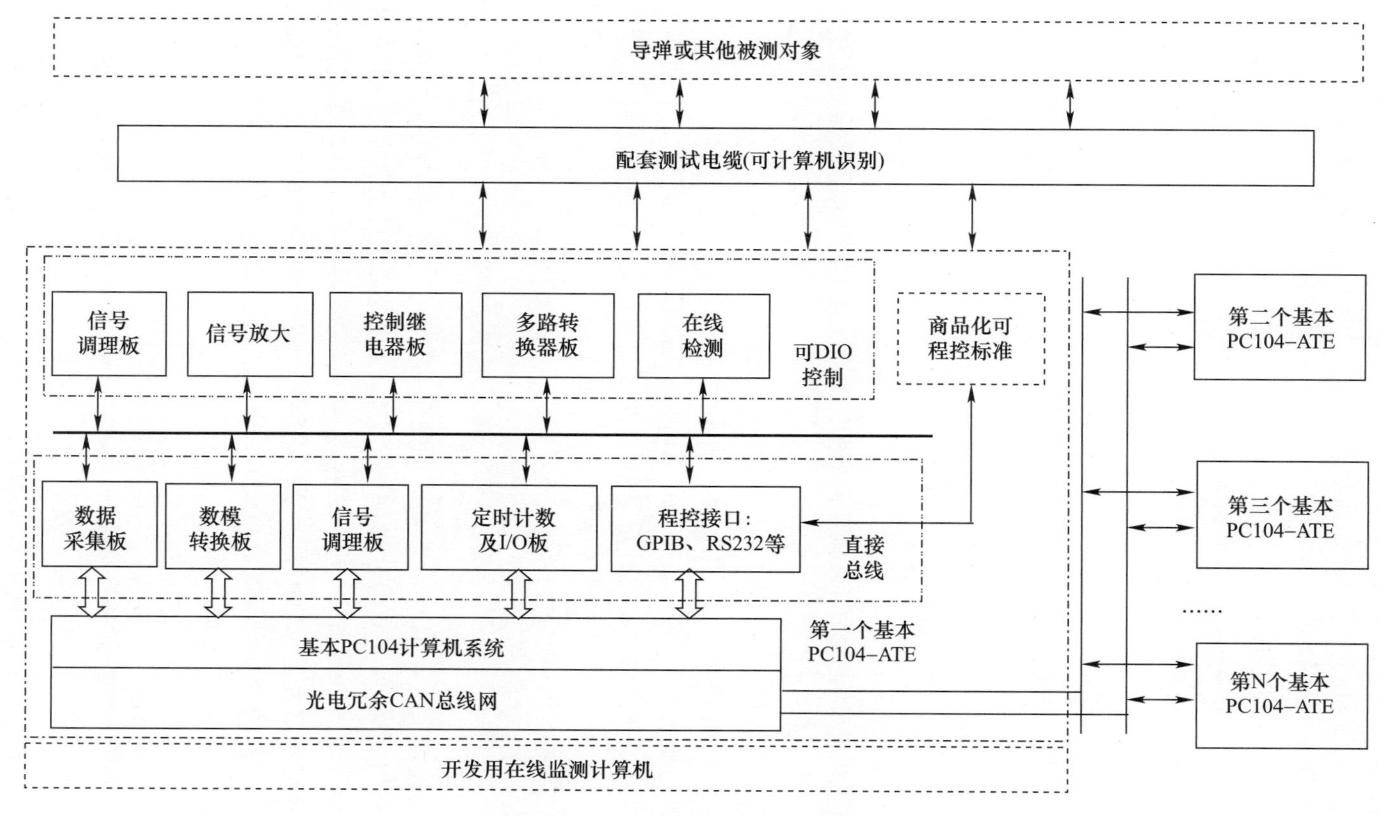

图 2-38　PC/104-ATE 开发平台

接口，如 RS232 串口、USB 口、GPIB 口等。

（5）通信网络。用于基本系统之间的通信，可以有不同的组网形式，图 2－38 中为 CAN 总线通信网。

（6）可计算机识别测试电缆。为降低部队训练强度，减少作战使用中的人为差错，增加导弹计量维修 ATE 的智能性和可操作性，对于部队使用中频繁操作的电缆采用计算机可识别技术，将电缆统一进行数字化编号，头座正确结合才能向计算机提供预期的编码，该编码用来控制测控流程，现实帮助信息，保证了测控过程安全，增加了人机友好性，体现了以人为本的设计理念。

（7）在线监测计算机。用于系统开发时监测网络通信讯息。

各硬件模块均有相应的软件支持，加上不断发展的测量算法和故障诊断算法，构成了对 PC/104－ATE 软件开发的有力支撑平台。

3. PC/104－ATE 应用

PC/104－ATE 由于其规范开放、集成度高、可靠性高、轻小便携、扩展自由、堆栈式连接、硬件开发空间大、资源利用率高等优点，在导弹等武器系统中的应用越来越受到重视，尤其在技术保障领域，为了实现作训一线的伴随技术保障，迫切需要技术保障设备能够“迁就”导弹装备到各种各样复杂的环境中去。便携就是对其明确的要求。利用上述开发平台研制的某导弹测试设备便携式综合自动化计量检定系统，在部队使用时，通过伪装良好的狭窄通道，可以便携机动到导弹装备所在的坑道实施计量保障，解决了坑道内特装计量的难题，深受部队的好评，被称为真正“从实验室走向阵地”的计量检定设备。同样，研制的某导弹测发控设备战场快速抢修系统，高度集成，小巧便携，可在导弹装备现场实施信息采集、故障分析与定位。

PC/104－ATE 除了应用在装备计量维修中，在更加复杂庞大的应用场合，如导弹测发控系统方面，也有非常成功的应用实例。某型号导弹地面测发控系统就是利用 PC/104－ATE 技术进行了全面的升级换代性的改造研制，结果表明，新的测发控系统性能稳定、可靠性高、测试参数一致性好、测试速度快，完全满足导弹对测试发射控制的技术要求，随着 PC/104－ATE 技术的发展和进步，PC/104－ATE 将会在大型武器系统的计量、维修、测试、控制等各个环节得到广泛的应用。

第3章　自动测试系统外部总线

外总线又称为通信总线。测试机箱、测试仪器设备或测试计算机之间的连接需要通过外总线实现,以便组成计算机控制的测试系统或测试网络。这类总线有两大类,即并行总线和串行总线。

本章主要介绍自动测试系统中常用的外部总线,包括串行通信总线 RS - 232C、用于程控仪器的通用接口总线 IEEE 488 和新出现的 LXI 总线。

3.1　RS - 232C 总线系统

EIA RS - 232C 是美国电子工业协会正式公布的串行总线标准,也是目前最常用的串行接口标准,用来实现计算机与计算机之间、计算机与外设之间的数据通信。RS - 232C 串行接口总线适用于设备之间的通信距离不大于 15m,传输速率最大为 20kbit/s。

RS - 232C 虽然应用很广,但因其推出较早,在现代通信中已暴露出许多不足之处。

(1) 数据传输速率慢,一般低于 20kbit/s。

(2) 通信距离短,一般限于 15m 以内。

(3) 连接器有多种方案,容易引起混乱。

(4) 每个信号只有一根导线,两个传输方向共用一个信号地,因此抗干扰能力差。

由于这些原因,EIA 于 1977 年制定了新标准 RS - 449,目的在于支持较高的传输速率和较远的传输距离,RS - 449 标准定义了 RS - 232C 所没有的 10 种电路功能,规定了 37 脚的连接器,改善了信号在导线上传输的电气特性。RS - 422 和 RS - 423 是 RS - 449 的子集,与 RS - 232C 的主要区别在于信号在导线上的传输方法不同。RS - 232C 采用单端驱动单端接收接口电路,传输数据用一根信号线和一根公共地线,这种接法抗干扰能力差。

RS - 423 与 RS - 232C 兼容,它弥补了 RS - 232C 的不足,采用差分接收电路,并且将接收器两根差分信号中的一根与发送端地线连接。这样,发送端相对于发送地的电平即为接收器的差分信号，从而可有效抑制地线干扰和共模干扰。RS－423 大大提高了串行通信的正确率，在传输速率和传输距离上优于 RS－232C。

RS－422 与 RS－232C 不兼容，它是在 RS－423 的基础上彻底消除信号地线的连接，采用平衡驱动，双端差分接收，从而使抵御共模干扰的能力更强，传输速率和传输距离比 RS－423 更进一步。

RS－485 实际上是简化的 RS－422 标准，通过将发送与接收线路并联，RS－485总线只用两根信号线就实现了长距离的传输，目前已得到了广泛的应用。

由于历史的原因，RS－232C 已被广泛应用，尤其在计算机系统中，串行接口一般都采用 RS－232C。虽然采用 RS－485 通信可提高数据传输速率和距离，但把现行计算机串口进行改换显然是不现实的，因此目前一种有效的办法是将 RS－232C 接口外接转换器转换成 RS－485 接口，然后通过 RS－485 总线实现系统间的互连。

3.1.1 RS－232C 接口信号

一个完整的 RS－232C 接口有 22 根线，采用标准的 25 芯插头座。由于 RS－232C的使用已大大超出了初始设计的意图，25 线中的很多信号在许多应用中用不上，因此，在设计中已普遍采用了 DB9 插头，即 9 针连接器。RS－232C 接口定义了 20 条可以同外界连接的信号线，并对它们的功能做了具体规定。这些信号线并不是在所有的通信过程中都要用到，而是根据不同通信要求选用其中的一些信号线。表 3－1 给出了 RS－232C 串行标准接口信号的定义及信号的分类。

表 3－1 RS－232 接口信号

引脚号	缩写符	信号方向	说明
1	—	—	屏蔽(保护)地
2	TXD	从终端到调制/解调器	发送数据
3	RXD	从调制/解调器到终端	接收数据
4	RTS	从终端到调制/解调器	请求发送
5	CTS	从调制/解调器到终端	清除发送
6	DSR	从调制/解调器到终端	数据装置就绪
7	—	—	信号地
8	DCD	从调制/解调器到终端	接收线信号输出(载波检测)

续表

引脚号	缩写符	信号方向	说明
9	—	—	保留供测试用
10	—	—	保留供测试用
11	—	—	未定义
12	DCD	从调制/解调器到终端	辅信道接收线信号检测
13	CTS	从调制/解调器到终端	辅信道清除发送
14	TXD	从调制/解调器到终端	辅信道发送数据
15	—	从调制/解调器到终端	发送器信号定时
16	RXD	从调制/解调器到终端	辅信道接收数据
17	—	从调制/解调器到终端	接收器信号定时
18	—	—	未定义
19	RTS	从终端到调制/解调器	辅信道请求发送
20	DTR	从终端到调制/解调器	数据终端就绪
21	—	从终端到调制/解调器	信号质量检测
22	—	从终端到调制/解调器	振铃指针
23	—	从终端到调制/解调器	数据信号速率选择器
24	—	从终端到调制/解调器	发送器定时信号
25	—	—	未定义

3.1.2 RS－232C 电气特性

RS－232C 采用负逻辑，即逻辑“1”：－15V ~ －5V，逻辑“0”：+5V ~ +15V。表 3－2 列出了 RS－232C 接口的主要电气性能。

表 3－2 RS－232C 电气特性表

带 3 ~ 7kΩ 负载时驱动器的输出电平	逻辑 1：－15 ~ －5V
	逻辑 0：+5 ~ +15V
不带负载时驱动器的输出电平	－25 ~ +5V
驱动器通、断时的输出阻抗	>300Ω
输出短路电流	<0.5A
驱动器转换速率	<30V/μs
接收器输入阻抗	3 ~ 7kΩ
接收器输入电压的允许范围	－25 ~ +5V
输入开路时接收器的输出	逻辑 1

续表

带 3 ~ 7kΩ 负载时驱动器的输出电平	逻辑 1：-15 ~ -5V
	逻辑 0：+5 ~ +15V
输入经 300Ω 接地时接收器的输出	逻辑 1
+3V 输入时接收器的输出	逻辑 0
-3V 输入时接收器的输出	逻辑 1
最大负载电容	2500pF

3.1.3 RS-232C 总线连接系统

用 RS-232C 总线连接系统时，有近程通信方式和远程通信方式之分。近程通信是指传输距离小于 15m 的通信，这时可以用 RS-232C 电缆直接连接。15m 以上的长距离通信需要采用调制/解调器（MODEM）。

图 3-1 所示为最为常用的采用调制/解调器的远程通信连接。

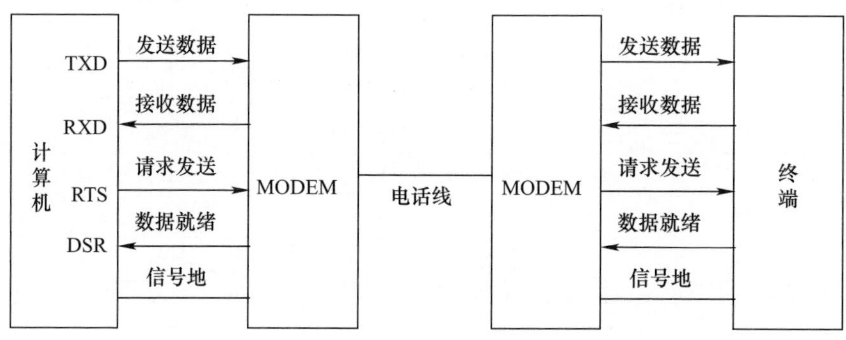

图 3-1　计算机与终端的远程连接

当计算机与终端之间利用 RS-232C 进行近程连接时，有几根线实现交换连接。图 3-2 为计算机与终端之间利用 RS-232C 连接的最常用的交叉联机图。图中"发送数据"与"接收数据"是交叉相连的，使得两台设备都能正确的发送和接收。"数据终端就绪"与"数据设备就绪"两根线也是交叉相连的，使得两设备都能检测出对方是否已经准备好。

图 3-3 是比图 3-2 更为完整的一个连接图。由图可见，它们的"请求发送"端与自己的"清除发送"端相连，这样当设备向对方请求发送时，随即通知自己的"清除发送"端，表示对方已经响应。这里的"请求发送"线还连着对方的"载波检测"线，这是因为"请求发送"信号的出现类似于通信信道中的载波检出。图中的"数据设备（装置）就绪"是一个接收端，它与对方的"数据终端就绪"相连，就能得知对方是否已经准备好。"数据设备就绪"端收到对方"准备

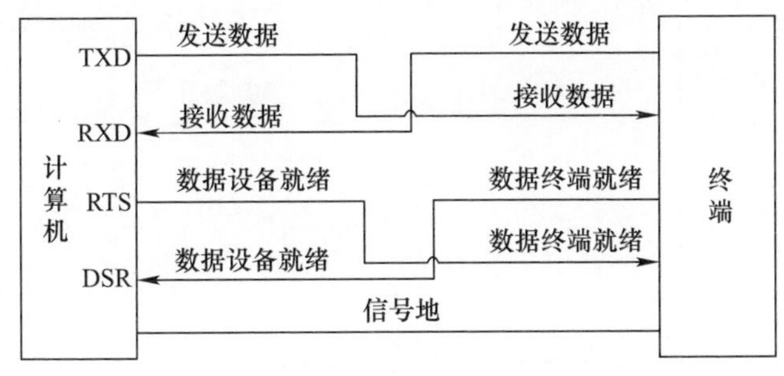

图 3 - 2　计算机与终端的 RS - 232C 连接

好”的信号，类似于通信中收到对方发出的“响铃指示”的情况，因此可将“响铃指示”与“数据设备就绪”并行连接在一起。

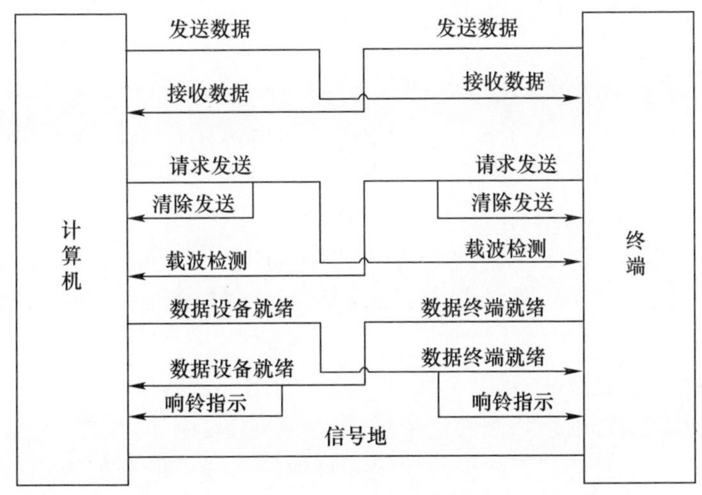

图 3 - 3　终端/计算机与终端/计算机的更完整连接

还有最简单的应用接法。如图 3 - 4 所示，仅将“发送数据”与“接收数据”交叉连接，其余的信号均不用。图 3 - 4 为其余信号都不连接的形式。在图 3 - 4 中，同一设备的“请求发送”被连到自己的“清除发送”及“载波检测”上，而它的“数据终端就绪”被连到自己的“数据设备就绪”上。图 3 - 4 的连接方式不适用于需要检测“清除发送”“载波检测”“数据设备就绪”等信号状态的通信程序；对图 3 - 4 的连接，程序虽可运行下去，但并不能真正检测到对方状态，只是程序受到该连接方式的欺骗而已。在许多场合下只需要单向传送，例如计算机向单片机开发系统传送目标程序，就是采用图 3 - 4 的联机方式进行通信的。

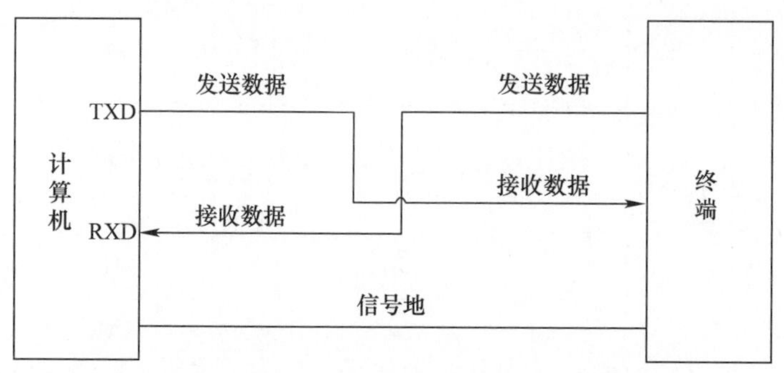

图 3-4　终端/计算机与终端/计算机连接的最简单形式

3.2　IEEE488 总线系统

为了解决自动测试系统中各种台式测试仪器与计算机之间的通信接口问题,美国 HP 公司在 1975 年公布了一个并行数据通信总线接口 HPIB(HP 接口总线),后被 IEEE 采用,经修订后于 1987 年正式公布为 IEEE 488.1 总线标准,同时颁布了 IEEE 488.2 标准,对器件消息的编码格式作了进一步规定。IEEE 488 总线也称 IEC-IB(IEC 接口总线)、GPIB(General Purpose Interface Bus,通用接口总线)。它的功能较强,也较为灵活,是一个得到广泛应用的并行数据通信接口。

IEEE488 接口总线主要用于集中组合式的测试系统中,一般标准化的测试仪器和设备都配有此接口,被广泛应用于航空、航天、电子、核能、兵器等领域的测试,是 20 世纪 70 年代以来最常用的一种测试总线。但 IEEE488 总线也有它的缺点,即总线数据传输的速率比较慢,数据宽度较窄,缺少测试过程中仪器常需要的同步触发、时钟同步等功能,而且配有 IEEE488 接口的仪器设备虽然功能较强,但价格比较高,组合的测试系统体积也较大。尽管如此,IEEE488 总线仍是一个比较成功的数据总线,而且在未来一段时间内仍将是测试领域内使用的主要总线之一。

3.2.1　IEEE488 总线的主要特征

1. 总线型连接方式

测试系统内计算机和所有仪器均通过一组标准总线相互连接,系统的连接方式比较方便、自由。配有标准接口的仪器可以方便地接入系统,仪器数量的增减不影响其他仪器的连接。组建系统时,不论采用什么样的连接方式,只需用标准总线将仪器连接起来,脱离系统时也只需将连接仪器的总线拔出,各台仪器又可以单独使用。

2. 总线构成

IEEE488 总线包括 16 条信号线,其中 8 条数据线、5 条接口管理线和 3 条挂钩线。总线采用 24 脚插头座。

3. 器件容量

包括计算机在内,系统内可连接的设备数目最多 15 个,这主要受目前 TTL 接口驱动器最大驱动电流的影响。当组建测试系统所需要的器件数目多于 15 个时,只需在计算机内再添加一个 IEEE488 接口,通过这个接口可以再接入 14 个仪器。

4. 地址容量

系统中每一个仪器都设置有一个地址,IEEE488 规定采用 5bit 来编地址,得到 $2^5=32$ 个地址。

5. 数据传输方式

IEEE488 总线是一种异步双向型总线,按照位并行和字节串行方式传输数据,信号传输的速率为 1Mb/s。

6. 传输距离

整个系统的连接电缆的最大长度为 20m。

7. 接口功能

仪器与接口系统之间的每一种交互作用称为一种接口功能,IEEE488 系统中共设立了 10 种接口功能,如听者功能、讲者功能、控者功能等。

8. 工作方式

总线上所连接的设备包括 3 种:送话设备、受话设备和控制设备。系统中的每一个设备按 3 种基本的工作方式之一进行,这 3 种工作方式如下。

(1)"听者"方式。从总线接收数据。在同一时刻可以有两个以上的受话设备处于该方式。

(2)"讲者"方式。向总线发送数据。一个系统中在同一时刻只能有一个送话设备以讲者的方式工作。

(3)"控者"方式。控制其他设备,如对其他设备进行寻址或允许送话设备使用总线等。只有控制设备能以控制方式工作,通常以计算机作为控者设备。

3.2.2 IEEE488 总线结构

IEEE488 总线采用 24 引脚插头座,其中包括 16 根信号线和 8 根地线,引脚和信号的对应关系如表 3-3 所列。按其功能,16 条信号线可分为 3 组独立总线，即数据总线、控制总线和接口管理总线，其结构如图 3-5 所示。

表 3-3 IEEE488 信号及引脚分配

引脚号	助记符	名称	引脚号	助记符	名称
1	DIO1	数据线 1	13	DIO5	数据线 5
2	DIO2	数据线 2	14	DIO6	数据线 6
3	DIO3	数据线 3	15	DIO7	数据线 7
4	DIO4	数据线 4	16	DIO8	数据线 8
5	EOI	结束或识别	17	REN	远程允许
6	DAV	数据有效	18	—	地
7	NRFD	未准备好接收数据	19	—	地
8	NDAC	未接收数据	20	—	地
9	IFC	接口清除	21	—	地
10	SRQ	服务请求	22	—	地
11	ATN	注意	23	—	地
12	SHEED	机壳地	24	—	地

1）数据线

数据线由 DIO1 ~ DIO8 组成，它除了用来传输数据外，还用于听、讲方式的设定，以及设备地址与设备所需控制信号的传输。这些不同的用处可由其他信号线来控制。

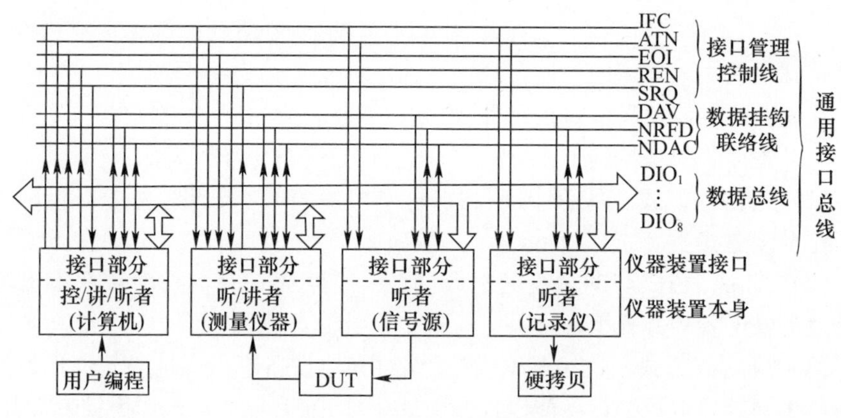

图 3-5 IEEE488 总线结构

应注意脚标是 1 ~ 8，而不像计算机 CPU 的数据线脚标是 0 ~ 7。脚标 1 对应低位，脚标 8 对应高位。通过 8 条线传输多线消息。文本没有限制在这 8 条线上传递器件消息的编码方式，可以用二进制编码，也可以用 BCD 编码，也可以用 7 比特的 ASCII 码(第 8 比特可作为奇或偶校验用,也可以不用)。目前用得最多的是 ASCII 码。

2)挂钩线

在 IEEE488 测试系统的数传中没有时钟的同步,又要保证发送的一方所发送的每个字节,都能被接收速度不同各器件可靠地异步接收到,这就需要采用另外的信号线进行联络—挂钩。标准接口中规定三条挂钩线:DAV、NRFD、NDAC,所以称为三线挂钩。

(1) DAV(Data Valid)“数据有效”线。该线由发送消息的一方控制,只有当 DAV =1 时,此时母线上的数据有效,收方才可以接收,如果 DAV =0,即使母线上有消息,收方也认为是无效的,不予接收。

(2) NRFD(Not Ready For Data)“没有准备好”线。它是受接收器件共同控制的,接收器件中只要有一个器件没准备好时,就会有 NRFD =1,只有当所有接收器件全部准备好时才会有 NRFD =0。

(3) NDAC(Not Data ACcept)“数据未接收”线。它也是受接收器件共同控制的。当接收器件中只要有一个器件对现存在母线上的消息没有收完时,则 NDAC =1,直至所有接收器件全部接收完时,NDAC 才会为 0。

当发送消息一方要发送一个字节时,首先将数据送至数据母线,但此时 DAV =0,收方不能接收,发送一方检查 NRFD 是否为 0,一直等到 NRFD =0,表示收方全部准备好,发送一方令 DAV =1,收方开始接收,直至全部收方都接收完,这时 NDAC =0,发送一方也令 DAV =0,宣布数据无效,并将母线上的数据撤掉。如果发送新的字节,将再次重复上述过程。

这里需要注意的 NRFD 与 NDAC 线的命名方式,没有采用 RFD 与 DAC 的命名,这是因为各器件对 NRFD 的激励是并连方式—母线制,而且可能是一种矛盾的方式,有的器件准备好了,应令 NRFD =0,有的器件未准备好,应令 NRFD =1。对于 NRFD 这条线不能有两个逻辑电平,必然有一个逻辑电平起主导作用,由于母线上是负逻辑,这时低电平的逻辑 1 是主导的。这就像一条信号线上并连若干个开关一样,当其中至少有一个开关闭合接地时,该线必然是低电平,也就是说低电平压制了高电平。

源方和收方利用 3 条挂钩线进行协调,以保证数据线上的消息字节准确传送,这种数传技术称为“三线挂钩技术”。图 3 -6 示出了 3 条控制线联络过程的流程图。图 3 -7 示出了 3 条控制线联络过程的时序图。

系统内部每传送一个字节信息都有一次三线握手的联络过程。结合图 3 -6对三线挂钩的详细说明如下。

① 在数据传输的初始阶段,讲者置 DAV 为高态(DAV =0),表示数据无效,

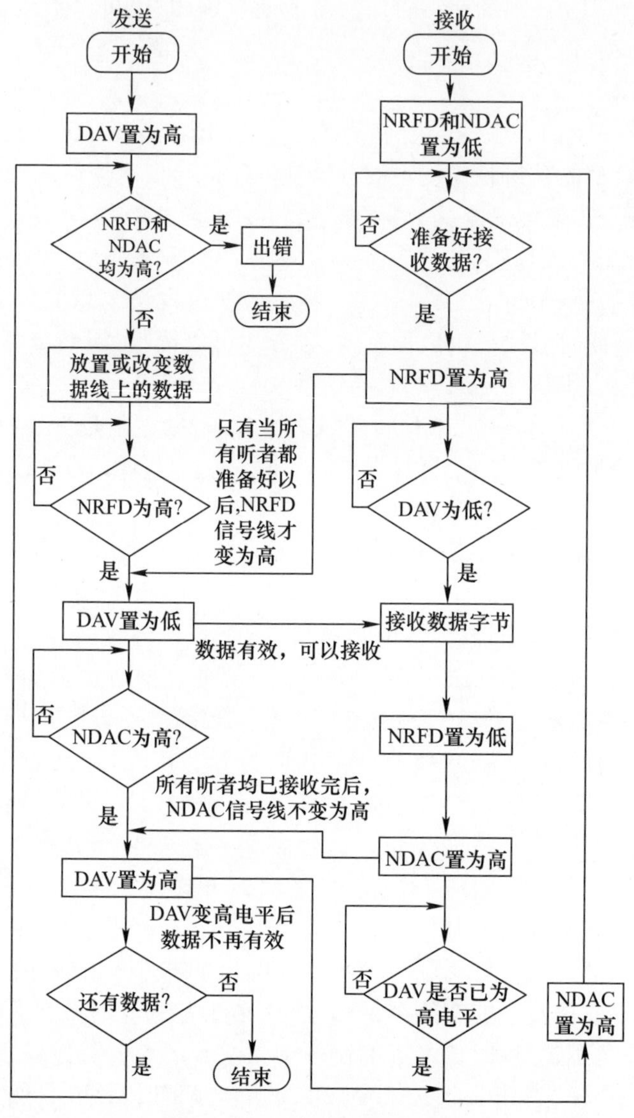

图 3－6　三线握手联络流程图

即尚未发送数据,收方不应接收。

② 听者置 NRFD 和 NDAC 为低态,表示未准备好接收数据和未接收数据。

③ 讲者检查 NRFD 和 NDAC,如均为低态,讲者便将要发送的数据字节放到 DIO1 ~ DIO8 数据线上。

④ 讲者延迟一段时间,以便让数据字节在数据线上稳定下来。

⑤ 当确认听者都已做好接收数据的准备，即置 NRFD 为高态，通知讲者：所有听者都已准备好接收数据。

⑥ 讲者发现 NRFD 为高态，即令 DAV 变为低态，告知听者在数据线上的数据有效，听者可以接收数据。

⑦ 速度最快的一个听者发现 DAV 变低，就将 NRFD 线拉低，表示开始接收数据。只要有一个听者令 NRFD 线为低，则 NRFD 线就处于低电平状态。

⑧ 最早接收完数据的听者欲把 NDAC 变为高态，但因其他听者尚未接收完数据，故 NDAC 仍保持为低。

⑨ 当所有的听者都接收到此字节数据后，NDAC 才变为高态。

⑩ 讲者确认 NDAC 变高后，就使 DAV 线变高，表示总线上数据已无效，并撤掉数据总线上的数据。听者确认 DAV 变高后，置 NDAC 线为低，至此一个字节的传输过程结束。

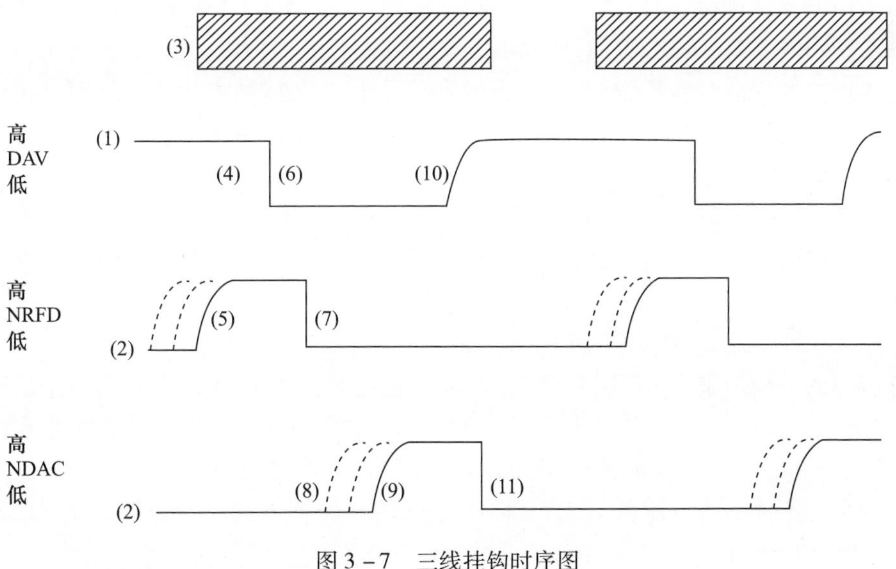

图 3－7　三线挂钩时序图

3）管理线

（1）ATN（ATteNtion）“注意”线

此线受现行控者控制。ATN＝1 表示现行控者正在起作用。如果控者在发布命令，那么，在 DIO 母线上传输的一定是接口消息，此消息只用于对初级接口作用，并不传到器件中去。当 ATN＝0，意味着现行控者已退出控制，此时，由任命的讲者在 DIO 母线上发送多线器件消息。器件消息经过器件译码后会引起器件功能的变化（如改变量程、转换闸门时间、报告内部状态、存储数据等）。当

ATN 由 0 变 1 时,表明控者要进入作用态,此时现行讲者与听者间的挂钩要立刻中断。

(2) IFC(InterFace Clear)“接口清除”线。

此线由系统控者控制。IFC = 1 表明控者命令系统中各器件接口功能清除到初始态。文本规定 IFC = 1 的时间至少要保持 100μs 以上,然后令 IFC = 0,如果 IFC 始终为 1,系统将无法运行。通常在自动测试系统上电以后,控者发一次 IFC,以使接口功能可靠地回到初始态。

在特定情况下需要系统控者介入控制时,系统控者通过发 IFC,从现行控者手中接过控制权。对于无控者的简单系统,此时,IFC = 0,ATN = 0 均不起作用,不影响简单系统讲者与听者间的数传。

(3) REN(Remote ENable)“远控允许”线。

REN 受控者控制。测试系统运行初期,REN = 0,它使程控器件一律回到本地操作方式,也就是说器件工作受面板上按键、旋钮控制,要改变工作方式,必须人工操作。当 REN = 1 时,器件并不能立刻进入远地程控方式,只有此后由控者对各程控器任命听者后,被任命听者的器件才能进入程控方式。如果器件再回到本地方式,这时,需要控者发有关的指令,或者由人工干预,此时,按动器件面板上“返回本地”的按钮才行。

(4) EOI(End Or Identify)“结束或识别”线

此线可由现行控者控制,也可由现行讲者控制,但作用不同。

① 识别作用。当 ATN = 1,EOI = 1,表明控者要求“识别”,这时,EOI 线受现行控者控制。这是并行查询中一种查询方式。控者在工作时,要想了解系统中各器件的工作状态,有否服务请求,控者事先将 8 条 DIO 线之中的某一条分配给被查询的器件,当控者发出 IDY = ATN · EOI 时,被查询的器件就应用指定的 DIO 线回答一个 PPRn 消息(1 或 0)。这样控者一次并行查询就可以了解少于或等 8 台器件是否有服务请求,从而决定以后的处理方式。控者令 IDY = 1,准备接收查询器件的 PPRn 消息,这个过程就是识别。

② 结束作用。这时,EOI 线受现行讲者控制,此时表示数传的结束,即 END = ATN · EOI。当讲者发送到最后一个数据时,令 EOI = 1,通知收方这是最后一个数据了,待收方收完,讲者再令 EOI = 0,表次此次讲者与听者间的数传已经结束了。

(5) SRQ(Service ReQuest)“服务请求”线

SRQ 线是有服务请求功能的各器件共用的,它是各器件的 SRQi 的逻辑或。

当控者退出控制后,控者依然有监视 SRQ 线的能力,一旦 SRQ = 1,这就表明系统中至少有一个器件要求控者为它服务,这时控者应中断现行讲者和听者的数传，通过查询弄清情况后，为该器件服务。

上述5条管理线有4条线受控者控制，对SRQ线控者监收。对于多控者系统来说，一般控者也可以通过SRQ线向系统控者提服务请求，这时控者可以管理5条管理线了。

4）母线电缆和接插头

标准接口系统中使用的母线电缆和母线插头各有两种型式，按IEC625规定采用了24芯电缆和25芯针状式接插头，插头外形如图3－8所示；按IEEE488标准和GBn249标准规定则采用23芯电缆和24芯扁线型接插头，插头外形如图3－9所示。两种电缆内部各条芯线彼此绝缘，而电缆的外部都有金属编织的屏蔽和外绝缘层。采用23芯电缆用16条芯线信号线，用7条芯线作地线，每一条地线与对应的挂钩线或管理线绞合成“对线”，地线成为信号线的内屏蔽线。电缆两端各安装一对接插头，即每端一对并联的插头和插座，这种结构形式可使多条母线的接插头叠接在一起。

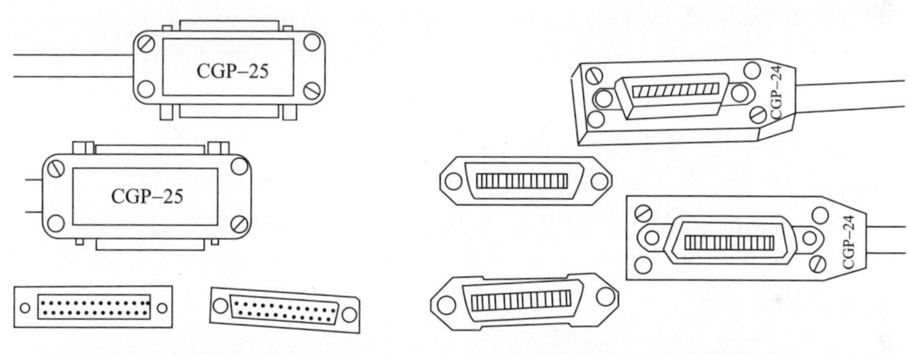

图3－8　25芯针状接头　　　　图3－9　24芯扁线型接头

无论哪种电缆和接插头，电缆与接插头引脚的连接都作了统一规定，不能随意改动。表3－4和表3－5列出了两种电缆与接插头的连线位置。

表3－4　IEEE488.1标准规定的接线位置

引脚	信号线	引脚	信号线	引脚	信号线	引脚	信号线
1	DIO1	7	NRFD	13	DIO5	19	地
2	DIO2	8	NDAC	14	DIO6	20	地
3	DIO3	9	IFC	15	DIO7	21	地
4	DIO4	10	SRQ	16	DIO8	22	地
5	EOI	11	ATN	17	REN	23	地
6	DAV	12	屏蔽	18	地	24	逻辑地线

表 3-5 IEC 625 标准规定的接线位置

引脚	信号线	引脚	信号线	引脚	信号线	引脚	信号线
1	DIO1	8	NRFD	15	DIO6	22	地
2	DIO2	9	NDAC	16	DIO7	23	地
3	DIO3	10	IFC	17	DIO8	24	地
4	DIO4	11	SRQ	18	地	25	地
5	REN	12	ATN	19	地		
6	EOI	13	屏蔽	20	地		
7	DAV	14	DIO5	21	地		

3.2.3 IEEE488 总线接口功能

标准接口系统总的目的是提供一种有效的通信联络手段,使一群相互连接的器件之间实现消息传递,而且这种消息传递应该是毫不含混的、绝无二义的。按自动测试系统的需要恰当地设立接口功能是实现上述目标的重要因素。

1. 接口功能

在 IEEE 488 总线标准接口系统中,为了保证数据传输和数据控制的可靠,我们综合分析了系统中控者、讲者、听者的运行情况,找出共性的逻辑关系,在力求简单、实用的前提下,归纳出 10 种初级接口功能,这些功能的代号是:C、T、L、SH、AH、SR、RL、PP、DT、DC。这 10 种接口功能和扩展功能的代号及对应英文原文如表 3-6 所列。

表 3-6 10 种接口功能

名称	代号	英文原文
控者	C	Controller
讲者	T	Talker
扩大讲者	TE	Extended Talker
听者	L	Listener
扩大听者	LE	Extended Listener
源挂钩	SH	Source Handshake
受者挂钩	AH	Acceptor Handshake
服务请求	SR	Service Request
远地/本地	RL	Remote/Local

续表

名称	代号	英文原文
并行查询	PP	Parallel Poll
器件触发	DT	Device Trigger
器件清除	DC	Device Clear

1）C 功能

控者(Controller)功能:这种接口功能主要是为计算机或其他控制器而设立的。一般来说,自动测试系统都由计算机来控制和管理,在系统运行中,根据测试任务的要求,计算机经常需要向有关器件发布各种命令,比如复位系统、启动系统、寻址某台器件为讲者或听者、处理服务请求等,这些活动都可以通过控者功能来实现。

2）T 功能(包括 TE)

讲者功能,或者扩大的讲者(TE)功能:一台器件(仪器或计算机)如果需要向别的器件传送数据必须具有讲者功能,如一台电压表或一台频率计欲将其采集到的测量数据送往打印机或绘图仪记录,便可以通过讲者功能来实现。

3）L 功能(包括 LE)

听者功能,或者扩大的听者(LE)功能:L 功能是为一切需要从母线上接收数据的器件设立的,例如一台打印机要将其他仪器经母线传出的数据接收下来并进行打印,就必须通过听者功能来实现。当 T 功能选 LE 功能时,相应的听者器件也应该选 LE 功能。

4）SH 功能

源方挂钩功能:仅设立 C 功能、T 功能和 L 功能尚不能保证器件之间能够实现准确无误的通信。由于各种仪器对数据响应的速度差别极大,如果不进行协调就会引起数据的丢失。例如,一台电压表测量的电压值为 8V,如果将此数据传送到打印机打印,电压表发送数据的速度可能很高,而打印机接收数据的速度一般很低,若按电压表的速度送数据必然造成数据丢失,引起不良后果。如前所述,为使响应速度各不相同的器件功能在同一系统中顺利地进行数据(或命令)传送,较好的办法是让发送数据或命令的器件(源方)与接收数据或命令的器件(受方)直接挂钩,源方挂钩功能和受方挂钩功能就是为此目的而设立的。源方挂钩功能是为讲者功能或控者功能服务的,必须配合 T 功能或 C 功能使用。无论一台器件需要通过 C 功能传递命令,还是通过 T 功能传送数据,源方挂钩功能都必须参与挂钩,保证命令或数据准确传递。每台器件的 SH 功能都担负着对内和对外挂钩。对内 SH 功能要考查器件功能是否已将消息字节准备好了,如果器件功能尚未将消息字节产生出来,SH 功能便不向外挂钩,直到器件功能准备好传送消息时,SH 功能才向外部挂钩。在对外挂钩时,SH 功能首先考查受方是否已经准备好接收消息,只有在收到受方通过 NRFD 线传来的 RFD(准备好接收数据)消息之后,SH 功能才能通过 DAV 线向受方传出 DAV 消息,通知受方从 DIO 线上接收消息。在受方从 DIO 线上接收消息期间,SH 功能必须继续发出 DAV 消息,直到受方从 DIO 线上收下消息,并通过 NDAC 线传来 DAC 消息之后,SH 功能才完成对外挂钩。然后又向内挂钩通知器件功能撤销前一个消息字节,此后若无消息字节需要传送方可停止挂钩,若还有数据需要传送就由器件功能换上新的数据字节继续传送。

5) AH 功能

受方挂钩功能:AH 功能是系统中所有可程控器件必须具备的功能。

AH 功能是为需要从母线上接收数据或命令的器件而设立的。在接收控者发出的命令时,AH 功能只同控者的 SH 功能挂钩,保证器件能收下控者发出的命令。在接收数据时,AH 功能负责对内和对外挂钩。此时,AH 功能首先考查所在器件的器件功能是否已经准备好接收数据,若器件功能未准备好,AH 功能便不向外部挂钩,直到器件功能准备好之后,AH 功能才向外部挂钩,即通过 NRFD 线向源方传出 RFD 消息。然后等待源方通过 DAV 线发出 DAV 消息。一旦收到了 DAV 消息之后,AH 功能又转向内部挂钩,通知器件功能从 DIO 线上接收数据,待器件功能完成数据接收之后,AH 功能又向外挂钩,通过 NDAC 线向源方发出 DAC 消息,宣布数据已收到。至此完成一次挂钩循环,准备为下一个数据字节的传递再进行挂钩。发送消息的器件的源方挂钩功能和接收消息的器件的受方挂钩功能,利用 3 条线 DAV、NRFD、NDAC 进行连锁挂钩以保证 DIO 线上的每一次消息字节都能准确地传递,这种技术称为“三线挂钩”。

6) SR 功能

服务请求功能:该功能类似于计算机的外部中断请求功能。当器件在运行中出现了一些特殊情况(例如过载、仪器出现异常、程序不明等),则器件将产生服务请求,从而使 SRQ 为 1,提请控者为它服务,一旦控者对它进行串行查询,则器件的 SR 功能将促使本器件对 SRQ 的激励为 0。

SR 功能不仅可供器件出现临时故障时向控者发出 SRQ 消息,而且也为正常运行的器件与控者联系而提供了一种渠道。正常运行的器件往往也会有某些紧急事件必须与控者联系。例如,控者命令某台器件将大批数据传送给控者进行处理,该器件可能需要较长的时间才能将数据准备好。在器件准备数据期间,控者可以穿插其他操作,一旦器件的数据准备好之后便可以通过 SR 功能向控者提出请求传递数据,控者得知后便可以让器件传递数据。

7）RL 功能

远控和本地控制功能：器件能接受远程和本地控制的接口功能。通常器件有两种工作方式：本地操作和远控操作。本地操作是指用人操纵仪器面板上的开关、旋钮、按键来改变仪器工作方式，远地操作是指仪器可通过接口接受外来的程控指令来改变工作方式。这两种操作方式对一台仪器来说不能同时进行，或者是本地或者是远控，并为此设置了 RL 功能，由控者控制 REN 接口管理线的逻辑电平。

只要 RL 功能处于远控状态，器件就只接受远控，只有 RL 功能处于本控状态时，器件面板上的开关、旋钮、按键才是可以操作的。

8）PP 功能

并行查询功能。器件出现故障后可通过 SR 功能向控者提出服务请求，在接受控者查询时再通过讲者功能将自己的工作状态传送给控者，供控者识别。所以配备 SR 功能的器件必须具有讲者功能，但是有些器件本身不需要配置讲者功能。不具有讲者功能的器件可以通过 PP 功能来接受控者的查询。这里有必要对并行查询和串行查询进一步说明。关于并行查询，在介绍母线结构谈到 EOI 识别作用时已提到过。这是控者为了了解系统中各器件有否服务请求而主动查询的一种方式。在测试软件中事先安排好的一段程序，这段程序分二段过程—组态与识别。在组态时，控者通过发指令、副令的方法，通知被查询器件在识别时占用哪条 DIO 线，以 1 或 0 来回答是否有服务请求，这样的组态可分别进行 8 次（也可少于 8 次）。组态结束后，控者进行识别 IDY = ATN · EOI = 1，例如控者收到的消息为 00000100，则可判定 DIO3 信号线对应的器件有服务请求。由于判别是针对八台同时进行的，所以叫并行查询。

当控者退出控制（ATN = 0），并且检查到 SRQ = 1，说明系统中已至少有一台器件请求控者为它服务，控者应进入控制（ATN = 1），中断现行讲者与听者的对话，控者要进行串行查询。

串行查询是逐台进行的。控者先任命被查询的器件为讲者，控者自任命为听者，听取被查询器件的汇报——状态数据。文本规定这时 DIO7 线为专用线，来回答本器件是否有服务请求，如果有服务请求，则该线为 1，否则回答 0。其他各线可以按程控器件自行规定内容，例如，第一线为 1 表示器件有数据要输出，第二条线表示溢出，第三条线表示奇偶校验出错等。

如果确定被查询器件没有服务请求，那么控者再发下一个器件的讲地址，重复上述过程，直至找到有服务请求的那台器件为止。由于查询工作是逐台进行的，所以称为串行查询。

9）DT 功能

器件触发功能：器件设置 DT 功能后，允许器件接收控者发来的 GET（群执行触发)指令,使器件完成某一操作,因此 DT 功能叫作器件触发功能。

DT 功能的一个典型应用是:在测量中,大多数器件只要接通电源便可以进行测量,但是也有不少可程控器件在电源接通之后并不立即开始工作,而是要由控者发出一条“启动”命令,启动一台或几台器件进行测量。

10) DC 功能

器件清除功能:该功能能使器件功能回到某种指定的初始状态。在测试过程中往往需要使一台甚至全体器件功能回到某种特定的初始状态。例如,让计数器的计数值回到零,这种现象称为器件清除,为此设立了器件清除功能。“器件清除”命令则由控者发出,并由 DC 功能执行。

上述 10 个接口功能都是文本规定的基本功能,就其应用来说,前 5 种接口功能用得最多,对一个器件来说,可以选择其中几种功能,这要根据器件在系统中的作用而定。

2. 器件内部接口功能设置

前面所述的 10 种接口功能是依据自动测试系统总需要而设立的。如果只就某一类器件来说,仅需从 10 种接口功能选择一种或多种接口功能,而没有必要配置全部功能。表 3 -7 列出了几类器件应该配置的接口功能。为不同仪器选配接口功能时,既要充分考虑提高器件性能方面的种种需要,又必须兼顾仪器成本、器件使用效率等其他方面的要求,尽可能做到恰如其分。一般来说,凡需要通过母线发送数据的仪器,如数字式电压表、数字式频率计等,应该而且必须配置讲者功能和源方挂钩功能;除个别外,几乎所有的可程控仪器可能都需要从母线上接收数据,故绝大多数仪器都应配置听者功能和受方挂钩功能。当然只有计算机或其他担任控者的器件才需要配置控者功能。至于其他几种接口功能的选配,设计者可根据实际情况酌情处理。

表 3 -7　器件内部接口功能配置

器件名称	作用	所需配置接口功能
信号发生器	听者	AH,L
打印机	听者	AH,L
纸带读出器	讲者	AH,T,SH
电压表	讲者、听者	AH,L,SH,T,SR,RL[PP,DC,DT]
功率计	讲者、听者	AH,L,SH,T,SR,RL[PP,DC,DT]
RLC 表	讲者、听者	AH,SH,T,L,SR,DT
绘图仪	讲者、听者	AH,SH,T,L,SR,DC[PP]
计算机	讲者、听者、控者	AH,L,SH,T,C

3. 计算机的 GPIB 接口

在 GPIB 自动测试系统中,计算机作为控者、讲者、听者是接口功能等齐全的器件。计算机 GPIB 接口功能是通过 GPIB 接口卡来实现的。该接口卡插入计算机的扩充槽中,卡上有 GPIB 接口插座通过 GPIB 电缆同其他仪器相连,构成测试系统。接口卡硬件是否完善将对测试程序的运行速度产生直接或间接的影响。

为了提高运行速度,在 GPIB 接口卡上全部采用硬件接口电路并大多以大规模集成电路为主体来实现。图 3 - 10 是该接口卡的简化方框图,其中 μpD7210 是 LSI 接口芯片,具有最完整的接口功能,并选用了最完善的功能子集。因此以 μpD7210 为核心的 GPIB 接口卡其硬件接口无论在适应能力、运行速度、管理 GPIB 系统等诸方面堪称一流。除硬件外,为方便 GPIB 卡的控制,为 GPIB 卡扩充的软件的也很重要。最完善的是采用扩充 BASIC 语言或扩充的其他语言(如 C 语言)并备有 GPIB 接口计算机。在 BASIC 语言中适当的增加一些管理 GPIB 系统的操作语句,使编程人员无需细微地了解 GPIB 的许多细节,也不必费神去注意 GPIB 的许多具体操作,编程者只需要了解额外增加的 20 多条扩充 BASIC 语句的句法,就能像编写一般 BASIC 程序那样来写出和阅读测试程序。计算机的扩充 BASIC 解释程序自动对有关扩充语句做出解释并自动地调用语言系统中适当的子程序去完成必要的操作。例如 HP 公司的 HP - BASIC、HP - L 语言。

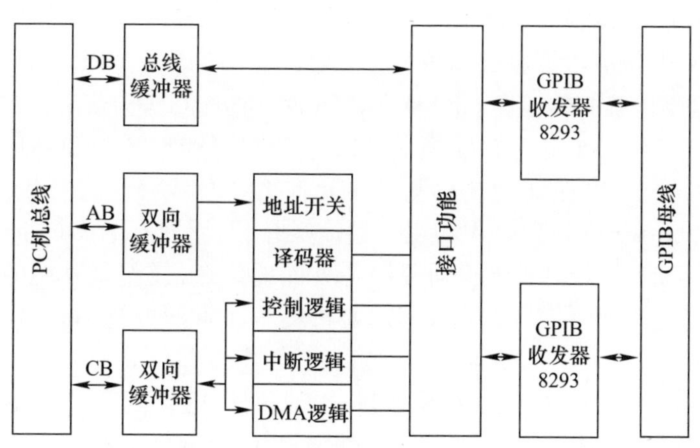

图 3 - 10 PC 机的 GPIB 卡框图

这种办法实质上是把许多编程上的麻烦和困难转交给计算机所配备的 GPIB 接口硬件和系统软件去解决,也就是将 GPIB 控制机的广大使用者在编程中的许多工作(包括对 GPIB 标准的详尽而深入的了解),转嫁给控制机的供应者去承担。后者需解决并完成一系列的工作;GPIB 接口硬件的设计制造,语言系统的设计和编程,包括重新编制扩充 BASIC 的整个解释程序,并对操作系统作若干必要的修改;总的工作量是巨大的,而且需由相应的专家来做。不过,这是一次性的工作,一旦完成后,软件编写人员将受惠无穷。

3.3 LXI 总线系统

随着测试测量技术的发展,仪器总线(如 GPIB)正受到工业上对不断增加的带宽、更快的数据传送率以及低成本需求的挑战,前述 3 种主要的测试总线也各有各的问题。

(1) GPIB:虽然这是一种传统且应用最为广泛的仪器总线标准,但它的数据传输较慢,必须在 PC 中安装接口卡,需要价格昂贵的电缆,并且单个接口卡总线上最多只能有 14 台设备,所以 GPIB 总线组建的测试系统体积庞大。

(2) VXI:这种体系结构要求价格昂贵的机箱、0 槽控制器和专用接口。

(3) PXI:除了需要与 VXI 类似的投入外,PXI 的尺寸、功率和 EMI 问题也限制了通常 PC 插卡所覆盖的解决方案范围。

在这种情况下,很多标准,像通用串行总线(USB)、火线总线(Firewire Bus)、控制器局域网(CAN)、现场总线(Field Bus)等在实际应用中仍没有一个能完全满足测试、测量工业的需求。

2004 年 Agilent 等多家公司成立了 LXI(LAN eXtension for Instrumentation)联盟并联合推出了 LXI 标准。2005 年在 Autotestcon2005 会议上宣布了 LXI 规范 1.0 版本。在标准制定的过程中,LXI 联盟尽可能地参考和利用了已有的成熟标准和技术,以保证用户将测试平台向 LXI 总线移植或升级成本最低。它把 Ethernet(IEEE 802.3)作为主要通信媒介,利用现有的 Ethernet 标准、Internet 工具、LAN 协议和 IVI 驱动程序各方面的优点,使测试系统的互连平台转向了更高速的 PC 标准的 I/O,不需要机箱和昂贵的电缆,并可以使用标准的软件。

LXI 规范的内容主要包括机械接口、冷却条件、电气接口、基于以太网的同步与触发、数据通信格式、硬件触发、软件编程规范、网络配置和 Web 人 - 机接口及网络发现机制。LXI 规范融合了 GPIB 仪器的高性能、VXI/PXI 卡式仪器的小体积以及 LAN 的高速吞吐率,并考虑了定时、触发、冷却、电磁兼容等仪器要求。LXI 规范将成为继机架堆叠式 GPIB 仪器、VXI/PXI 虚拟仪器之后的新一代基于以太网 LAN 的自动测试系统模块化构架平台标准。

3.3.1 LXI 的物理标准

物理标准定义了机械与电气标准,以满足机架安装与非机架安装的需要。LXI 模块不同于 VXI 和 PXI,因为它们是自封装的。LXI 模块提供自己的电源、冷却、触发、EMI 屏蔽和 Ethernet 通信。

1. LXI 的机箱

LXI 器件采用标准化的机箱单元,即国际电工技术委员会的 IEC60297 规范,在物理尺寸上与现有的全宽 GPIB 仪器完全兼容。LXI 系统的最小器件单元是 1U 半宽机箱,还有 2U、3U 和 4U 的全宽机箱,具有很大的伸缩性。这种无板模块结构与 VXI 和 PXI 模块结构有所不同,主要表现如下。

(1) LXI 模块无须专用和昂贵的笼式机箱以及多层背板、高速风扇、电源管理、笼式机箱与 PC 控制器之间的专用通信链路。

(2) LXI 模块能够紧密置放,并且适于装入现有的 GPIB 台式仪器。

(3) LXI 模块有各种尺寸可供使用,不像笼式模块那样需要在性能和尺寸之间作折中选择。

2. LXI 的电气特性

LXI 模块的交流供电取自单相交流电网,电压 100 ~ 240V,AC 频率 47 ~ 66Hz。各 LXI 器件的直流供电(48V)可通过直流电源或由以太网供电(POE)。LXI 模块的供电方式与 GPIB 台式仪器相似,但与笼式模块的供电方式不同。VXI 和 PXI 模块的供电完全取自背板的直流电源,因而电压、电流受到一定限制。笼式机箱的总电源却相当大,可以供应多个模块所需的功率。每个 LXI 模块直接从交流电网供电,再经直流调整器获得电源,具有灵活性。此外,LXI 模块和系统应符合各地区或市场要求的供电安全标准,如 CSA、EN、UL 和 IEC 等国际或业界标准。

3. LXI 的冷却

每个 LXI 模块分别独立冷却,空气从两侧进入,由后面排出。半宽模块设计成在一侧被其他模块阻挡时仍具有足够的通风量。LXI 模块不允许气流从上、下两面作为进入口,以便模块可堆叠到另一模块上面。LXI 的机箱冷却方式与 GPIB 仪器相似,它们都有独立的冷却通风。VXI 和 PXI 模块依靠笼式机箱的风扇产生气流作冷却之用,由于多个模块共用一个机箱,冷却设计时必须考虑总空气流量的合理分配,要在性能和冷却之间做出折中。

4. LXI 的开关和指示灯

LXI 规范对开关、电缆和指示灯的类型和位置实行标准化,位置分配如下。

(1) 电源线(后板右方)、电源开关(后板右下方)、Ethernet 连接器(后板电源左方)、LAN 复位开关(后板凹入处)、触发总线电缆(后板最右方)、信号出/入模块(前板)和 LAN/电源/IEEE1588 指示器(前板左方)。

(2) 对于带前面板的 LXI 仪器,LAN/电源/IEEE1588 指示器可在显示器上示出,对于在前面板有键盘的装置,LAN 复位开关可由其键盘实现。当模块无前面板显示器时,必须在前面板左下方安排 3 个指示灯。

① 最下面是电源指示灯。电源接通时发绿光。

② 中间是 LAN 网络指示灯。正常工作时发绿光,识别过程中发闪烁光,LAN 故障时发红光。

③ 最上面是 IEEE1588 同步指示灯。未同步时熄灭,建立从机同步时发固定绿光。

(3) 作自动测试技术为主机时 1s 闪烁一次,请求主机时每 2s 闪烁一次,故障时发红光。

无前面板的模块必须设置 LCI(LAN 配置启动)按钮,最好安排在后面板和标志为 LANRST(或 LAN RESET),按钮有机械保护或有时间延迟,以避免非故意操作。LCI 必须使模块在失去与 PC 通信时进入已知状态。

3.3.2 LXI 仪器的分类定义

不同的 LXI 应用要求催生出不同的功能需要,比如决定机制、同步机制、触发机制和可预测软件驱动互操作性等,涉及工作平台、功能测试、分布式数据获取、远程智能传感器等各个方面,大大超越了对于一般以太网的应用要求,网络互操作性是其基本要求。鉴于此,LXI 协会将基于 LXI 的仪器定义为 3 类,这 3 类仪器能在测试系统中混用,具体分为 A、B、C 3 类。

(1) C 类最简单,是基本类,也是一致性的 LAN 实现,对触发没有特殊要求。它允许把 LAN 接到仪器或模块上,保证它与其他厂商 LXI 产品有良好的兼容性。C 类定义了对所有 LXI 仪器都使用的网络接口 UI 和 IVIAPI,支持动态 IP(DHCP)、SNMP、DNS 等网络管理协议,支持 TCP/IP 和 TCP/UDP,Multi Cast 等网络通信协议,仪器也可以自动配置自己的 IP 地址。LXI 仪器具有 Web Server 和 Home Page,Home Page 中包含仪器的虚拟面板,用户在授权的情况下,可以像操作任何一台虚拟仪器那样操作 LXI 仪器的全部功能。C 类 LXI 仪器是基本类型,所有各类型都需满足这些要求。

(2) B 类包括 C 类的全部功能,且增加了一种新的触发类型,用 IEEE1588 时间同步协议(需要 TCP/UDP,Multi Cast 的支持)实现触发功能。每一个 B 类仪器都包含一个内部时钟和 IEEE1588 协议软件(为实现非常精确的同步,也可设计一片帮助 IEEE1588 信息绕过常规 TCP/IP 栈的 FPGA)。在 IEEE1588 系统中，B 类 LXI 仪器把它们的时钟与一个公共意义上的时间（网络中最精确的时钟）同步。通过对时钟的同步，LXI 仪器就能在规定时间开始或停止测量/激励，同步它们的测量或输出信号，而不需要触发线，并为所有事件和数据加盖时间印章。

（3）A 类在包括 B 类和 C 类的全部功能外，又增加了另一种触发方式，通过总线实现触发。触发总线是 8 通道的 M－LVDS（多点低压差分信号）硬件总线，它能以星型、菊花链或它们的组合方式连接相距很近的多台仪器。该触发总线以标准方式提供仪器间非常短反应时间的触发信号。

下面给出了 LXI 仪器的 3 种基本类型功能图（图 3－11）。

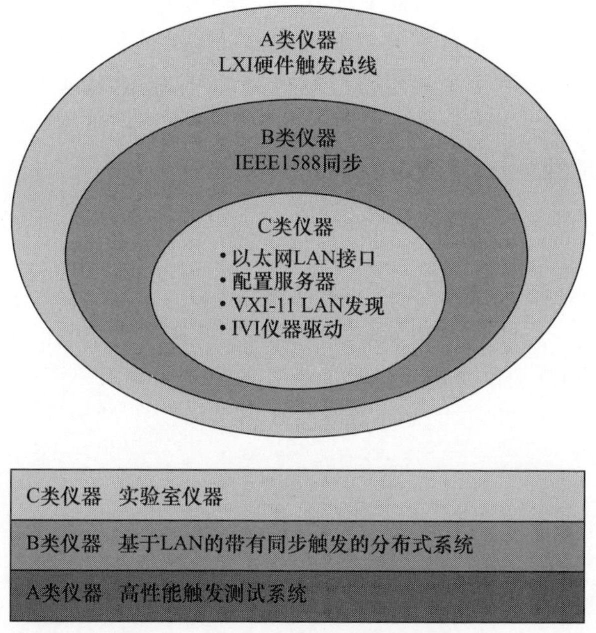

图 3－11 LXI 仪器的基本类型

台式仪器极有可能从 GPIB 接口转为以太网接口，保持前面板和显示器，但增加以太网，使仪器方便地进入局域网和广域网，即具有 LXI C 类仪器的特性。

当测量系统内的仪器在物理上相互分开，需要高度分散应用，进行远控的数据采集时，LXI B 类仪器是首选产品，它的 IEEE1588 定时和同步测量能力得到充分发挥，实现从不同地点进行的远控精确测量。

测量系统内的仪器在物理上相互靠近时，LXI A 类仪器的触发总线有助于仪器的同步运作，IEEE1588 可提供数据的时间戳记，获得极高的定时同步，新一代的高性能、分散式的合成仪器将是 LXI A 类仪器的最佳应用。

3.3.3 LXI 器件的触发

在测试与故障诊断系统中,同步测试、同步试验是一个非常普遍的需求,LXI 的关键技术就在于如何保证以太网上不同 LXI 模块之间的定时与同步。VXI 仪器可以通过背板总线触发实现同步测试,但是这种方法对于同一机箱内的模块之间是可行的,对于不同机箱之间就难以实现同步。LXI 总线对其仪器实施 3 级触发。

(1) C 级。基本级别,触发器包括详细规定的物理、电气、以太网和网页,但 LXI 模块供应商可选用自己最适合的触发器。

(2) B 级。除 C 级要求以外增加 IEEE1588 协议的触发条件。

(3) A 级。在 C 级和 B 级要求基础上增加用 LXI 触发总线触发。

为此 LXI 仪器提供了 3 种同步触发机制,即网络消息触发、IEEE1588 时钟同步触发和用触发总线的硬件触发。下面将分析这 3 种机制的实现机理。

1. 网络消息触发

网络消息触发是 LXI C 类仪器的基本触发类型。实现网络消息触发的系统结构如图 3-12 所示,多个 LXI 设备之间通过交换机或集线器连接在一起,网络触发消息可以由计算机发给所有设备,或者由其中一个设备发给其他所有设备,这样就可以实现一点对多点的触发应用。触发消息在网络间的传递是采用标准 UDP 网络协议,不需要网络握手,所以网络延时比采用 TCP/IP 协议时小得多。另外,触发消息也可以由其中一个设备发给同一网段中的另一个设备,这是点对点的触发方式。

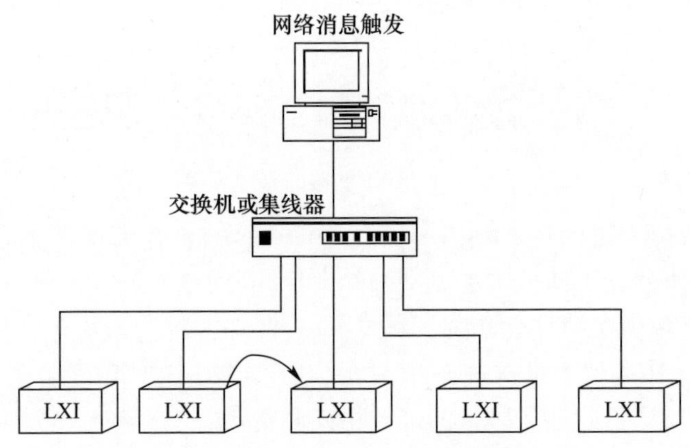

图 3-12 实现网络消息触发的系统结构图

采用网络消息触发的优点如下。

（1）比通过软件触发有更大的灵活性。

（2）不需要专门的触发线。

（3）没有距离的限制。

（4）LXI 模块之间可以相互协调，排除了计算机处理速度的瓶颈，从而减小了网络延时。

2. IEEE1588 时钟同步触发

IEEE1588 的时钟同步网络拓扑结构如图 3－13 所示。这是 LXI B 类仪器增加的一种新的触发类型。在网络中选择其中一个 LXI 仪器作为主时钟仪器，其他仪器为从时钟仪器。

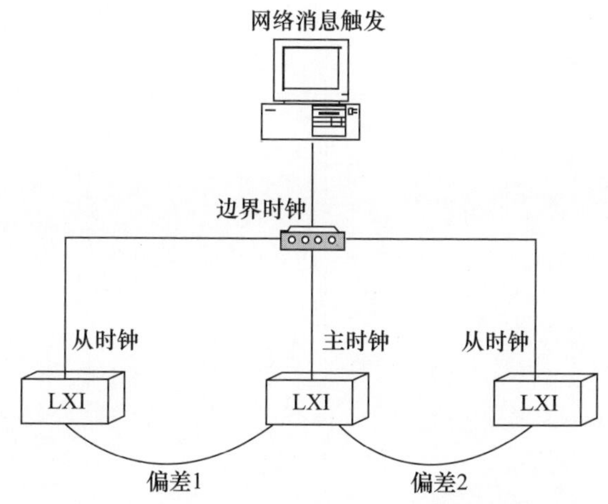

图 3－13　IEEE1588 的时钟同步网络拓扑结构图

时钟同步触发的同步原理如图 3－14 所示。主时钟向所有从时钟发出一个同步信息包（简称 Sync Message），而且这个信息包中包含有信息发出的精确时间，假设主时钟发出信息包的精确时间为 T_1。从时钟接收同步信息包，假设从时钟接收到信息包的时间为 T_2。$T_2 = T_1 - \text{offset} + \text{delay1}$，delay1 为网络延时。然后，从时钟在 T_3 时刻发出延时请求信息包（简称 Delay Message），主时钟在 T_4 时刻收到这个信息包。$T_3 = T_4 - \text{offset} + \text{delay2}$。delay2 为网络延时。主时钟最后给从时钟发送一个延时响应信息包（简称 Delay Resp），这个信息包中含有 T_4 这个时间。这样，从时钟就已知 T_1、T_2、T_3 和 T_4 这 4 个变量，假设主、从时钟之间的网络延时是对等的，那么，可以用下面的公式计算出从时钟与主时钟之间的偏差，从而使每个从时钟校准自己的时间。

$$\text{delay} = (\text{delay1} + \text{delay2})/2;$$

$$\text{delay} = (T_2 - T_1 + T_4 - T_3)/2;$$

$$\text{offset} = T_1 - T_2 + \text{delay1}。$$

在上面的公式计算中，我们假设了网络延时是对等的，但在实际的工程应用中，网络延时不可能完全相同，所以就存在主时钟和从时钟之间的同步误差，这个误差小于 100ns。

测试系统利用 IEEE1588 时钟同步时，触发信号告诉各个器件何时启动输出它的信号，因为每个器件根据指定的时间启动，而不是根据何时接收到以太网发出的命令来启动，所以以太网的开销或延迟时间对被触发器件没有影响。所以 IEEE1588 网络时钟同步触发方式特别适用于分布式远距离同步数据采集等测试任务，不用单独连接触发电缆，且不受距离的限制。

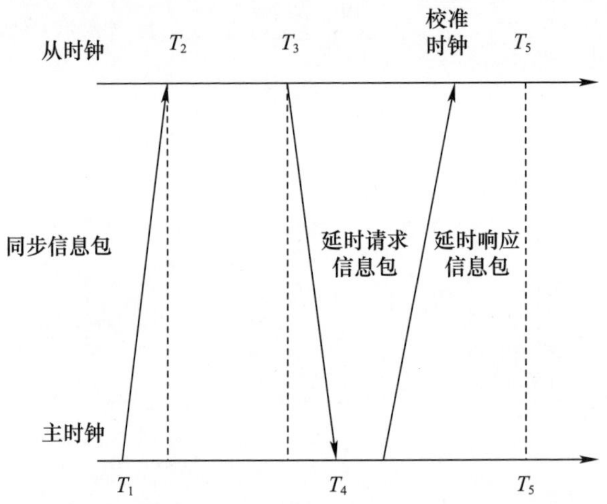

图 3－14　IEEE1588 时钟同步触发的同步原理图

3. LXI 触发总线的硬件触发

LXI 的触发总线配置在 A 级模块，它是 8 线的多点低压差分系统（M2LVDS）总线，可将 LXI 模块配置成为触发信号源或接收器，触发总线接口也可设置成“线或”逻辑。每个 LXI 模块都装有输入输出连接器，可供模块作菊花链接。LXI 触发总线与 VXI 和 PXI 的背板总线十分相似，可配置成菊花链、星形或混合型触发总线，如图 3－15 所示。这种触发同步方法充分利用了 VXI 和 PXI 触发总线的优点，同步精度很高，主要取决于触发总线的长度，延迟时间大约是 5ns/m，适用于测试仪器相互靠得很近的应用系统。

综上所述，网络消息触发、IEEE1588 时钟同步触发和触发总线触发 3 种方式的同步精度依次递增。IEEE1588 网络时钟同步精度小于 100ns，触发总线的同步精度是 5ns/m，而网络消息触发由于受到网络传输延时的影响，同步误差在

ms 级。如果对于某个监测点需要采集多个信号，而且具有同步要求，可以将 LXI 模块采用触发总线连接起来，控制计算机只要通过网络启动其中一台仪器工作，其他仪器都可以实现同步工作；在不同监测点之间可以通过 IEEE1588 网络时钟同步协议来实现整个系统的同步。

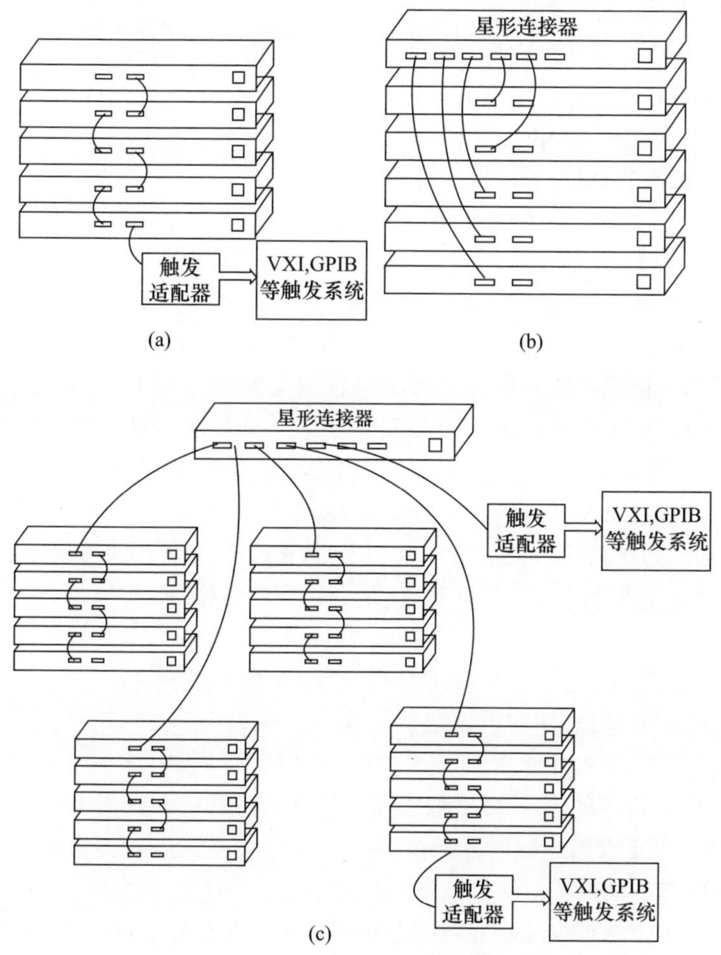

图 3－15　LXI 触发总线连接方法

（a）菊花链式触发；（b）星形触发；（c）菊花链/星形混合触发。

3.3.4　LXI 的网络相关协议

1. LXI 支持的协议

所有 LXI 仪器必须遵循 IEEE 802.3 Ethernet 标准接口（推荐 RJ－45 连接器），至少支持 TCP/IP 协议 IPv4 版，支持 IP（Internet 协议）、TCP（传输控制协

议)和 UDP 信息。

LXI 标准推荐 Gigabit Ethernet(也允许十兆位和百兆位 LAN)。它使用“自动握手”,因此网络上的仪器默认一个公共速度。

仪器必须实现 Auto - MDIX(自动感知 LAN 电缆极性),在过渡期间,仪器上可放置说明支持电缆极性的标记。

LXI 规范建议使用 1000Base2T 以太网。仪器供应商按最低限度提供 100Base2T,同时也允许使用 10Base2T 组网。在 100Mb/s 的速度下,LXI 的传输速度比 GPIB 大约快 10 倍。

2. LXI 仪器的寻址

LXI 仪器必须通过用户显示器或安装在机箱的可视标志显示媒体访问控制(MAC)地址。LXI 仪器实现媒体检测,监视以太网连接的 IP 地址。网络控制器定时检查网络链路情况。如果网络链路断开不到 20s 时,用户更换电缆,则 LXI 仪器将回到链路断开前的地址。如果器件断开 20s 以上,则 LXI 仪器将认为用户被永久断开,链路从网络消失。如果以后该仪器再接入网络,则网络控制器首先尝试启动原来仪器的地址;若已被占用则转到其他地址。LXI 规范还建议 LXI 仪器具有媒体相关界面跨接(Auto2MDIX)检测功能,避免跨接用电缆极性反向引起的故障。LXI 仪器应具有默认的自动协商机制,使网络运行在最高传输速度级别。为了获得最大灵活性,LXI 仪器支持 3 种 IP 地址配置。

(1) 动态主配置协议(DHCP)选址,便于自动指派 IP 地址,适用于大型网络。

(2) 动态链路 IP 选址,适用于只有一台 PC 的小型网络。

(3) 手动 IP 选址,用户可设定默认地址。

另外,LXI 器件还可使用域名系统(DNS)的 IP 地址,该地址不同于 DHCP 地址,可获得更快速的 Web 浏览器访问。这些寻址规则保证了 LXI 仪器在网络中的共存,而不要求用户做许多工作。

3. LAN 查询功能

目前,LXI 设备至少要响应“IDN?”命令,并返送它的识别信息。LXI 标准也强制要求符合 LXI 标准的设备必须支持 LAN 查询功能,从而使主控 PC 能确认已连接的仪器。

目前,LXI 标准要求使用 VXI - 11 协议,该协议定义所有类型测试设备,而不只是 VXI 的基于 LAN 的连通能力。

3.3.5 LXI 仪器的界面

LXI 标准描述了两种 LXI 设备界面的方法:使用 IVI 驱动程序的编程方法、

使用标准 W3C 网络浏览器的交互方法。图 3 - 16 是一个典型的 LXI 仪器的 Web 界面。

可编程 LXI 仪器必须支持 IVI 驱动程序(IVI - COM 或 IVI - C)。IVI - COM 驱动程序可与所有现代程序语言一起工作,而 IVI - C 驱动程序则与在 LabWindows CVI 中支持的较老 ANSI - C 语言一道工作。

交互 LXI 仪器必须提供一个能由任何标准网络浏览器观看的 HTML 网页。该网页至少显示如下信息:仪器型号、制造商、序列号、描述、仪器类型(A,B,C 类)、LXI 版本、主名、MAC 地址、TCP/IP 地址、固件或软件版本、IEEE1588 时间(仅 A 类和 B 类)。通过仪器的网页,LXI 设备也必须支持如下用户配置:主名、描述、包括 IP 地址、子网、默认网关和 DNS 服务器在内的 TCP/IP 配置、状态和错误条件(推荐)、网页口令保护(推荐)。

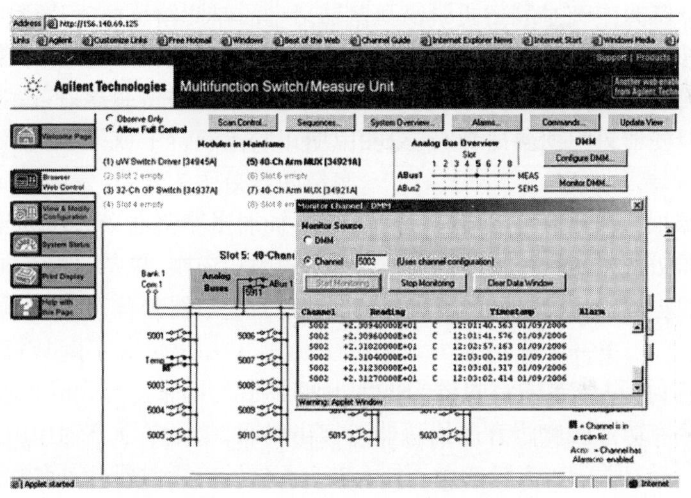

图 3 - 16　一个典型的 LXI 仪器的 Web 界面

3.3.6　LXI 的软件编程规范

1. LXI 的驱动程序规范及设计

对 LXI 测量系统的各个组成器件来说,仪器驱动程序至关重要。因为 LXI 标准就是为了实现多厂商仪器的互操作性和开发环境的无关性,所以其仪器驱动程序必须兼容现有的各种工业标准,如 IEEE 488.2、VISA、VPP、IVI 等。针对以上要求,LXI 联盟紧跟仪器驱动程序标准化的发展,在 LXI 仪器中采用 IVI 规范,并推荐 IVI - COM 驱动程序技术来实现不同厂商仪器间的互操作性和互换性,IVI 系统结构如图 3 - 17 所示,由 IVI 类驱动器(IVI Class Driver)、IVI 专用驱动器(IVI Specific Driver)、IVI 引擎(IVI Engine)、IVI 配置实用程序(IVI Configuration Utility)、IVI 配置信息文件(IVI Configuration File)等组成。在 IVI 规范基础上,LXI 仪器的驱动程序不仅符合 VISA 的命名规则和文件格式,还必须要考虑对 GPIB、PXI、串行,以及新型控制总线(如 USB、IEEE 1394)等仪器的支持。

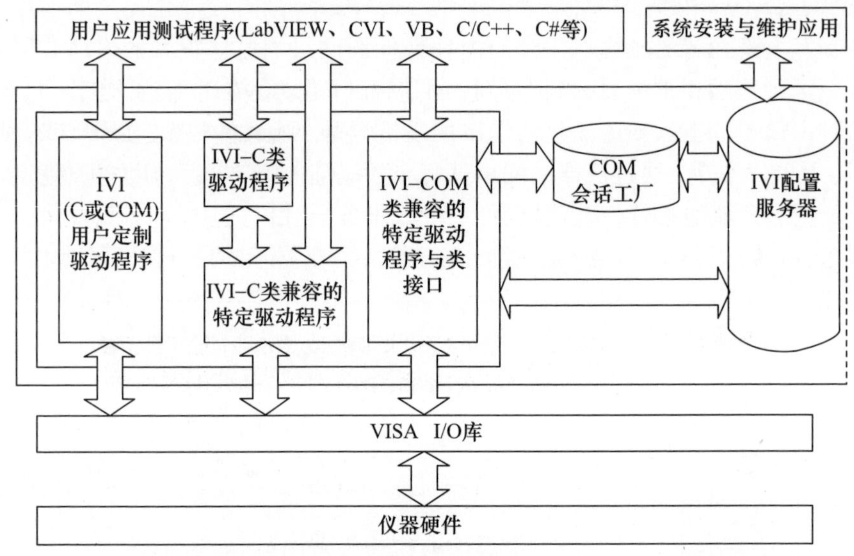

图 3-17 IVI 的系统结构

为了更好地设计 LXI 仪器的驱动程序,需要了解 IVI 驱动程序的工作原理。图 3-18 为 IVI 仪器驱动程序的工作原理图。IVI 驱动程序与 VPP 驱动程序一样由封装了许多仪器底层 I/O 函数的高层函数组成,但二者在实现高层函数机制上不同。非 IVI 驱动程序使用实际仪器 I/O 来查询和修改仪器配置。IVI 模型中把每个可读写的仪器设置定义为一个属性,例如将示波器的电压幅值范围定义为一个属性,并把仪器分类定义为具有标准应用程序接口(API)的仪器属性的集合。IVI 引擎和驱动程序仪器参与对仪器属性读写的管理,包括记忆并跟踪属性值、控制驱动程序读写属性等。

组成 IVI 仪器驱动程序的高层函数主要包括以下 3 个部分:用于规定每一个仪器属性有效范围的范围表、属性回调函数(读回调、写回调等)、全局通道回调函数(如检查状态回调等)。

驱动程序在高层函数中设置属性时,IVI 引擎访问属性范围表进行范围检查和强制设定值,并在适当时候激活属性回调函数,执行 I/O 操作。如果执行了 I/O 操作,则高层函数还要在驱动程序中调用检查状态回调函数(Check Status Call Back),以读取仪器状态寄存器,查看是否有错误发生。由此可见,在 IVI 驱

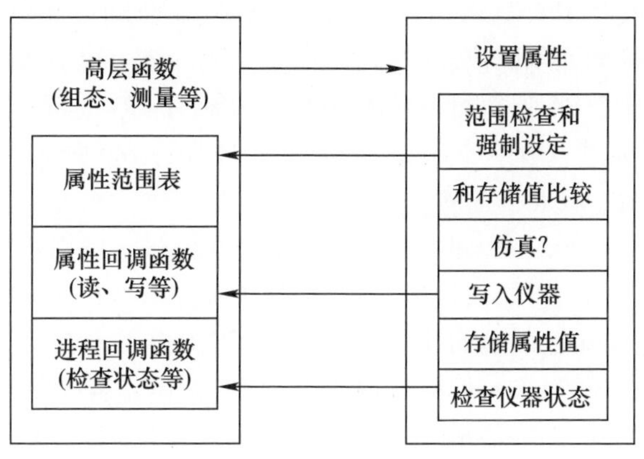

图 3－18　IVI 驱动程序工作原理图

动程序中,一个高层函数可能由一系列的调用 IVI 库函数以及最终对硬件操作的 VISAI/O 所组成,并通过 IVI 引擎对仪器驱动程序进行管理。由于 IVI 引擎运行在计算机内部,而驱动程序只有对仪器进行硬件操作时才花费较多时间,因此,通过在高层函数和低层 I/O 操作之间引入属性管理机制,可以在不降低仪器工作的条件下增强对仪器操作的灵活性和安全性。

IVI 系统架构将仪器驱动分成两层:一层为 IVI 专用驱动,这一层主要是针对一个个具体的仪器,这一层也提供与 IVI 相容的 API,供测试应用程序调用;另一层为 IVI 类驱动,这一层则主要是针对某一类仪器,如数字万用表类、示波器类等。类驱动定义了针对某一类仪器的基本的功能和一定的扩展功能,适应于所有的同类仪器,而不是针对某一个仪器。类驱动层提供 IVI 通用的 API,供测试应用 LXI 仪器系统构建技术的研究与实现程序调用,类驱动还支持仪器的互换。类驱动器调用专用驱动器来控制实际的仪器,因此即使测试系统中的具体仪器发生了变化,改变的也只是专用的仪器驱动器(和对应的物理仪器),不会使调用类驱动器的测试程序代码受到影响。目前,IVI 基金会共制定了五类仪器的规范,即示波器类(IVI Scope)、数字万用表(IVI Dmm)、任意波形发生器/函数发生器类(IVI Gen)、开关/多路复用器/矩阵类(IVI Switch)及电源类(IVI Power)。

其中,IVI 引擎主要完成状态缓存、仪器属性跟踪、类驱动器到专用驱动器的映像功能,是实现 IVI 仪器驱动程序完成状态缓存和其他增强性能的关键支持库。IVI 配置实用程序用于配置仪器无关测试系统,在该程序中创建和配置 IVI 逻辑名称(Logical Names),在测试程序中通过传送逻辑名称给一个类驱动器初始化函数,以便将操作映像到具体仪器及其仪器驱动程序。

IVI 规范定义了 IVI - C 和 IVI - COM 两种仪器驱动程序，二者都可以实现仪器的互换性。LXI 联盟要求所有 LXI 设备都必须采用 IVI 驱动程序，并鼓励供应商提供 IVI - COM 驱动程序。IVI - C 驱动程序基于现有的 VPP 规范和标准 ANSI C 编程模型；IVI - COM 驱动程序基于 Microsoft 的标准组件对象模型(Component Object Model, COM)技术。

在编程时，虽然 IVI - C 和 IVI - COM 都可以保证底层用户的透明——所谓硬件无关性，但是在软件相关性上，两者却截然不同。IVI - C 只能在 NI 的 LabWindows/CVI 一种开发环境中生成；而 IVI - COM 基于独立于语言的 COM 技术，这使它可以在 VB、VC ++、Delphi、LabVIEW、LabWindows/CVI 等不同开发环境里无缝移植，尤其在最流行的 VB 和 VC ++ 开发环境中，Microsoft 提供了对 COM 的直接支持，用户按照固定的模式便可以生成所需要的驱动程序标准组件。此外，IVI - COM 向下兼容，支持主流 I/O，适合 .NET 架构。LXI 联盟要求所有 LXI 仪器都必须采用 IVI 驱动程序，并鼓励供应商提供 IVI - COM 驱动程序。

图 3 - 19 显示了数字多用表 DMM(Digital Multimeter)类仪器模块的外部接口和内部结构图。从 IVI - COM 的结构模型可以看到，IVI - COM 的内部实现仍然遵循 VPP 仪器驱动器的内部设计模型，但是改变了 VPP 驱动器的外部接口模型。IVI - COM 通过向客户端暴露 IDriver、IDmm 和 IDmmEx 的接口，为客户程序提供驱动服务。为了保证测试品质，实现互换性和仿真等功能，建立以下的 IVI - COM 的规则。

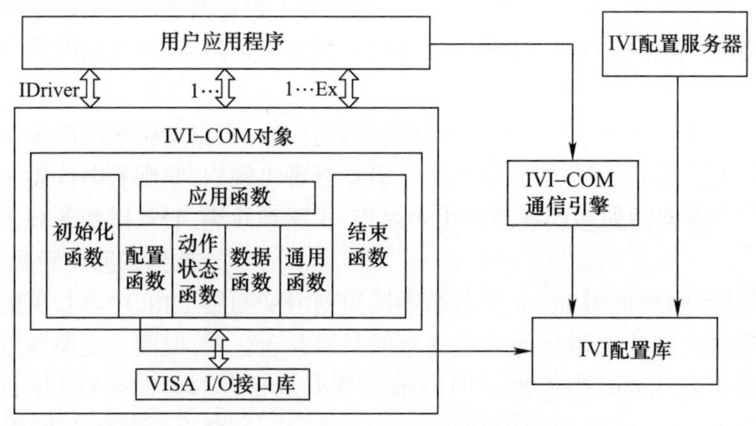

图 3 - 19 IVI - COM 模型结构示意图

1) 接口规则

所有的仪器都可以在 IVI 规范分成的五大类仪器中找出对应的仪器类型。

对于每一类仪器,使用相同的接口;为保证互换性,仪器接口一旦发布,不再改变。如果有新的功能,需要添加新的扩展接口。各类仪器的接口命名及功能实现如表 3 – 8 所列。

表 3 – 8　IVI – COM 接口命名和功能说明

接口	功能及说明
IDriver	所有 IVI – COM 的公用接口,实现 VPP 驱动器定义的 7 个必须函数
I…	…代表五类仪器,分别是:Dmm、Scope、Function、Power 和 Switch,实现各类仪器通用的驱动功能
I…Ex	…含义同上,各类仪器的扩展功能接口

其中 IDriver 和 I…接口实现一类仪器通用的功能,I…Ex 为仪器的扩展功能。这样的规定并没有限制仪器类的扩展,可以用相同的规则制定其他仪器类的接口。

2）接口类型

所有的 IVI – COM 的接口采用双接口(Dual Interface)的技术,既可以通过 COM 的 Vtable(虚函数表)直接调用接口的方法和属性,又可以通过分发映射的方法间接调用接口的方法和属性。这样可以保证 IVI – COM 不仅能够适应像 VC、LabWindows/CVI 等高级语言的开发环境,也能够适应像 LabVIEW、HP VEE、VB Script、Java Script 等图形化或脚本语言的开发环境。为了实现多个双接口,必须重载 IDispatch 接口的方法 Get ID Of Names 和 Invoke,以解决多个 IDispatch 接口分发映射的问题。

3）进程模型

由于越过进程边界的 COM 调用占用的 CPU 时间大概为进程内 COM 调用的 1000 倍,因此为了提高本地调用的效率,IVI – COM 采用进程内的构件模型,所有的 IVI – COM 存在于 DLL 中,尽可能避免跨进程的 COM 调用。对于 LXI 仪器系统中的 IVI – COM,由于网络传输的延时远比跨进程调用的调度时间大得多,因此在 LXI 仪器系统中可以不考虑 IVI – COM 的进程模型对运行效率的影响。

4）IVI – COM 的 ProgID

为了便于统一管理和实现仪器互换,不同仪器的 IVI – COM 必须采用一致的命名标志。COM 通过 128 位的全球唯一标志 GUID(Globally Unique IDentifier),但是由于 128 位 GUID 难以记忆且不直观,因此一般采用编程 ID 号 ProgID(Program Identifier)来管理不同的 IVI – COM。规定 IVI – COM 的 ProgID 命名规则为:…XXX。其中,“…”代表某类仪器,分别为 Dmm、Scope、Function、Power 和

Switch；"XXX"代表仪器型号，比如对于 HP1412 型数字多用表的驱动构件的 ProgID 为 Dmm. HP1412。实现同类仪器互换时只要改变此编程 ID 号即可。由于采用了见名知义的命名方法，因此测试应用程序开发技术人员只要知道使用仪器的型号和所属分类即可。

5）I/O 控制

驱动器底层的 I/O 接口库直接决定了驱动器对硬件接口的适应能力，所以 IVI－COM 的底层应该采用标准的 I/O 接口库。目前，IVI－COM 仍然跟 VPP 驱动器和 IVI 驱动器一样，采用 VPP 系统联盟制定的 VISA I/O 接口库，以保证仪器 I/O 资源的统一管理。最终的 IVI－COM 底层 I/O 控制将采用具有可扩展、功能实现明确的标准 I/O 控制库。

6）IVI 配置服务器

IVI 配置服务器（IVI Configuration Server）对 COM 组件进行配置，并把配置信息存储在 IVI 配置库（IVI Configuration Store）中。用户应用程序查询驱动器组件的配置信息，用 IVI－COM 通信引擎（IVI－COM Session Factory）对其进行实例化，实例化后的驱动器可直接被用户调用。驱动器组件的 COM 接口是标准的，对于同类仪器的类驱动来说是一样的。更换硬件，只要改变相应驱动器配置信息，就可实现硬件互换，用户程序不用更改。

LXI 作为新一代的总线标准，要求 LXI 仪器具备 IVI－COM 驱动程序有以下优点：可实现系统的兼容性和互换性，无需额外的编程工作；可方便快捷地扩展 LXI 仪器系统，实现了网络通信的要求。

2. LXI 同步接口编程规范

LXI 的关键技术就在于如何保证以太网上不同 LXI 模块之间的定时与同步，尤其对于 A 类和 B 类两类模块更为重要。为此，LCI 联盟要求 LXI 等级 A 和 B 两种仪器的 IVI 驱动程序必须符合相应的 LXI 同步接口规范（LXISync Interface Specification）。LXI 同步接口规范定义了用于控制激励、触发和事件功能的 API。该规范只针对等级 A 类和 B 类设备，并独立于这些设备所支持的 IVI 仪器类功能。借由 LXI 同步接口规范，才使得一个 LXI 设备对 LXI 触发总线或 LXI 以太网基事件有"收听"功能，进而能够响应这些事件。LxiSync API 由以下 5 个子系统组成。

（1）LxiSyncArm 提供如何使用入站事件（Inbound Events）来控制 LXI 设备何时接受触发信号的机制。

（2）LxiSyncTrigger 提供如何使用入站事件来控制 LXI 设备何时触发一个操作的机制。

（3）LxiSyncEvent 提供如何构造产生 LXI 设备的出站事件的机制。

(4) LxiSyncEventLog 定义用于 LXI 设备事件日志的 API 的数组格式。

(5) LxiSyncTime 定义利用两个 64 位浮点数描述 IEEE1588 的时间、时间标记信号,以及警报的 API 实现方法。

3. LXI 模块间的数据传输

LXI 总线模块间消息传输以数据包的格式进行,数据包既可以采用 LAN 上多点通信的 UDP 格式,也可以通过点对点通信的 TCP 格式。每条消息都含有时间戳标记,标明系统中事件的发生,如果需要,系统中仪器可以编程设置为广播方式。对于模块间的 UDP 数据传输,数据包总的大小不超过单个 LAN 数据包。数据格式如下所示:

HW Detect	Domain	Event ID	Sequence	Time stamp	Epoch	Flag	Data Fields	0(two bytes)

(1) HW Detect。3B 长,用于标明有效的数据包以及保留用于将来事件管理中硬件检测包标识,该域赋值为“LXI”,对于第三个字节“I”也用于版本标识,对于将来版本,该位也许会发生变化。

(2) Domain。1B 长,无符号字节,默认值是 0。

(3) Event ID。16B 长,包含事件标识,该域包含字符串形式第一个事件名,该事件名在 LXI API 中说明,LXI 联盟已经定义了一些事件名,对于用户可使用的所有事件名可参考 LXI 规范程序接口一节。在该域中,引导字符的索引位置必须是 0。对于少于 16 个字符事件名,未使用字节必须赋 0。

(4) Sequence。32 位无符号整数,包含顺序号,每台仪器都必须保存它的顺序号,每进行一次数据包的传输,设备顺序号就会增加。

(5) Time stamp。10B 长,标记事件发生的时间标识,该时间标识的格式如下:

```
structTimeRepresentation
{
UInteger32 seconds;
UInteger32 nanoseconds;
UInteger16fractional - nanoseconds;
}
```

(6) Epoch。16 位无符号整数,包含 IEEE1588 时间标记。

(7) Flag。16 位无符号整数,包含数据包的数据信息,该字节中各位定义如下。

位 0:错误消息标志,如果该位为 1,标明数据包是错误信息。

位 1:重发标志,如果该位为 1,标明包含同样信息的数据包多次重发,该机制允许 LXI 仪器设备在需要的情况下多次重复发送数据包。

位 2:硬件状态标志,标明触发事件的逻辑值。

位 3:确认标志,如果该位为 1,标明该数据包是确认包,已经完成数据包的成功接收。

位 4 ~ 15:保留位,所有位置 0。

(8) Data Fields。就是数据域,任意字节长,包含实际传输的数据包。每一数据域包括了数据长度、标识和用户数据 3 部分,说明如下。

数据长度:16 位无符号整数,标明后续数据的长度,如果数据包中没有数据,该域置 0。

标识:8 位整数,可以由用户定义,说明后续数据的类型,其数据范围为 0 ~ 127;对于小于 0 的数则保留给 LXI 联盟使用。

用户数据:为连续的字节,由数据长度域定义的字节形式的数据。

第 4 章　多总线融合的自动测试系统

随着我军战略指导方针向信息化方向转变,高新技术在武器装备全寿命周期内得到广泛应用,导致武器装备的复杂程度与日俱增。传统基于单总线的测试系统结构变得难以满足武器装备的维护保障需求,主要表现在以下方面。

(1) 测试系统单通信接口难以满足武器装备多数字接口通信的需要。为使武器装备具备高性能的作战能力,人们常将现代计算机技术、电子技术、通信技术的最新研究成果应用到其中,武器装备与外界接口通常包含 1553B、RS422 和 RS232 等多种,接口形态呈现多样化,测试系统需配置多种通信总线接口才能满足武器装备的测试需求。

(2) 单总线测量仪器功能覆盖范围有限。由于武器装备的测试项目繁多、测试参数复杂、测试资源需求比较广泛,测量装置的频率覆盖范围需要从低频、射频到微波。而目前军用主流测试仪器总线(如 VXI 总线)限于结构和仪器模块因素,对射频和微波测量仪器的支持程度有限。在此领域,GPIB 总线仪器呈现出优异性能。

(3) 测试系统结构受限。由于测量模块数据采集能力与测试环境的限制,测试系统通常需要不同总线的仪器模块同时启动才能完成某项测试的测量任务,现有测试系统往往不具备满足上述需求的统一触发结构。

(4) 测试系统可移植性差、更新升级困难。当前,不同军种、不同维护级别的测试系统间缺乏互操作性。这种情形严重影响着测试资源的分配、测试序列的产生和测试结果的调用。而影响测试设备互操作性的主要因素是测试系统的总线种类繁多且相互之间不兼容。

在采用单一总线构建测试系统难以满足武器装备测试需要的情况下,综合多种仪器总线的优点,构建基于多数字接口总线的多总线融合的自动测试系统成为军用测试领域的发展趋势之一。

多总线融合的自动测试系统是指测试系统包含两种或两种以上的数字接口总线,不同总线间可实现机械相容、电气相容、功能相容和运行相容。不同总线之间通过接口转接装置,实现机械和电气相容;不同总线不同类仪器之间通信可屏蔽 I/O 接口的差异,实现“总线 I/O 透明”,不同总线同类仪器之间可屏蔽功能上的差异，实现“资源功能透明”，最终实现运行和功能相容，满足测试系统对不同总线测量仪器的互操作与互换要求。

目前，多总线融合的自动测试系统的结构主要有以下 3 种。

（1）VXI - GPIB 混合总线自动测试系统。

（2）PXI - GPIB 混合总线自动测试系统。

（3）基于 LXI 的多总线融合自动测试系统。

本章首先以 VXI 测试系统为例，介绍自动测试系统的集成方法，然后介绍上述三种多总线融合的自动测试系统。

4.1 基于 VXI 总线的自动测试系统的集成

由于 VXI 总线系统的开放式结构和多供应商支持，因此组建测试系统具有造价较低、灵活性高、时间短等特点。测试系统集成时应综合考虑技术和经济性能的优化匹配，包括准确性、实时性、可靠性、可维修性、适应性、灵活性和价格的综合折中考虑。集成 VXI 总线自动测试系统与集成其他自动测试系统相比有其自己的特点，其流程如图 4 - 1 所示。通常需要以下几个步骤。

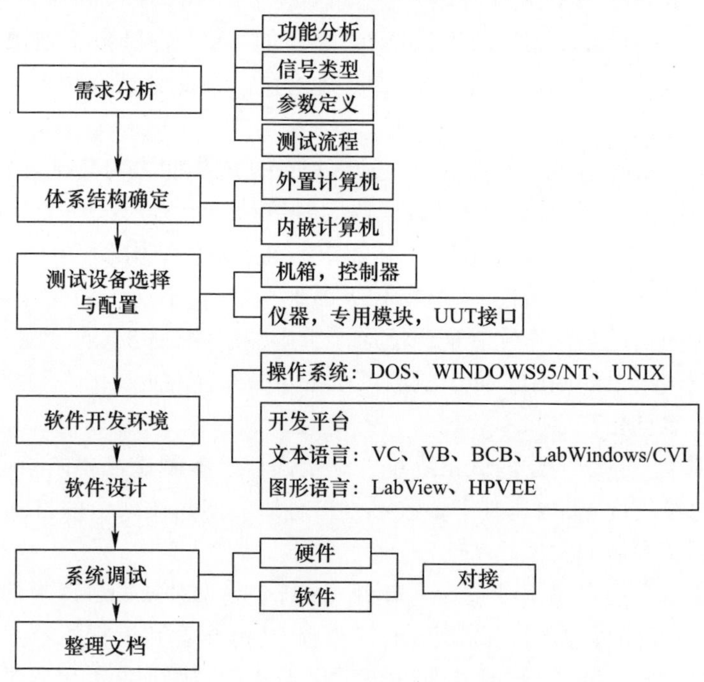

图 4 - 1　VXI 测试系统集成设计流程

（1）需求分析。

（2）确定系统体系结构。

（3）测试设备选择与配置。

（4）选择软件开发环境。

（5）软件的设计开发。

（6）文件编制。

4.1.1 需求分析

这是组建VXI总线自动测试系统最重要的环节。首先了解用户的测试要求，包括分析被测试参数的形式（电量还是非电量、数字量还是模拟量等）、范围和数量，确定性能指标（测量精度、速度等）、激励信号的形式和范围等要求，还有测试系统所要完成的功能，显示、打印和操作要求，对系统的体积大小以及应用环境的要求等；然后进行整理分类，制成表格等形式的书面文件，为后续工作做准备。

4.1.2 确定系统体系结构

VXI总线系统是一种模块化结构的总线系统，测试仪器以模块的形式存在于VXI总线测试系统中。

VXI总线的系统结构可以有多种形式，除了前文提到的外置计算机和内嵌计算机系统，如图4－2所示，还有按仪器模块的主从关系可以有单层和多层仪器结构，还可以有多机箱系统。无论何种结构，位于主机箱内0槽位置处的0槽模块都应提供系统时钟等公共资源，通常还负责机箱的初始化和运行时的资源管理，控制管理各模块仪器的正常工作；主控制计算机控制系统中各仪器设备的操作，从而完成系统测试任务。

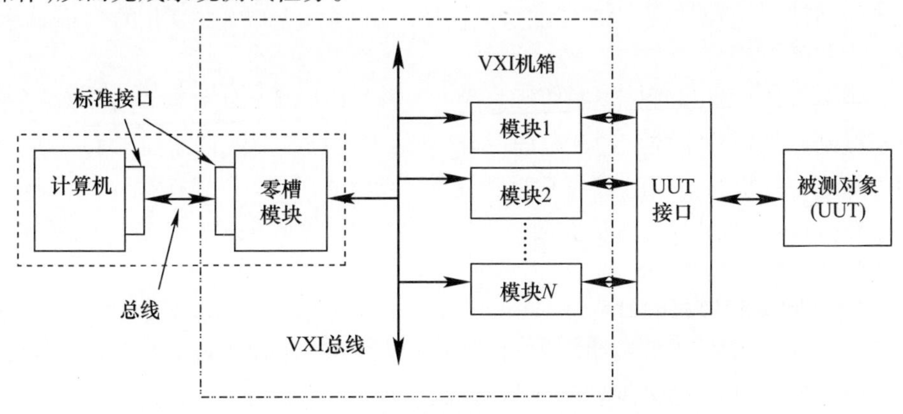

图4－2　VXI总线自动测试系统体系结构

4.1.3 测试设备选择

在系统的体系结构确定之后,下一步的任务就是根据需求分析,将各项测试内容进行综合,按测试要求选择相应的测试设备。为了完成这项工作,必须先进行调研,全面了解仪器厂家的 VXI 总线产品和其他程控仪器的功能和性能指标,并尽可能了解它们的应用场合和其他用户的使用情况;然后将能满足系统测试要求的产品选出,分类整理。确定最终选用的设备。选择时应遵循以下原则:尽可能用同一厂家的产品;尽可能用 VXI 总线模块设备;在留有一定余量的同时,尽可能减少测试设备的数量。测试设备选择主要是 VXI 总线仪器模块的选择和主机箱的选择。

1. VXI 总线仪器模块的选择

仪器模块主要依据测试要求、被测信号特征、范围选取。应以知名公司的成熟产品为主,这样可以保证质量可靠、性能/价格比适中,选择仪器模块在注意其仪器性能指标的同时,还应注意其 VXI 总线模块尺寸、功率、槽数(占用槽数)等,以便选择合适的主机箱。

1)主控机、控制接口及 0 槽控制器的选择

前面已介绍了主控机按其是否插入 VXI 总线主机箱内,又可分为内嵌式主控机和外置式主控机两种。

内嵌式主控机必须插入主机箱内,连同外接键盘、显示器与各仪器模块构成一个完整的 VXI 总线测试系统。它将主控计算机与 0 槽控制器组合在一起,可同时完成主控机工作和 0 槽资源管理工作,因此选用内嵌式控制器时就无需再选择控制接口和 0 槽控制器,但要注意内嵌式主控机的尺寸、占用槽数、处理器型号及主频、内存大小、内嵌硬盘容量及软盘驱动器、操作系统及 VXI 即插即用开发平台、接口配置等指标,选择满足测试要求的内嵌式控制器。

外置式主控机与 0 槽控制器一起配合工作,实现对 VXI 总线测试系统的管理与控制。外置式主控机通常是通用 PC 机、GPIB 控制器或仪器控制工作站,选用外置式主控机时应同时选择 0 槽控制器,若为通用 PC 机还应确定接口形式并选择接口板(插入 PC 机扩展槽内工作)。选择外置式主控机与选用内置式主控机注意的事项基本相同。

0 槽控制器是以处理器为核心的资源管理者,提供 0 槽服务。选择外置式主控机的同时要选择 0 槽控制器,选择 0 槽控制器时应注意尺寸、占用槽数、VXI 总线驱动类型、微处理器及主频、控制接口、存储容量、时钟精度、有无 MXI 总线资源管理功能、有无 10MHz 时钟等方面的限制。

2）数字多用表模块

数字多用表(DMM)是最常用的测量仪器,衡量数字多用表的性能指标有:分辨率、精度、灵敏度和测量速度。VXI 总线数字多用表除了用上述性能指标衡量外,还应考虑尺寸、占用槽数、是否符合 VPP 规范,还有 VXI 器件类型、功率等。

3）信号源模块

信号源是测试系统中的常用仪器,用于向被测试设备及系统提供标准信号,VXI 总线信号源仪器模块按其功能又分为 D/A 转换器模块、标准信号源模块和任意波形产生器模块 3 种。选择 VXI 总线信号源仪器模块时应注意其仪器性能和 VXI 总线特性(包括尺寸、占用槽数、器件类型、是否符合 VPP 规范等)。

4）数字存储示波器模块

数字存储示波器是自动测试系统中常用的测试仪器。选用 VXI 总线数字存储示波器应同时注意其仪器性能指标(包括带宽、采样速率、波形存储深度、输入通道数量、垂直灵敏度、垂直精度、垂直分辨率、输入阻抗、输入电容、最大输入电压、偏转精度、偏转范围、时基范围、时基分辨率、最小触发脉冲宽度等)和 VXI 总线功能与性能指标(包括 VXI 总线尺寸、占用槽数、总线驱动类型、仪器驱动器、VXI 背板触发等)。

5）模拟多路开关与多路复用器模块

模拟多路开关/多路复用器是扩充测试系统中模拟量输入或输出通道的主要仪器,通常分为通用开关、矩阵开关、微波开关、继电器多路复用开关、射频(RF)多路复用开关五大类。选用 VXI 总线开关模块时应注意其开关性能(包括通道、输入电压、电流、功率、接触电阻、开关时间等)和 VXI 总线性能指标(包括尺寸、占用槽数、器件类型、是否符合 VPP 规范等)。

6）数字 I/O 模块

数字 I/O 主要用于测试系统中数字量或开关量的输入输出,其性能指标一般包括有效输入输出通道(I/O 线)、驱动能力、输入输出速率等。对于 VXI 总线数字 I/O 模块,还有 VXI 总线性能指标:尺寸、占用槽数、器件类型、是否符合 VPP 规范等。

7）数据采集模块

数据采集模块前端包括信号调理器、A/D 和 D/A 转换器等数据采集和控制单元。实时动态测量除了对精度的要求外,还包括抗混叠滤波、同步采样、宽频带、低噪声等。提高数据采集速度的关键在于高速数据传输,常采用 DMA 传送、双口 RAM、存储器分段、多速采样等技术。

数据处理涉及谱分析、脉冲参数分析、噪声分析、频率计算以及实时测量中高速处理数据等。有些场合仅靠主机处理很难实现实时测量,采用 DSP 技术不仅可以获得较高的实时性而且可使系统具有合理的软硬件开销。同时,利用 VXI 总线提供的局部总线可以实现从采集到 DSP 的数据传输,从而保证数据传输的高速性和完整性。

在这些模块中,数据采集模块除了模拟输入外,一般还具有模拟输出和数字 I/O 功能,NI 公司的 VXI 总线数采模块即是如此。信号调理模块实现通道切换、程控放大、量程变换等功能,一般应根据应用的规模大小自行研制。

8) 国内 VXI 模块产品

我国的仪器制造业、高等院校、科研单位十分重视 VXI 总线技术的研究、产品开发、系统应用。自 20 世纪 90 年代初开始引进、应用 VXI 总线测试系统以来,逐步形成了研究、引进、应用开发的良性循环,取得了不少成果,目前已有不少产品面世,并投放市场。主要产品有主机箱、主控机、0 槽控制器、A/D、D/A、数字 I/O、模拟多路开关、程控电源、任意波形产生器、转角放大器、各种接口模块等,有些仪器生产厂与高等院校、科研单位联合开发 VXI 总线产品,形成了一定的实力,相信今后可以逐步采用我国自己生产的 VXI 总线产品,组建 VXI 总线自动测试系统。

如遇到下列情况时,可以考虑开发或研制 VXI 总线仪器模块设备。

(1) 系统有特殊要求。

(2) 目前的产品还不能满足测试要求。

(3) 需要多台仪器设备共同完成测量,而各仪器设备利用率很低或用一台仪器可完成,但价格很高且利用率低。

2. VXI 主机箱的选择

主机箱是 VXI 总线自动测试系统的必选部件,它向各种仪器模块提供 VXI 总线(背板)、高质量标准电源和空气冷却系统。主机箱按 VXI 总线仪器模块尺寸,可分为 B 尺寸、C 尺寸、D 尺寸 3 种,小尺寸的仪器模块可插入大尺寸的主机箱,而大尺寸的仪器模块则无法插入小尺寸的主机箱,因此,选择主机箱时其尺寸一定要和已选好的仪器模块中最大的仪器模块尺寸匹配。常用的主机箱是 B 尺寸和 C 尺寸;然后要考虑插槽数、电源功率容量、冷却能力和连接器等因素。VXI 主机箱的槽数一般为 13 槽,如果系统所需的模块较少,也可采用 6 槽的机箱。如果模块超过十几个,这时要采用多个 VXI 机箱。

3. 确定被测对象接口

设计测试系统的一个关键部分是定义系统资源和被测对象之间的接口,通常可采用专用接口或自定义接线板方法。专用接口用于测试单个产品类型或用于测试享有相同接口的系列产品。一般说来,系统资源被分配到专用线板和测试适配器上,然后用它和被测对象相连。不同的插线板类型和标准在性能和价格上是各不相同的,主要类型有 4 种,即 VP90 系列、TTI Testron GR 系列、ARINC608A 接口类型和 CASS 接口类型。

4. 配置系统

当模块和主机箱选定后,就可以进行系统配置。首先是对每个模块设定适当的逻辑地址,这些逻辑地址通常是由模块上的开关设定的,有从 0 到 255 共 256 个逻辑地址。逻辑地址 0 是留给资源管理器的,应首先设定。其他模块的逻辑地址由用户自己设定,逻辑地址 255 是为支持动态逻辑地址分配的器件准备的,对支持动态逻辑地址分配的模块可以将它们的逻辑地址均设为 255。确定系统的中断结构也是系统配置的主要内容,许多模块使用的中断线是可以通过模块上的跳线进行选择的,对这些模块应选择分配好,对那些支持动态中断管理的模块不必进行设置。

4.1.4 软件设计与开发

在集成 VXI 总线自动测试系统的过程中,软件开发工作是非常重要的一个环节。如今,软件在测试系统中的作用越来越大,软件的优劣直接关系测试系统能否正常可靠地工作。

1. 软件开发环境的选择

VPP 推荐的应用程序开发环境(ADE)包括 NI 公司的 LabVIEW、LabWindows/CVI;Microsoft 公司的 Visual Basic(VB)、Visual C/C ++(VC/VC ++);HP 公司的 HP VEE;Borland 公司的 Turbo C/C ++ 等。这些 ADE 大致可分为面向对象的编程语言和图形化编程语言两大类。常用的是面向过程对象的 VB、VC/VC ++ 及 LabWindows/CVI,图形化语言 LabVIEW、HP VEE 都可以用于应用程序和仪器驱动程序的开发。

选择哪一种开发软件应根据用户的需要确定。如果需要快速组建系统、测试速度要求又不很高的情况下,系统开发软件可选择图形化编程环境,如 HP 公司的 HP VEE 和 NI 公司的 LabVIEW 等。当测试速度要求较高时,可选择传统的程序语言编程环境,如 Visua1C ++、Borland C ++、Visual Basic 和 NI 公司的 LabWindows/CVI 等。

2. VXI 总线测试系统的软件构成

VXI 总线测试系统的软件主要包括 3 个部分:VXI 总线接口软件、仪器驱动软件和应用软件(软面板)。软件结构如图 4 - 3 所示。

1) VXI 总线接口软件

由 0 槽控制器提供,包括资源管理器、资源编辑程序、交互式控制程序和编

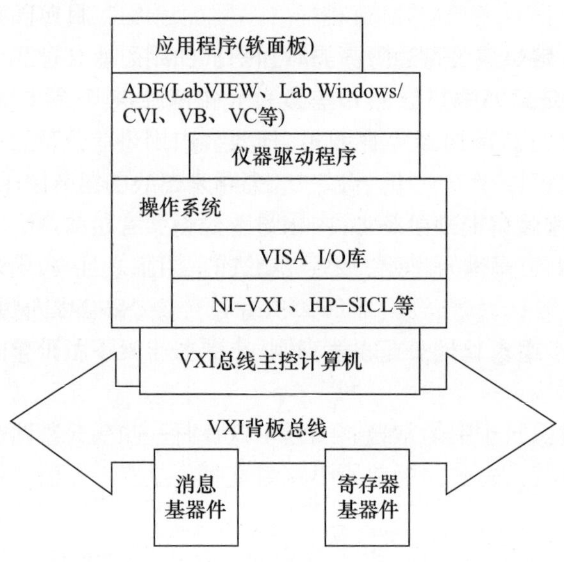

图 4－3　VXI 总线测试系统软件构成

程函数库等。该软件在编程语言和 VXI 总线之间建立起连接,提供对 VXI 背板总线的控制和支持,是实现 VXI 系统集成的基础。

2）仪器驱动程序

仪器驱动程序是完成对某一特定仪器的控制与通信的软件程序,即模块的驱动软件。仪器驱动程序的设计必须符合 VPP 的两个规范,即 VPP3. 1:《仪器驱动程序结构和模型》和 VPP3. 2:《仪器驱动程序设计规范》。这两个文件提出了两个基本的模型。第一个模型是仪器驱动程序外部接口模型,表示仪器驱动程序如何与外部软件系统接口;第二个模型是仪器驱动程序内部设计模型。所有 VPP 仪器驱动程序都是根据这两个模型构成的。

在 VXI 总线虚拟仪器系统集成时,如果所用 VXI 模块已有厂家提供的符合 VPP 标准的仪器驱动程序,那么可省略其开发过程,所需的是在应用程序中如何调用。但对于自制或一些厂家早期生产的不符合 VPP 规范的模块,则需自行开发相应的驱动程序。

驱动程序的设计开发有 3 个要求:一是驱动程序要给出源代码,以便用户能根据应用场合需要修改优化这个驱动程序;二是驱动程序必须模块化、层次化,使用户调用起来方便;三是驱动程序结构要符合 VPP 规范,使得用户在熟悉一个仪器的驱动程序过程中,对其他仪器驱动程序也能很快使用。在编程过程中,会遇到对 VISA I/O 库的调用。LabVIEW 和 LabWindows/CVI 都提供了相应的调用接口。VISA I/O 库是 VPP 联盟制定的新一代仪器 I/O 程序(VPP4. 3),全世界的 VXI 模块生产厂家将以此软件作为 I/O 控制的底层函数集,开发 VXI 模块的驱动程序。作为通用 I/O 标准,这种软件结构是面向器件功能的,而不是面向接口总线的,因而 VISA 具有与仪器硬件接口无关的特性。大多数 VISA 函数与通常的 I/O 函数十分相似,调用起来很方便。

除了 VISA,新近成立的 IVI(可互换虚拟仪器)基金会定义了可互换仪器驱动程序的模型和规范,旨在使仪器驱动程序进一步标准化,从而努力使测试程序独立于仪器硬件,进一步实现软件的兼容性、互换性,使不同厂商、不同结构形式(GPIB、VXI、PXI 等)的同类仪器可以互换使用。这必将在推进 VXI 测试系统在软件通用化方面起到重要的作用。

3) 应用程序

仪器驱动程序从控制的仪器数目来分,可分为两类:一类是控制单个仪器的驱动程序;另一类是控制多个仪器的驱动程序,通过编程将多个仪器组合起来,并使用其他如数据分析、处理之类的软件(如各种支持库),从而产生新的仪器功能。VXI Plug& play 仪器驱动程序必须包括软面板,各种仪器功能通过不同的仪器软面板体现出来。仪器软面板类似于真实的仪器物理面板,采用图形用户接口(GUI)技术显示等效的旋钮、按键和控制器件。用户通过鼠标或键盘操纵这些器件。图形显示具有同传统面板相似的测量结果和仪器状态,从而让用户以熟悉的方法控制仪器。

3. 软件开发

在集成 VXI 总线自动测试系统的过程中,软件开发工作是非常重要的一个环节。如今,软件在测试系统中的作用越来越大,软件的优劣直接关系测试系统能否正常工作。软件开发就是根据用户提出的要求开发自检软件、测试软件、故障诊断软件和训练模拟软件等。

4. 模块化软件结构设计方法

测试系统软件设计中模块的划分主要以测试系统功能为依据。在设计方案中应充分考虑系统软件中各模块的体积、相互联系、模块内部联系及模块的信息隐蔽程度。

(1) 模块的体积。系统软件中各功能模块体积既不能过大,也不能过小。其体积庞大则结构复杂,难以维护;体积过小则功能意义不完善,使模块间相互关系增加,妨碍了模块的独立性。因此,在设计过程中应以模块功能意义和复杂程度相对合理、程序便于理解、便于控制为标准进行模块划分。

(2) 模块之间的相互联系。整个系统是由相互联系的模块构成的,在满足系统功能要求的前提下,模块彼此之间的联系相对越弱,则系统越容易修改和维护,因此,在模块的设计过程中,应尽量减少模块间的信息传递,简化模块间的相互联系，从而更加充分地保证模块的独立性。

(3) 模块内的联系程度。模块内的联系程度是指一个模块内部的各个部分之间的联系程度。模块内的联系程度越强，模块独立性就越高，系统的结构也就越好。应尽可能以功能联系为纽带，使模块内联系增强，提高模块的独立性。

4.1.5 文件编制

文件不仅是设计工作的结果，而且是以后使用、维修以及进一步再设计的依据。因此，一定要精心编写、描述清楚，使数据及资料齐全，这项工作应在研制全过程中进行。文件应包括：任务描述，设计的指导思想及设计方案论证，性能测定及现场试用报告与说明，使用指南，软件资料（流程图、子程序使用说明、程序清单等），硬件资料以及系统维护手册等。

4.1.6 集成实例

下面介绍一个基于 VXI 总线的导弹地面测控系统集成实例。

一个 VXI 导弹地面测控系统包括三部分内容。

(1) 一个能够运行应用程序的主控计算机。

(2) 一个或多个包含 VXI 仪器模块的 VXI 子系统（含 VXI 主机箱）。

(3) 一个控制器与 VXI bus 之间的接口。

根据控制器在系统中的实际位置，系统构成分为外部控制器方式和内部控制器方式两种。内部控制器方式实现技术较为复杂，成本较高且系统配置不方便，因此导弹地面测控系统一般采用外部控制器方式。

图 4 - 4 是某导弹地面测控系统的组成框图。

1. 状态监视

状态监视功能完成对被测控设备的状态监视，并在出现异常时进行报警等操作。状态监视功能主要是由开关量输入模件完成。其次，也通过对信号的测量来判断确定设备的工作状态。开关量输入模件共 128 路，分别编号为 CH0 ~ CH127，每一通道都是在程序安排下被设置成程序查询方式或中断方式。在程序查询方式下，开关量的状态由主机主动读取；在中断方式下，每一通道的变化由模件以中断方式通知主机读取和进行必要的处理。

2. 控制

控制功能主要完成对被测控设备的状态设置、状态切换、设备的启动/停止（通过给相应设备或线路接通/切断供电或结点完成），使设备处于某种工作状态，或接通被测信号与测试设备输入端的通路，从而为测试做好准备等。这是通过开关量输出模件以及由它们所驱动的负载完成的。

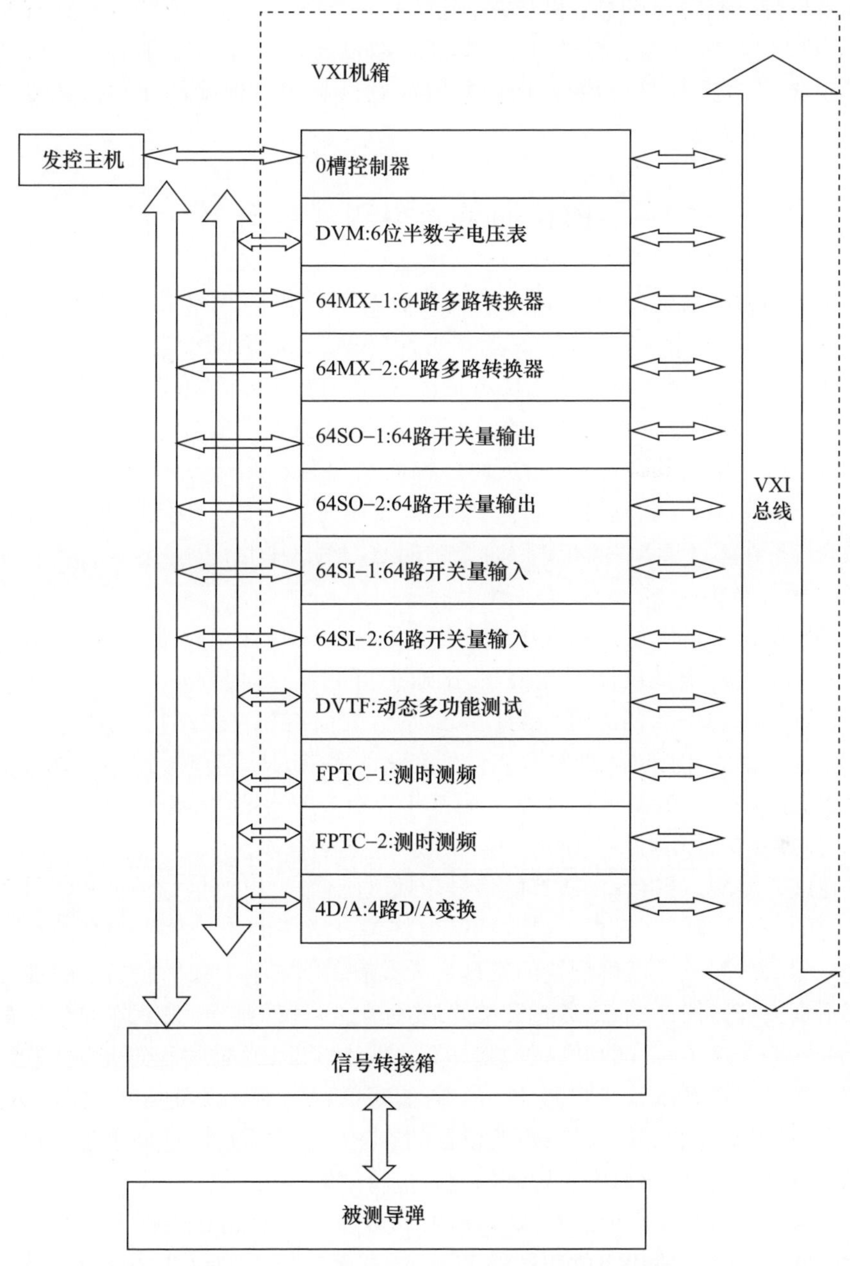

图 4－4　某导弹基于 VXI 总线的自动测控系统

3. 测量

由测量通道的转换完成被测信号的切换，把被测信号接至测试仪表。这是通过多路转换器模件 64MX 和开关量输出模件 64SO 共同完成的。多路转换器模件共 128 路,统一编号为 CH1 ~ CH128。需要接通时,其中只能有一路(双线,一对触点)接通。这是由模件硬件保证的,软件起到再保险的作用。具体测量功能由测量模块实现。

4.2 基于 VXI - GPIB 的某通用测试平台

在自动测试系统设计时,既要充分考虑尽可能提高 VXI 化程度,将自动测控设备、仪器均采用 VXI 模块,又要尽可能降低成本,提高性能价格比。因此,对一些特殊设备,如微波设备或技术指标要求很高的仪器,可以考虑采用 GPIB 程控设备,并使其他所有低频测控设备、仪器均可纳入一个 C 尺寸的 VXI 相箱,同时将前端专用设备合理撤并,从而大幅度简化自动测试系统总体结构,形成 VXI - GPIB 混合结构,这样即符合接口标准化的要求,又具有相当的灵活性。下面介绍一个基于 VXI - GPIB 混合结构的通用测试平台。

1. 硬件结构

ATE 测试平台硬件通用性主要指测试系统的硬件接口标准化(包括信号接口和硬件接口)、测试仪器可互换、测试通道可配置,如何在平台中实现这些要求是达到硬件通用性的关键。ATE 测试平台的仪器和总线结构采用的是 VXI/GPIB 混合系统结构,这样即符合接口标准化的要求,又具有相当的灵活性,用户可以根据测试任务的要求选择是采用基于 VXI 的仪器还是基于 GPIB 的仪器。系统的硬件结构如图 4 - 5 所示。

在该通用测试平台中,所有的信号包括激励信号、电源信号及被测信号都通过系统的开关矩阵,之后根据设定的通道将各自所需的信号分别提交给每台仪器进行测试。测试通道可配置的实现主要是在开关矩阵上,平台当中的任何信号都不直接到达仪器,而是通过开关矩阵后输送到仪器。开关矩阵的结构是由多个 $1\times n(n=2、6$ 等)的开关构成,该开关矩阵可以通过编程进行通路选择。ATE 测试平台在系统管理层提供一个通道配置程序对开关矩阵的通路进行操作,这样对于不同的测试系统,更改仪器的连接之后不需更改前向硬件的信号通路,只需在系统管理层对开关矩阵的通路进行配置即可。

测试仪器可互换强调的是两方面的内容:一方面是指在硬件上相同类型的测试仪器可以互相替代完成测试任务;另一方面是指更换仪器之后的测试程序集仍可复用。这部分功能的实现与软件通用性分不开,平台中借用了 IVI 的思想来实现仪器可互换,其具体实现是在仪器驱动库之上抽象出一个类驱动库,类驱动库由类驱动程序构成。类驱动程序是用来控制某种特定类型仪器的一系列功能

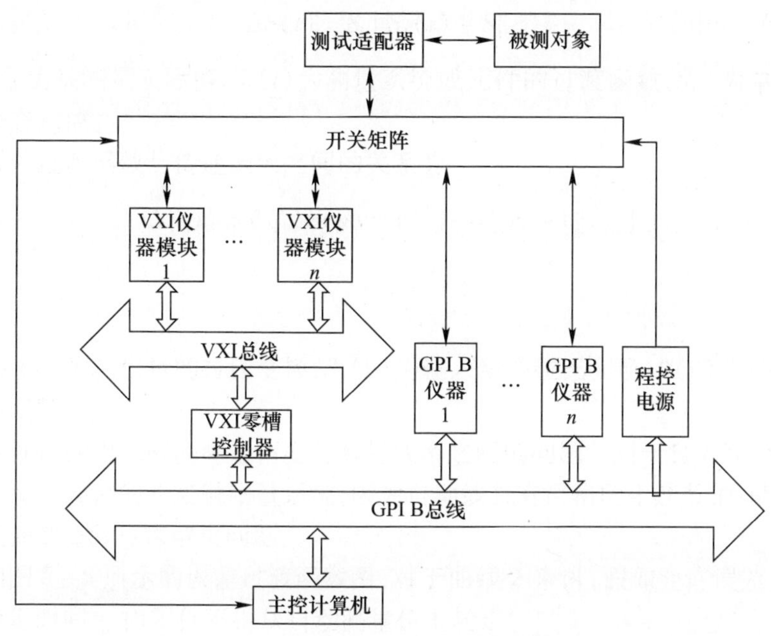

图 4 – 5　基于 VXI – GPIB 混合结构的通用测试平台

和属性,它通过调用特定仪器的驱动程序来控制实际仪器。测试程序集和具体的仪器驱动程序不直接发生联系,而是通过类驱动程序来实现对仪器的控制,这个过程如图 4 – 6 所示。这样更换仪器并相应地更改了测试系统中的具体仪器驱动程序后无需更改测试程序集的代码。这样就很好地实现了对仪器可互换的要求。

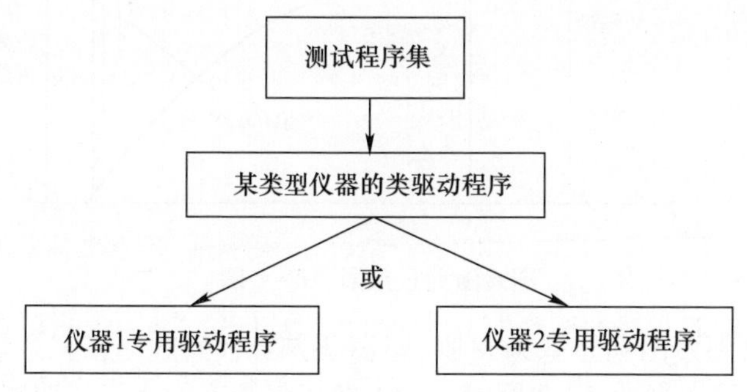

图 4 – 6　仪器可互换示意图

为了满足不同测试系统的硬件需求,该平台提供了相应的硬件仪器资源。对于平台而言,如果能够做到硬件仪器配置最大化,那么在平台上组建任何测试系统都将使用平台的仪器,但实际情况却很难办到。针对这种情况,将平台中的仪器分为通用仪器资源和专用仪器资源,平台提供尽可能多的通用仪器资源,而一些相对专用的仪器则由组建的测试系统通过总线扩展的方式加入平台中作为专用资源。目前平台提供的通用仪器资源有:信号源、波形分析仪、数字电压表、功率计、频率计、频谱仪、逻辑分析仪、调制域分析仪、网络分析仪。

2. 软件结构

通用测试平台的软件通用性主要体现在参数测试层(TPS)的通用性上,而TPS 通用性实现的关键在于要求软件结构和软件组件的标准化、TPS 编程语言标准化、TPS 与底层仪器、硬件无关化、TPS 和测试数据相关操作以及故障诊断无关性。为了达到这些要求,同时考虑到平台分层结构中各层的功能,因此针对系统管理层和 TPS 层有如图 4 -7 所示的软件架构。

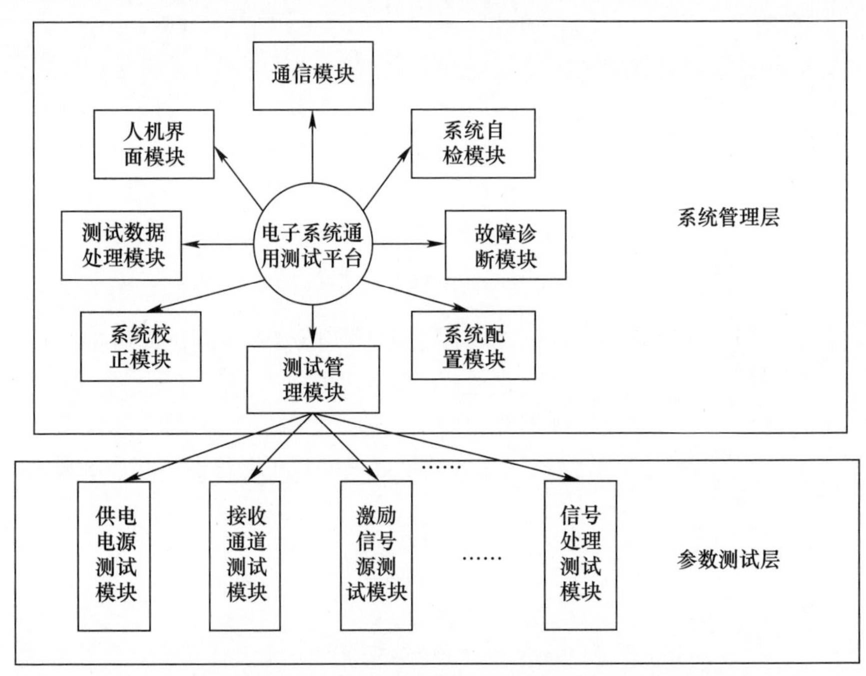

图 4 -7　基于 VXI - GPIB 混合结构的通用测试平台的软件架构

系统管理层的主要功能是管理平台的软、硬件资源,实现测试系统的流程管理、数据处理、结果显示、组成子系统、扩展新系统等功能,根据系统管理层的不同功能将其划分为人机界面模块、通信模块、系统自检模块、系统校正模块、系统配置模块、故障诊断模块和测试管理模块。

人机界面模块主要完成测试人员和测试程序之间的交互,该模块提供界面供测试人员配置测试参数、选择测试项并且将测试结果以数字、图表、波形图等形式反馈给测试人员。通信模块主要完成测试任务中的网络通信功能,包括 IP

地址、端口、数据传输等参数的设置。系统自检模块完成对当前系统的硬件资源的自检,并根据自检结果给出错误报告。故障诊断模块根据参数测试结果和故障字典进行故障诊断的推理,并给出相关的结论。测试数据处理模块对测试结果超差判断、存储和报表打印。系统校正模块主要对测试数据进行校正。系统配置模块提供界面给测试人员进行仪器、通道等的配置。测试管理模块是系统管理层和 TPS 层进行接口的关键,它主要完成以下几个功能。

(1) 根据测试人员通过人机操作界面所选择的测试项生成测试序列。

(2) 根据测试序列调用相应的参数测试模块进行测试。

(3) 将 TPS 层返回的测试结果送交相应模块进行下一步处理,例如数据处理、故障诊断等。

参数测试层的参数测试程序是平台软件通用性的关键,因此在该层程序的设计中采用以下规则来保证其通用性。

(1) 参数测试层得到的参数测试结果是原始测量参数而非计算所得参数。例如对测试结果的校正放入系统管理层的系统校正模块,而非在参数测试层的参数测试程序中进行校正,这样就尽可能保证了参数测试程序的通用性,不会因为测试通道和仪器的改变而在参数测试层修改程序。

(2) 参数测试层的参数测试程序与系统管理层之间的接口设计尽可能标准、完备。

(3) 参数测试层的参数测试程序中对仪器的操作都是针对类驱动库层而不针对具体仪器驱动。参数测试层的主要任务是将系统管理层的消息经过解析后传递给类驱动库和仪器驱动层,并将测试结果返回给系统管理层。该层程序以动态库的形式出现,动态库提供给上层的调用函数为独立的参数测试函数,如频率测试、功率测试、带宽测试等。完成这些测试的具体设置均由用户设置并通过系统管理层传递,参数测试层将相关的设置信息经过处理后提供给底层,底层通过设置、启动仪器进行测试,并将结果传回,参数测试层将结果向上传给系统管理层。参数测试层以动态库的形式出现方便用户扩展,只要和系统管理层约定好输出函数,用户就可以根据测试提供自己相关的动态库供上层调用。参数测试层向下只与类驱动库交互而不与具体的仪器驱动库发生联系,类驱动库的编程接口是通用的,可以保证底层仪器和模块的变化不会引起参数测试层的变化。

4.3 基于 PXI 的多总线融合的自动测试系统

1. 系统简介

图 4-8 是一个基于 PXI 总线的通用测试分析系统原理框图。系统由传感

器、PXI 机箱、PC 工作站组成。PC 工作站与 PXI 机箱之间用 MXI3 或 IEEE1394 总线连接。传感器获得的微弱信号经信号调理模板送入 PXI 机箱内。

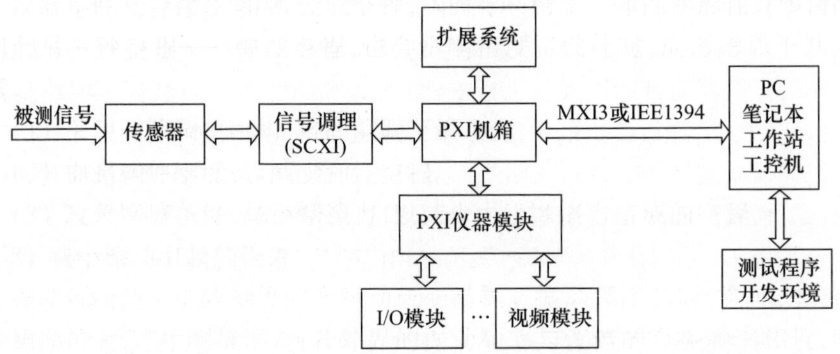

图 4-8　通用测试分析系统原理框图

测试系统的软件采用了虚拟仪器软件开发语言 LabVIEW 和 LabWindows/CVI。软件主要完成 PXI 总线仪器模块的驱动、软面板、资源管理、数字信号和模拟信号波形的编辑、响应数据的处理、显示和通信等工作。LabVIEW 和 LabWindows/CVI 虚拟仪器软件开发平台具有编程简单、仪器驱动库丰富、易于扩展等特点。同时,结合通用的软件开发工具 Visual C ++ 或 Visual Basic 等进行数字模块时序生成和编译程序的开发,以便给用户较为直观、方便的时序生成工具,简化测试系统操作的复杂性。

2. 系统硬件总体结构

系统硬件总体结构如图 4-9 所示。

系统硬件分为 3 部分:应用软件开发平台及系统控制器(ADE)和自动测试设备(ATE)和被测信号调理部分(SCXI)。ADE 在硬件上采用 PC 工作站,为测试软件提供开发和运行环境。计算机操作系统可以选用 Windows 98/2000 或 Windows NT,如果测试系统对实时性要求更高,则可以选用 Linux 操作系统。PC 通过 MXI3 或 IEEE1394 总线接口连接到 PXI 机箱,作为 PXI 总线模块的控制器,控制整个系统的工作。

ATE 部分主要完成测试过程中被测信号的输入和测量。在硬件上由 PXI 机箱、数字信号模块、模拟信号模块、各种测试仪表模块和程控台式仪器模块组成,经过 MXI 总线或 IEEE1394 总线扩展,还可以与 GPIB 仪器、其他 PXI 系统和 VXI 系统相连。一台 PXI 1000B 机箱有 3 个控制扩展槽,分别可以扩展 GPIB 系统、PXI 系统和 VXI 系统。另外,机箱还有 7 个 PXI 仪器模块扩展槽,可以安装不同的 PXI 仪器模块和 Compact PCI 仪器模块用以完成不同的测试工作,机箱

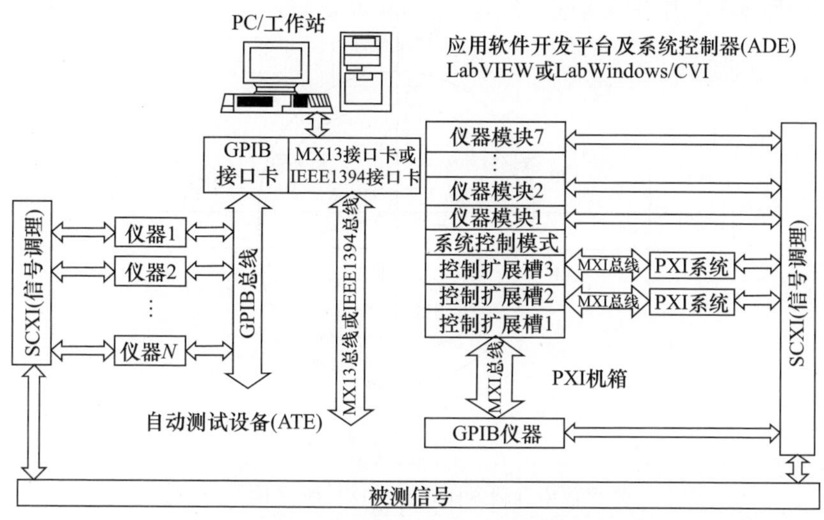

图 4 - 9　系统硬件总体结构框图

后面板的 DB9 接口还可以和 RS - 232 进行通信。硬件系统是本系统的核心,提供测试所需的各种硬件设备。本系统是一个开放的系统,兼容目前的 PXI 总线仪器和台式仪器,并可随时扩展 GPIB 系统、PXI 系统和 VXI 系统,但随着系统复杂性的增加,测试成本和控制难度也相应增加。本系统采用多机箱扩展总线 MXI3 来连接多个 PXI 机箱,最多可以连接 254 个底板,数据传输速率可达 20Mb/s,铜缆最大长度可达 10m,光缆则可达 200m。它也可以采用 IEEE1394 总线,数据传输可达 400Mbit/s,最大距离可达 72m。本系统还具有 GPIB 接口,一方面,为了兼容已有的投资;另一方面,由于 PXI 总线问世时间不长,产品种类没有台式仪器丰富,一些大功率、特高频的 PXI 总线仪器较少,因此还需要具有 GPIB 接口的台式仪表。

该系统的特点如下。

(1) 开放性兼容目前的 PXI 总线仪器和台式仪器。

(2) 扩展性可以随意扩展 PXI 总线仪器和台式仪器,组建用户所需的测试系统,系统容量大。

(3) 仪器选择范围可以是 PXI 总线仪器或台式仪器。针对不同的测试对象,用户都能选择到合适的仪器来组建所需的测试系统。

(4) 通用性针对不同的信号,可以选择不同的模块,完成不同的测试任务。

3. 系统软件总体结构

本系统的软件主要包括以下几个部分:数据分析处理、数据显示、数据存储、硬件管理/设置以及硬件驱动器等。系统软件总体结构框图如图 4 - 10 所示。

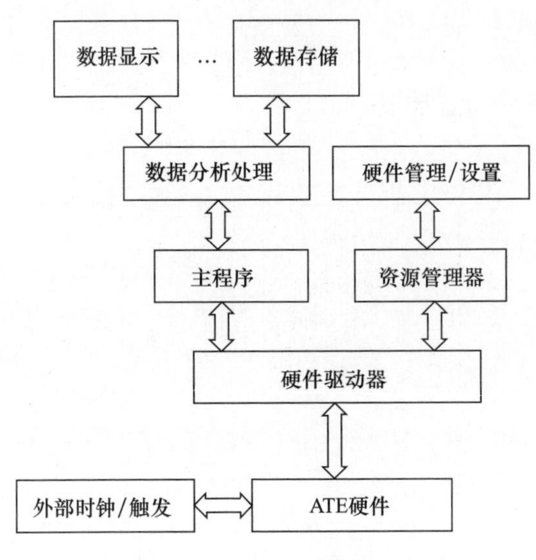

图 4 – 10　系统软件总体结构框图

硬件驱动器部分是由虚拟仪器开发语言 LabWindows/CVI 编程完成。如果用户购买的是 NI 公司的产品，厂家会提供给用户更加专业的硬件驱动程序。现在 PXI 系统联盟的仪器厂商生产的硬件模块都符合 Plug&Play 规范，而且生产的仪器驱动器都是建立在 VISA 基础上的，因此在兼容性和互操作性方面前进了重要的一步。VISA 标准由于得到包括 TEK、HP 和 NI 在内的 50 多家大仪器公司的共同支持，事实上已成为面向仪器工业的软件标准。

数据分析处理是将采集到的数据和测量结果由 PXI 模块或台式仪表传送到主控计算机上，根据测试要求进行数据分析。然后，在 LabWindows/CVI 和 LabVIEW 强大的数据表达能力支持下，将测试数据用简洁明了的方式显示出来，并把需要的数据结果保存起来。

资源管理器在系统初始化时必须运行。通过资源管理器软件 Measurement & Automation Explore 可以查找和识别系统中所有的 PXI 模块、VXI 模块和 GPIB 仪器等，实现对 PXI 模块的交互控制，确定 PXI 模块的类型，自动分配动态模块的逻辑地址，分配地址空间和中断信号等。外部时钟/触发主要是针对测试要求很高的信号使用的，如对定时、触发和同步要求很高的动态测试系统，可以通过外部时钟/触发来满足测试的要求。

4.4　基于 LXI 的多总线融合的自动测试系统

LXI 总线规范确保了基于局域网使用仪器的互通性，这是 LXI 总线区别于现行的测试总线 GPIB、VXI 和 PXI 的显著特点。LXI 接口标准整合台式仪器的内置测量技术和计算机的标准 I/O 接口连接能力，构成以太网基的测量系统。带有典型 LAN 接口的仪器如图 4－11 所示。

图 4－11　带有典型 LAN 接口的仪器

LXI 标准的开放性和灵活性不但能够组成以太网基的测量仪器系统，而且通过适配器的转换还能够将 GPIB、VXI 和 PXI 集成在一起，构成大型的混合测量系统，不受带宽、软件或计算机结构的限制。图 4－12 是 LXI 仪器及其他传统仪器连接的系统，系统中包括各种接口，可以使其他成熟的测试系统方便地接入 LXI 系统中。

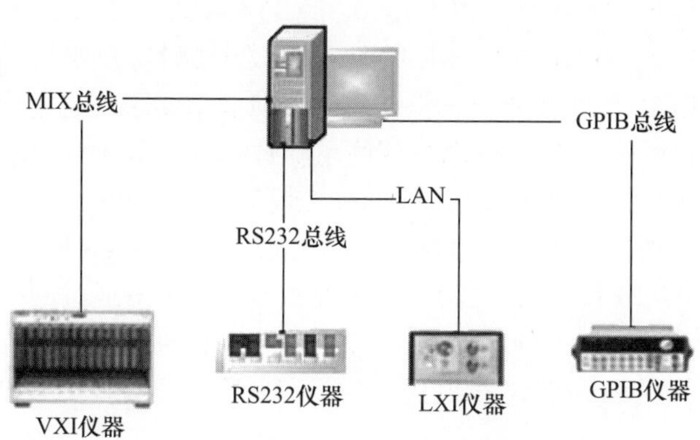

图 4－12　LXI 仪器及其他传统仪器连接的系统

从图 4 - 12 可以看出，采用 LXI 总线技术既简化了系统配置，节约了系统资源，又增加了系统的灵活性。下面给出一个 LXI 测试系统设计的实例。

假设某测试系统需要具备两个功能：一是完成本地测试，测试项目比较多，包括速度、加速度、冲击力、功率和频率、环境参数监测（温度、湿度、气压、风力和风向）等，而且各个测试项目不集中，分散在几十千米范围内；二是能和远程服务器进行测试信息的共享。要完成本地测试，采用集中互连模式的测量控制系统显然是不可能的，可以考虑分布式的基于 LXI 的测试系统，如图 4 - 13 所示。

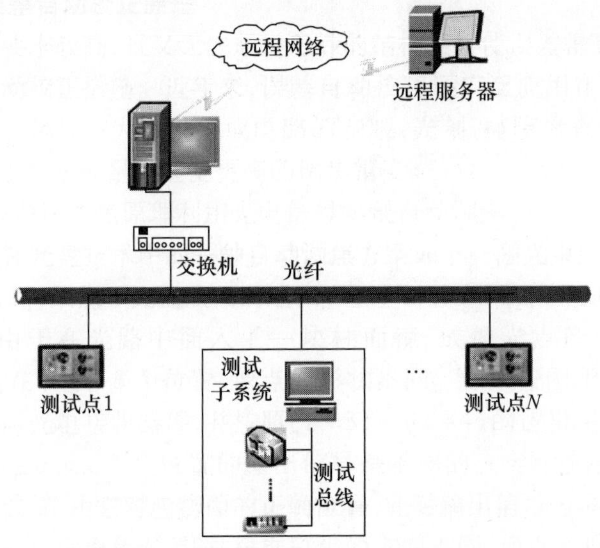

图 4 - 13　分布式的基于 LXI 的测试系统

本系统采用了以 LXI 总线为主，VXI 和 GPIB 等其他总线为辅的混合总线体系结构。系统中大多数监测点采用 LXI 仪器来实现测量和控制，各个 LXI 仪器直接连接到网络上，测试点处不需要终端计算机。对于某些试验项目，有相对成熟的 VXI 或 GPIB 总线系统，可以将这些系统直接接入 LXI 总线系统中。

如果采用 VXI 总线或 GPIB 总线的程控仪器结构，如图 4 - 14 所示，则这种结构要求在每个测试点建立一套独立的测试系统，分别由终端计算机和 VXI 仪器、PXI 仪器或 GPIB 仪器组成，然后每个终端机和服务器通过网络连接，从而组成分布式测试系统。在这种结构中，每个测试点都由终端计算机控制，每个测试点需要一台计算机和一台仪器组成测试系统，系统结构复杂且造成系统资源浪费。

以 LXI 为基础构建的多总线融合的自动测试系统，能较好地满足当前武器

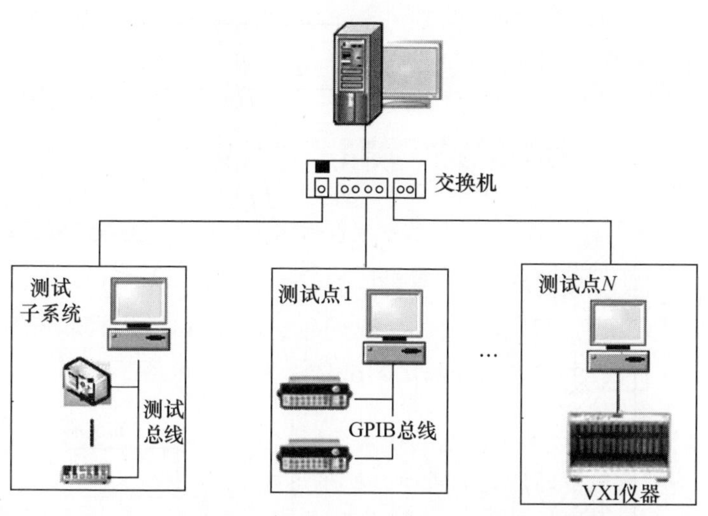

图 4-14　采用 VXI 总线或 GPIB 总线的程控仪器结构

装备维护保障领域的需求，适用于组建测试资源需求复杂的测试系统。多总线融合的测试系统具有易于组建、互换性强、开放性好的特点，能有效地将过时的测试设备融入其中，在测试系统开发实践中，仅对接口配置做少许更改。基于前述 VXI 总线的某型导弹通用测试系统就能方便集成到基于 LXI 的多总线融合的自动测试系统中，在不增加太多经费投入的情况下，系统的整体性能因多种总线资源的融合而得到了较大幅度的提升。

建立基于 LXI 的混合测量系统，是最终向全 LAN/LXI 体系转换的过渡阶段，是充分发挥现有仪器总线技术和 LAN 优势、节约开发成本的很好的选择。尽管如此，组建混合系统仍然是以牺牲部分仪器的性能为代价的，而且要求的 LXI 属性级别越高，实现难度也就越大，仅将 C 类 LXI 加入混合系统，就需要 PXI、VXI 模块提供商在其控制器上扩展一些额外功能，如以太网接口，用来通过网络控制 PXI、VXI 的系统主机 IVI 驱动，Web 服务器，符合 LXI 标准的网页，系统主机发现机制等。如果考虑 A 类、B 类 LXI 的话，还要实现对时间同步协议和线触发功能的支持，实现难度还很大。混合系统设计是对系统性能、技术要求和产品可实现性的权衡比较和综合考虑。

第 5 章 精 度 设 计

5.1 精度设计概述

5.1.1 仪器总体精度设计的目的

精度是精密测量仪器最重要的技术指标之一。对测量仪器进行总体精度设计,是保证精密测量仪器质量的重要且必不可少的工作。

在总体精度设计过程中,应充分分析误差来源、误差性质和误差传递规律,研究误差传递过程中系统误差和随机误差的相互转化、误差的相消和累积以及用微机进行误差补偿的方法,寻求减小和消除误差的途径。因此,设计人员必须掌握关于系统误差和随机误差的全面知识。

在仪器精度设计时,并不是以所有误差越小越好为准则。当然,对应该要求高精度的零部件没有规定精度要求,会使仪器精度下降;对不必要求高精度的零部件而规定了过高的精度要求,则会使产品的成本提高。完全消除误差是不可能的,但误差越小,成本越高,甚至由于误差太小使制造和测量成为不可能。测量仪器精度指标的选择、仪器功能与精度的关系、仪器静态和动态的精度特性对于仪器总体精度设计是十分重要的。

1. 仪器总体精度分析的两个任务

(1) 根据仪器总精度和可靠性要求,对仪器零部件进行误差分配、可靠性设计及可靠性预测,确定各主要零部件的制造技术要求和仪器在装配调整中的技术要求。实现这一任务是十分困难的,因为根据仪器的用途和精度,必须确定仪器总体结构方案、大量参数标称值及允许偏差。

(2) 根据现有技术水平和工艺条件,考虑到先进技术的应用,采用微机进行误差补偿等方法来提高仪器精度,再进行误差合成,以确定仪器总精度。根据这种计算就能对仪器精度提出完整的合理要求,并在此基础上进行检验,即验收试验。

2. 完成总体精度设计可以解决的问题

(1) 设计新产品时(在产品制造出来以前),预估该产品可能达到的精度和可靠性,避免设计的盲目性,防止造成不应有的浪费。

(2) 在设计新产品时,通过总体精度设计,在几种可能实现的设计方案中,从精度的观点进行比较,给出最佳设计方案。

(3) 在产品改进设计中,通过对产品进行总体精度分析,找出影响产品精度和可靠性的主要因素,提出改进措施,以便提高产品质量。

(4) 在科学实验和精密测量中,根据实验目的和精度要求,通过合理的精度设计,可以确定实验方案和测量方法所能达到的精度、实验装置和测量仪器应具有的精度,以及最有利的实验条件。

(5) 在进行产品鉴定时,通过总体精度分析,可以合理制定鉴定大纲,并由实际测量得到产品总精度。

5.1.2 仪器精度设计的步骤

随着科学技术的发展,在 CAD/CAM/CAPP 日益普及的今天,计算机辅助精度设计、并行设计、虚拟现实以及动态精度设计等新的方法和技术被不断采用和推广。现代化的设计手段使得仪器精度设计进入一个崭新的领域。

具体的设计步骤可大致归纳如下。

1. 明确设计任务和技术要求

仪器精度设计的任务包括仪器的改型精度设计、扩大仪器使用范围的附件精度设计,以及新仪器的精度设计。

仪器精度设计对象的技术要求是设计的原始依据,这一点必须首先明确。除此以外还要清楚设计对象的质量、材料、工艺和批量,以及机器或仪器的使用范围、生产率要求、通用化程度和使用条件等。

2. 调查研究

在明确设计任务和技术要求的基础上,必须做深入的调查研究,主要做到深入掌握实际情况和大量占有技术资料两个方面。务使在主要方面无一遗漏,做到对情况了如指掌。具体来说要调查清楚以下几个问题。

(1) 设计对象有什么特点,应用在什么场合。

(2) 目前使用中的同类仪器有哪些,各有何特点,包括原理、精度、使片范围、结构特点和使用性能等。特别从整体来看要明确这类仪器“改善性能”的趋势,以及它们在设计上将会引起的问题。

(3) 征询需方对现有仪器改进的意见和要求,以及对新产品设计的需求和希望。

(4) 了解承担仪器制造厂的生产条件和工艺方法,以及生产设备的先进程度、自动化程度和制造精度等。

(5) 查阅资料,充分掌握国内外有关设计问题的实践经验和基础研究两方面的发展动态和趋势。

3. 总体精度设计

在明确设计任务和深入调查之后,可进行总体精度设计。总体精度设计包括以下几方面。

(1) 系统精度设计。它包括设计原理、设计原则的依据以及总体精度方案的确定等。

(2) 主要参数精度的确定。

(3) 各部件精度的要求。

(4) 总体精度设计中其他问题的考虑。总体精度设计是仪器设计的关键一步。在分析时,要画出示意草图,画出关键部件的结构草图,进行初步的精度试算和精度分配。

4. 具体结构精度设计计算

结构精度设计计算包括机、光、电各个部分的精度设计和计算。在设计零部件精度过程中,总体精度设计中原有考虑不周的地方,以及原有考虑错误的地方,要进行改正。在零部件精度设计中,要注意多数精度的相互配合,在进行参数和精度更改时要考虑相互协调统一。

具体结构精度设计计算包括以下内容。

(1) 部件精度设计计算。

(2) 零件精度设计计算。

5. 仪器总体精度分析的步骤

精度分析与计算的步骤大体如下。

(1) 通过对设计起始数据的分析,将仪器使用精度要求转换成设计精度指标。

(2) 根据仪器用途明确其工作原理,以建立测量方程式,确定仪器最少组成环节,并由此构成测量回路原理框图。

(3) 找出测量回路各环节的误差来源。

(4) 部分误差分析与求解。

(5) 分配误差,确定部分误差允许值。

(6) 计算仪器构造参数、确定有关零部件公差以及误差的补偿和调整。

(7) 拟定与仪器精度有关的制造与验收技术条件,提出检验方法与要求。

6. 总体精度分析方法

仪器精度设计的目的在于保证给定仪器的精度。通过对影响仪器精度因素的分析,找出影响仪器精度的主要因素,包括仪器本身因素、环境因素以及测量人员因素;通过制定各零部件的公差要求和现有技术条件,使仪器达到所要求的精度指标。

在进行总体精度设计分析时,可遵循下述分析方法。

1）理论分析

在设计新产品时,首先要查阅国内外有关该产品的资料,结合我国的具体技术条件,制定最佳设计方案,最大限度地满足生产实际对该产品提出的精度、可靠性、效率、寿命、操作方式等功能方面的要求。

(1）经济性要求。设计新产品时,不应盲目追求复杂高级的方案。如果采用某种最简单的方法就能满足所提出的功能要求,则此方案就是最经济的设计方案。因为方案简单,构成产品的零部件就少,这既符合最短传动链原则,提高了产品的精度和可靠性,又降低了产品的成本。

(2）确定仪器精度指标。在设计仪器时,要根据不同仪器及不同使用条件选择相应的静态和动态精度指标。仪器精度需根据实际生产中被测对象的性质和精度要求来确定。若仪器作为尺寸传递,则其传递的精度等级决定了仪器需达到的精度;若仪器在机械制造业中用于测量零件某参数,则零件的公差精度等级决定了仪器精度;对于特殊条件下使用的仪器,要根据使用仪器的环境和仪器的应用范围等因素,综合考虑仪器的精度。

在制定或选择仪器精度指标时,还应考虑仪器的使用方式。如果以单次测量的数据作为测量结果,则应以极限误差作为仪器的总误差,这时仪器分划值与仪器总误差值接近;若仪器以多次测量的平均值作为测量结果,则应以标准差作为仪器精度指标。

(3）全面分析误差来源。在对新设计的仪器进行误差分析时,需全面分析误差来源,找出所有原始误差,即找出对仪器总误差有影响的所谓有效误差。根据误差产生的原因,原始误差可分为工艺误差、动态误差、温度误差和随时间变化的误差。

工艺误差是由测量仪器零部件的制造和装配不准确度造成的。机械式仪表的所有工艺误差为尺寸误差、形状误差、位置误差以及表面粗糙度和波度。

动态误差是由仪器中起作用的惯性力产生的。属于这一类的误差有:与测量仪器零件的刚性不足有关的变形(包括接触和弹性变形)、摩擦力、动态效应的影响(如冲击 - 振动过程、振荡、不平衡性)。

温度误差是仪器工作的温度条件发生变化而产生的。实际起作用的物理参数和影响系数随温度条件而变化,由此而产生附加误差。

随时间而变化的误差与仪器元件的参数随时间的变化有关。属于这类的误差有:弹性减小,零件磨损和由此而产生运动副零件尺寸变化、电子仪器的发射损耗、电阻或电容的变化。其中大部分原因与老化有关,另外一些则与磨损有关。设计测量仪器时,应考虑到“保险准确度”,以保证仪器在规定的使用期满后还可以继续工作。例如,在制造厂验收一批仪器时,规定保险准确度为极限误差的40%~50%,即验收标准同规定标准比,要严格1.6~2.0倍。

2）实验统计法

实验统计法是对所要设计的产品进行所谓模型实验,或对已研制的产品进行精度测试。即对精度特性进行多次测量,并对所测得的数据运用数理统计方法进行分析处理,从而得到关于产品误差的详细资料,以便从中找出规律性。

5.2 仪器误差的来源与分析

为了获得所需要的仪器精度,必须对影响仪器精度的各项误差源进行分析,找出影响精度的主要因素并加以控制,设法减少其对仪器精度的影响。

造成仪器误差的因素是多方面的。在仪器设计、制造和使用的各个阶段都可能造成误差。在仪器的各种误差源中,制造误差的数值最大,运行误差次之。但是在仪器测量误差中运行误差将是主要的。

1. 原理误差

原理误差可以分为理论误差、方案误差、技术原理误差、机构原理误差、零件原理误差和电路控制系统的原理误差等。

所谓理论误差,是由于应用的工作原理的理论不完善或采用了近似理论所造成的误差。如激光光学系统中,由于激光光束在介质中的传播形式不同于球面波,而是高斯光束,因此当仍用几何光学原理来设计时会带来理论误差。

方案误差是指由于采用的方案不同而造成的误差。

仪器结构有时也存在着原理误差,即实际机构的作用方程与理论方程有差别,因而产生机构原理误差。此外,由于采用简单机构代替复杂机构或用一个主动件的简单机构实现多元函数作用方程,也会产生机构原理误差。

2. 制造误差

仪器在制造过程中会产生许多误差。设计时只考虑能引起仪器误差的项目。制造误差可以在设计时通过合理确定公差来进行控制。设计零件时应注意遵守基面统一原则,以减少制造误差。基面大体上可分为以下3种。

(1) 设计基面。零件工作图上注尺寸的基准面。

(2) 工艺基面。加工时,用它定位去加工其他面。

(3) 装配基面。以它为基准,确定零件间的相互位置。

尽可能把以上3个基面统一起来,以利于保证精度。

3. 运行误差

仪器在工作过程中也会产生误差，如变形误差、磨损和间隙造成的误差，以及温度误差等。

1）变形误差

由于受力零件常产生变形，又材料具有内摩擦，从而使负荷－变形曲线有时呈现出弹性滞后或弹性后效。根据材料力学分析，在同样大小的力作用下，零件尺寸不变时，拉伸（压缩）变形比弯曲和扭转变形小，所以在结构设计时应尽量避免使零件产生弯曲或扭转变形。

2）自重变形引起的误差

自重变形量与零件支点的位置有关。正确地选择支点位置，可以使一定部位的变形误差达到最小值。

利用材料力学原理分别计算出不同部位误差，选用误差最小时的最优支承点。由图5－1可以通过计算得到：

（1）贝塞尔点

$$\frac{l}{L}=0.5593801$$

（2）艾里点

$$\frac{l}{L}=\frac{\sqrt{3}}{3}=0.55735$$

（3）中点挠度为零

$$\frac{l}{L}=0.52277$$

（4）中点与C、D端点等高

$$\frac{l}{L}=0.55370$$

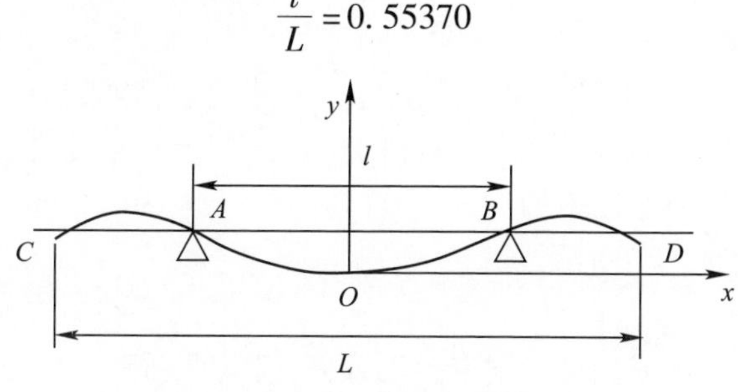

图5－1　梁体自重所形成的弹性曲线

3）应力变形引起的误差

零件虽然经过时效处理，内应力仍可能不平衡，使金属的晶格处于不稳定状态，使零件产生变形，在运行时产生误差。

减小或消除内应力的一般方法是充分地进行时效处理，切除表面应力层，用氮化代替淬火，锻造代替轧制等。

4）接触变形引起的误差

在精密传动件中，常用点接触形式，这种接触变形对精度有明显影响。

接触变形量与接触的表面形状、材料以及相互作用力有关。如工具显微镜测微丝杆端部球头与工作台间的接触变形，在加大量程时需要垫量块来进行测量，这时丝杆端部球头与垫量块间产生接触变形，接触变形的变动量将构成误差。

5）磨损

磨损可能引起误差。由于零件加工表面轮廓微观形状不规则，配合面有少数顶峰接触，因而单位面积的摩擦力很大，使顶峰很快磨平，从而迅速扩大了接触面积，磨损速度随之变慢。

为减少磨损造成的误差，在装配过程中或试用阶段常采用“磨合”措施，经过很短一段时间，磨损速度随之变缓，从而使精度趋于稳定。

6）间隙与空程引起的误差

零件配合存在间隙，造成空程，从而影响精度。弹性变形在许多情况下将引起另一种空程——弹性空程，也会影响精度。

减小空程误差的方法有以下几方面。

（1）使用仪器时，采用单向运转，把间隙和弹性变形预先消除，然后再进行使用。

（2）采用间隙调整机构，把间隙调到最小。

（3）提高构件刚度，以减少弹性空程。

（4）改善摩擦条件，降低摩擦力，以减少由于摩擦力造成的空程。

7）温度引起的误差

在使用过程中，由于温度变化使仪器零部件尺寸、形状和物理参数改变，可能影响仪器精度。例如，作为传动部件的丝杠热变形对精度有较大的影响。由热力学可知，1m长的丝杠均匀温升1℃，轴向伸长达0.011mm。这可能引起传动误差，应采取措施予以消除。

8）振动引起的误差

振动可能使工件或刻尺的图像抖动或变模糊；振动频率高时，会使刻线或工件轮廓图像扩大，产生测量误差；若外界的振动频率与仪器的自振频率相近，则会发生共振。振动还会使零件松动。减小振动影响的办法有以下几种。

(1) 在高精度测量仪器中,尽量避免采用间歇运动机构,而用连续扫描或匀速运动机构。

(2) 零部件的自振频率要避开外界振动频率。

(3) 采取各种防振措施,如防振墙、防振地基、防振垫等。

(4) 通过柔性环节使振动不传到仪器主体上。

5.3 仪器静态精度的计算分析方法

仪器的静态特性指测量仪器输出与输入量值之间的关系,即测量装置的输出信号与产生这一信号的输入信号的函数关系。按测量仪器各构件对仪器静态特性的影响程度,测量仪器可由测量机构、放大机构、辅助机构三部分组成。测量机构包括被测件、标准件、传感器等部分。测量机构对仪器的精度特性影响最大。在输入值相同的情况下,由于测量机构不准确度产生了输出量值之差。指示放大机构是把测量机构所接收到的信息放大到足以供观察的程度,并显示出测量结果,它也直接影响仪器的精度特性。研究仪器精度特性时,可采用数学模型来描述仪器的静态特性,即

$$y=f(x,q_1,q_2,\cdots,q_n) \tag{5-1}$$

式中:y 为指示件参数;x 为被测件参数;$q_1,q_2,\cdots,q_n$ 为影响仪器精度特性的各构件参数。

测量机构和指示放大机构的构件原始误差影响仪器的精度,但各构件原始误差对仪器精度的影响程度是不同的。机构的原始误差是运动副各元件在机构的环节中的尺寸偏差、位置偏差和表面几何形状的偏差。影响仪器精度的原始误差称为有效原始误差。有效原始误差的特点是它是一种影响仪器示值正确性的误差。

1. 误差独立作用原理

仪器的输出(即所显示的被测量)和有关零部件参数之间的关系可以表示为

$$y_0=f(x,q_{01},q_{02},\cdots,q_{0n}) \tag{5-2}$$

式中:x 为被测尺寸;$q_{01},q_{02},\cdots,q_{0n}$ 为仪器的有关零部件参数;n 为零件数;y_0 为指示参数,一般与示值呈线性关系。右下角“0”符号表示没有误差时的名义值。

实际仪器的输出方程式为

$$y=f(x,q_1,q_2,\cdots,q_n)$$

$\Delta q_1, \Delta q_2, \cdots, \Delta q_n$ 使仪器产生误差

$$\Delta y = y - y_0 \tag{5-3}$$

误差源 Δq_i 引起的误差 Δy_i 是该误差源的线性函数,其线性常数是该系统数字表达方程式对于该误差参数的偏导数$\frac{\partial y_0}{\partial q_i}$。

若仪器有关参数均具有误差,取该系统数字表达方程式的全微分,即可得

$$\Delta y = \sum_{i=1}^{n} \frac{\partial y_0}{\partial q_i} \Delta q_i \tag{5-4}$$

式中:Δy 为仪器各误差源共同作用所产生的误差。

综上所述,一个误差源仅使仪器产生一定的误差,仪器误差是其误差源的线性函数,与其他误差源无关,这就是误差独立作用原理。因此,可以逐个计算误差源所造成的仪器误差。

2. 微分法

微分法对于能直接给出测量运动方程的仪器,用微分法可以很方便地求出仪器的示值误差。

仪器的测量方程为

$$f(y, x, q_1, q_2, \cdots q_n) = 0 \tag{5-5}$$

式中:y 为仪器示值参数;x 为被测量参数;$q_1, q_2, \cdots, q_n$ 为各构件参数。

对式(5-5)微分,得

$$\frac{\partial f}{\partial y} \mathrm{d}y + \frac{\partial f}{\partial q_1} \mathrm{d}q_1 + \frac{\partial f}{\partial q_2} \mathrm{d}q_2 + \cdots + \frac{\partial f}{\partial q_n} \mathrm{d}q_n = 0 \tag{5-6}$$

$$\mathrm{d}y = \frac{\frac{\partial f}{\partial q_1} \mathrm{d}q_1 + \frac{\partial f}{\partial q_2} \mathrm{d}q_2 + \cdots + \frac{\partial f}{\partial q_n} \mathrm{d}q_n}{-\frac{\partial f}{\partial y}} \tag{5-7}$$

以有限增量代替无穷小量,则

$$\Delta y = \frac{\frac{\partial f}{\partial q_1} \Delta q_1 + \frac{\partial f}{\partial q_2} \Delta q_2 + \cdots + \frac{\partial f}{\partial q_n} \Delta q_n}{-\frac{\partial f}{\partial y}} \tag{5-8}$$

如果仪器运动方程能以显函数形式给出,则式(5-1)可写成

$$y = f(x, q_1, q_2, \cdots q_n) \tag{5-9}$$

对式(5-9)微分,得

$$dy = \frac{\partial f}{\partial q_1}dq_1 + \frac{\partial f}{\partial q_2}dq_2 + \cdots + \frac{\partial f}{\partial q_n}dq_n \tag{5-10}$$

以有限增量代替无穷小量，则

$$\Delta y = \frac{\partial f}{\partial q_1}\Delta q_1 + \frac{\partial f}{\partial q_2}\Delta q_2 + \cdots + \frac{\partial f}{\partial q_n}\Delta q_n \tag{5-11}$$

求仪器误差时对测量方程进行全微分的求解法就是微分法。由误差独立作用原理建立的基本公式(5-11)，实际上就是用微分法求仪器误差的数学基础。因此，只要能够正确写出仪器的测量方程，就可利用微分法求解仪器误差。

用微分法求仪器误差的一般步骤如下。

(1) 求出相应的仪器方程式(式中应包括已知原始误差参数)，研究该方程式是否可以微分。

(2) 根据误差的独立作用原理，对相应的参数求偏微分。

(3) 用原始误差 Δq_i，代替无穷小量 dq_i，以求得局部误差 Δy_i，即 $\Delta y_i = \frac{\partial f}{\partial q_i}\Delta q_i$。

由上可见，在已知仪器方程式时，应用微分法求仪器的误差是异常简便的，且速度较快，也不易出错。

微分法的缺点如下。

(1) 具有一定的局限性。很多原始误差找不出相应的方程式，尤其对复杂仪器或机构的精度计算，往往难以列出其方程式。

(2) 有些参数不可微分。例如齿轮精度对机构精度的影响。因为齿轮精度实际上表现为周期误差，并无累积特性，所以对齿轮误差不能通过对齿轮传动方程式微分求得局部误差，因此对齿数的微分没有意义。

(3) 微分法没有解决在仪器方程式中未能反映的参数误差问题，如光学仪器中的测杆间隙误差、配合间隙、度盘偏心等对仪器精度的影响。

3. 几何法

所谓几何法就是根据机构的原理图，依次运用几何作图的方法，将误差表示在图上，再根据图上的几何关系列出计算公式。

几何法的具体步骤如下。

(1) 做出机构某一瞬时的示意图。

(2) 在图上放大画出误差。

(3) 运用几何关系求出误差的表达式。

在这种方法中，原始误差的影响用建立几何关系的方法求出。

现以工具显微镜中立柱倾斜机构之原理误差为例，说明如何用几何法分析机构的误差。

为了便于分析，设立柱不动而丝杆移动距离 S 时，使小球绕轴中心转动（图 5－2）。从原理上看此为一个正弦机构，丝杆位移量为

$$S = H\sin\alpha \tag{5-12}$$

式中：H 为钢球中心与转轴中心的距离；α 为立柱倾角。

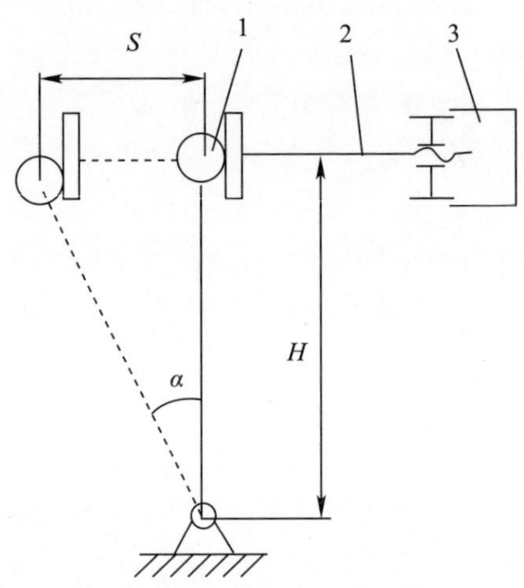

图 5－2　倾斜机构的原理误差

1—小球；2—丝杆；3—鼓轮。

由机构运动方程式可知，丝杆的位移与倾角成正弦关系，这样鼓轮上分划值的刻划应是不等间距的；但实际上，常按线性关系 $S' = H\alpha$ 分度，以便于等间距刻划，此时产生原理误差为

$$\begin{aligned}\Delta S &= S - S' = H\sin\alpha - H\alpha \\ &= H\left(\alpha - \frac{\alpha}{3!} + \frac{\alpha}{5!} + \cdots\right) - H\alpha \\ &= -\frac{1}{6}H\alpha^3\end{aligned} \tag{5-13}$$

从上述例子看出，几何法直观、醒目、不易出错，同时可以不预先给出传动方程式，适用于简单机构。

4. 逐步投影法

这种方法是将主动件的某原始误差先投影到与其相关的中间构件上，然后再从该中间构件投影到下一个与其有关的中间构件上去，最终投影到机构从动件上，求出机构位置误差。

5. 作用线与瞬时臂法

上述各种计算方法都是直接导出误差源的原始误差和示值误差的关系，而没有分析原始误差作用的中间过程。有些原始误差的影响并不能直接导出答案，如齿轮的调节误差、齿形误差对示值误差的影响，因而，有必要研究原始误差作用的中间过程，以便最终求出需要的结果。瞬时臂法就是研究机构传递运动的过程，并分析原始误差怎样伴随运动的传递过程而传到示值上去，从而造成示值误差。

在旋转机构中，为了确定机构的位置误差，可以采用瞬时臂法。首先介绍一下作用线、运动线、作用臂及瞬时作用臂的概念。在图 5－3 中，主动件 A 以 O 为中心转动，从动件 B 沿 $K—K'$方向运动。主动件 A 与从动件 B 接触表面的法线 $\pi—\pi'$称为作用线；从动件 B 实际运动方向线 $K—K'$称为运动线（图 5－3 中运动线与作用线不重合），由旋转中心到作用线的垂直距离 r 称为作用臂，对于图 5－3 所示机构，任何瞬时的作用线和作用臂都在变化。

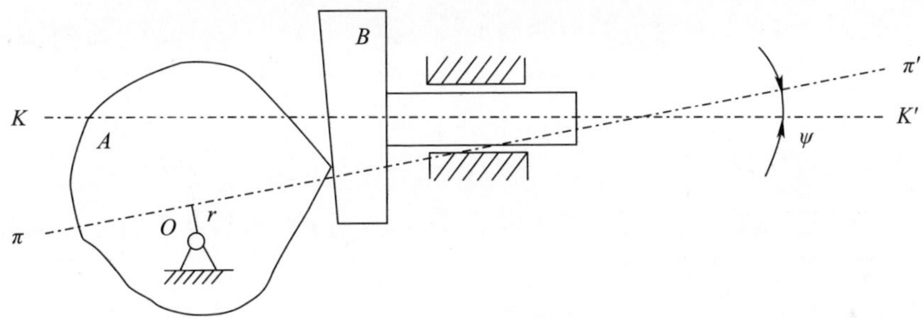

图 5－3　旋转机构示意图

当 A 转动一无穷小角 $d\varphi$ 时，在作用线 $\pi—\pi'$方向上 B 移动的距离为

$$dF = r d\varphi \tag{5-14}$$

在转角的范围内总移动最为

$$F = \int_0^{\varphi} r d\varphi \tag{5-15}$$

作用臂 r 可分解为常量 r_0和变量 δr_0。如果 δr_0 只是由于作用臂误差而产生作用臂的变化量，则可求得由于作用臂误差所引起的作用线上度量的传动位置误差为

$$\Delta F = F - r_0\varphi = \int_0^{\varphi} \delta r_0 d\varphi \tag{5-16}$$

当作用线 $\pi—\pi'$和运动线 $K—K'$的夹角为 φ 时，则从动件在运动线上的传动位置误差为

$$\Delta S = \frac{\Delta F}{\cos\varphi} = \frac{1}{\cos\varphi}\int_0^{\varphi}\delta r_0 \mathrm{d}\varphi \tag{5-17}$$

必须指出,式(5－16)和式(5－17)为机构中一对构件的传动位置误差。如果机构由若干构件组成,根据误差传递定律,则机构总传动误差为各对构件的传动位置误差除以相应传动比的代数和,即

$$\Delta F_{\Sigma} = \sum_{n=1}^{m}\frac{\Delta F_n}{i_{n-1}} \tag{5-18}$$

考虑到作用线与运动线之间的夹角 φ,则在运动线方向的总传动误差为

$$\Delta S_{\Sigma} = \frac{1}{\cos\varphi}\sum_{n=1}^{m}\frac{\Delta F_n}{i_{n-1}} \tag{5-19}$$

5.4 仪器误差的综合

在新产品设计和技术鉴定以及对旧的产品进行精度复测时,都需要对该产品的总精度进行分析和估计,对各个主要部件的误差进行分配和综合。

由于误差的种类不同,综合的方法也各异。对于随机误差,采用方差运算规则合成;对已定系统误差的综合采用代数和法;对属于系统误差性质的,但对其大小或方向还不确切掌握的所谓未定系统误差,则采用绝对和法与方和根法。

1. 随机误差的合成

设有 n 个随机性原始误差的标准差为 $\sigma_1,\sigma_2,\cdots,\sigma_n$,根据方差运算规则,其合成的总随机误差标准差为

$$\sigma = \sqrt{\sum_{i=1}^{n}\sigma_i^2 + 2\sum_{1\leqslant i<j\leqslant n}\rho_{ij}\sigma_i\sigma_j} \tag{5-20}$$

式中:ρ_{ij}为第 i、j 两个相关的随机误差间的相关系数;$\sigma_i\sigma_j$ 为相关的误差的标准差,i、$j=1,2,\cdots,n$,$i\neq j$。

合成后的总误差(总不确定度)极限误差为

$$\Delta_{\Sigma} = \pm t\sigma = \pm t\sqrt{\sum_{i=1}^{n}\sigma_i^2 + 2\sum_{1\leqslant i<j\leqslant n}\rho_{ij}\sigma_i\sigma_j} \tag{5-21}$$

式中:t 为置信系数,不但与置信概率有关,且与对应的随机误差的分布有关;Δ_{Σ} 为合成总极限误差。

各单项随机误差的极限误差 δ_i 表示为

$$\delta_i = \pm t_i \cdot \sigma_i$$

式中：σ_i 为各随机误差的标准偏差；t_i 为各对应随机误差的置信系数，则

$$\Delta_{\Sigma} = \pm t\sqrt{\sum_{i=1}^{n}\left(\frac{\delta_i}{t_i}\right)^2 + 2\sum\rho_{ij}\left(\frac{\delta_i}{t_i}\right)\left(\frac{\delta_j}{t_j}\right)} \tag{5-22}$$

式中：ρ_{ij}取值范围为 $-1\leqslant\rho_{ij}\leqslant1$（即$|\rho_{ij}|\leqslant1$）。

当 $0<\rho_{ij}<1$ 时，两随机误差 i 与 j 为正相关，其中一个随机误差增大时，另一误差的取值平均地增大。当 $-1<\rho_{ij}<0$ 时，两随机误差 i 与 j 为负相关，即一随机误差增大时，另一误差取值平均地减小。当 $\rho_{ij}=\pm1$ 时，称为完全相关（或称强正相关），两随机误差 δ_i 和 δ_j 间存在着确定的线性函数关系。当 $\rho_{ij}=0$ 时，两随机误差不相关（无线性关系），表示两随机误差完全独立。这时，由式（5－22）得出总极限误差综合为

$$\Delta_{\Sigma} = \pm t\sqrt{\sum_{i=1}^{n}\left(\frac{\delta_i}{t_i}\right)^2} \tag{5-23}$$

如为正态分布，置信系数 $t=3$（其约定概率为 $\rho=0.9973$），得随机性总极限误差为

$$\Delta_{\Sigma} = \pm\sqrt{\sum_{i=1}^{n}\sigma_i^2} \tag{5-24}$$

以上都是误差传递系数为 1 的情况，如果$\frac{\partial f}{\partial q_i}$不为 1 时，有

$$\Delta_{\Sigma} = \pm t\sqrt{\sum_{i=1}^{n}\left[\frac{\partial f}{\partial q_i}\cdot\sigma_i\right]^2} \tag{5-25}$$

2. 系统误差的合成

1）已定系统误差的合成

因为已定系统误差的数值大小和方向已知，其合成方法用代数和法。设有 r 个已知系统误差，则已定系统误差

$$\Delta_e = \Delta_1 + \Delta_2 + \cdots + \Delta_r = \sum_{j=1}^{r}\Delta_i \tag{5-26}$$

2）未定系统误差的合成

未定系统误差的数值大小与方向不明确，常用两种方法合成。

（1）绝对和法（又称最大最小法）。若各单项未定系统误差的不确定度（极限误差）分别为 $e_1,e_2,\cdots,e_m$，则总误差的不确定度按绝对值相加：

$$\Delta_e = |e_1| + |e_2| + \cdots |e_m| = \sum_{i=1}^{m}|e_i| \tag{5-27}$$

这种合成方法对总误差的估计偏大,显然不完全符合实际。但此法比较简便、直观,因而可供原始误差数值较小时或选择方案时采用。

(2) 平方和根法。

$$\Delta_e = \pm \sqrt{e_1^2 + e_2^2 + \cdots e_m^2} = \pm \sqrt{\sum_{i=1}^{m} e_i^2} \tag{5-28}$$

式中:$e_1, e_2, \cdots, e_m$ 为 m 个未定系统误差。

式(5-28)是假设单项原始误差不相关($\rho_{ij}=0$),且未知其概率分布而当作正态分析来对待。这种方法计算的结果略低于实际总误差,只有在误差数目很多时,才较接近实际情况。

当单项原始误差不相关,各误差概率分布已知时,采用广义方和根法最为合适。该法能较严格地适用于任何概率分布的误差合成,由于估算精度较高,对精密机械尤为合适。

总合成误差 Δ_e 为

$$\Delta_e = \pm t\sigma_m = \pm t \sqrt{\left(\frac{e_1}{t_1}\right)^2 + \left(\frac{e_2}{t_2}\right)^2 + \cdots + \left(\frac{e_m}{t_m}\right)^2}$$

$$= \pm t \sqrt{\sum_{i=1}^{m} \left(\frac{e_i}{t_i}\right)^2} \tag{5-29}$$

式中:$t_1, t_2, \cdots, t_m$ 为各系统误差在具体约定概率条件下对应的置信系数;t 为总误差分布的对应置信系数;σ_m 为总合成误差的标准偏差;$e_1, e_2, \cdots, e_m$ 为各未定系统误差的极限误差(系统不确定度)。一般测量时,m 取 1015 次,$t=3$。

设计精密机械时,m 个单项极限误差 $e_1, e_2, \cdots, e_m$ 取相应尺寸公差的 1/2,即 $e_i = \Delta x_i/2$。

精密机械含有各种单项原始误差,有些不相关,有的相关。因此在合成误差时,要注意考虑相关系数的影响,其处理方法同随机误差合成相同,即

$$\Delta_\Sigma = \pm t \sqrt{\sum_{i=1}^{n} \left(\frac{e_i}{t_i}\right)^2 + 2\sum e_{ij}\left(\frac{e_i}{t_i}\right)\left(\frac{e_j}{t_j}\right)} \tag{5-30}$$

3. 不同性质误差的合成

1) 已定系统误差和随机误差的合成

设各单项原始误差中有 r 个已定系统误差 Δ_i,n 个随机误差 δ_i,则其合成误差为

$$\Delta_s = \sum_{i=1}^{r} \Delta_i \pm t \sqrt{\sum_{i=1}^{n} \left(\frac{\delta_i}{t_i}\right)^2} \tag{5-31}$$

2）随机误差与已定系统误差、未定系统误差的合成

设各单项原始误差中有 r 个已定系统误差 Δ_i，有 m 个未定系统误差 e_i，有 n 个随机误差 δ_i。在合成误差时，要根据仪器设备的未定系统误差的类型来选定计算方法。

当计算一台仪器设备的最大极限误差值时，未定系统误差的随机性大为减少，因而可按系统误差来处理，其合成误差为

$$\Delta_s = \sum_{i=1}^{r} \Delta_i = \sum_{i=1}^{m} |e_i| \pm t \sqrt{\sum_{i=1}^{n} \left(\frac{\delta_i}{t_i}\right)^2} \tag{5-32}$$

这种计算方法适用于超差概率极小的仪器设备，如高精度计量标准仪器。

当计算一批同类仪器设备的合成极限误差时，未定系统误差呈现随机误差性质，因此误差合成按随机误差方法来处理。如果单项原始误差中含有相关的误差，则其合成误差为

$$\Delta_s = \sum_{i=1}^{r} \Delta_i \pm t \sqrt{\sum_{i=1}^{m} \left(\frac{e_i}{t_i}\right)^2 + \sum_{i=1}^{n} \left(\frac{\delta_j}{t_j}\right)^2 + \sum_{i,j=1}^{m,n} \rho_{ij} \left(\frac{e_i}{t_i}\right)\left(\frac{\delta_j}{t_j}\right)} \tag{5-33}$$

它反映不出一台设备的最大极限误差，因此不适用于计算一台仪器设备的合成极限误差。

在一般设备或仪器中求一台仪器设备的总极限误差时，强调未定系统误差的两重性，即在未定系统误差合成时，按随机误差来处理，强调其随机性质；它与随机误差合成时，则强调其系统性质，按系统误差与随机误差合成方法处理，其计算式为

$$\Delta_s = \sum_{i=1}^{r} \Delta_i \pm t \sqrt{\sum_{i=1}^{m} \left(\frac{e_i}{t_i}\right)^2} \pm t \sqrt{\sum_{j=1}^{n} \left(\frac{\delta_j}{t_j}\right)^2} \tag{5-34}$$

如果各单项原始误差有相关误差存在，求合成误差时，还应考虑相关系数。

5.5 仪器精度设计与误差分配

仪器精度设计包括两方面：一方面要研究与分配已知仪器允许的总误差，将其经济、合理地分配到部件上，并制定各部件的公差和技术要求；另一方面需要设法用“误差补偿”方法去扩大允许的公差，以解决由于总误差数值很小，致使某些部件的允许误差（公差）过严的问题。

1. 仪器精度指标的制定

仪器的总精确度应由使用要求来确定。过去常将仪器精确度取为被测结果精度的1/3，或按经验确定数据，这是不科学的。

在制定仪器精确度指标时，要考虑仪器使用场合，如以一次测量数据作为测量结果的仪器应当用极限误差作为仪器总误差；若以多次测量平均值作为测量结果，则应当用均方误差为仪器的总精密度指标，这时仪器分划值可取仪器允许总误差的1/10～1/2。

2. 仪器精度分配依据与步骤

1）精度分配的依据

（1）仪器的精度指标和总技术条件。

（2）仪器的工作原理、机光电系统图、机械结构的装配图及有关零部件图。它们提供误差源总数、各误差源对仪器误差影响的程度及误差之间的互相补偿的可能性等。

（3）仪器生产厂的技术水平（如加工、装配、检验等），产品使用的环境条件等。

（4）经济性。

（5）国家、部门、厂的有关公差技术标准。

2）精度分配的步骤

（1）明确总精度指标。

（2）形成产品工作原理和总体方案时，主要考虑理论误差和方案误差。

（3）安排总体布局、机光电系统时，分别考虑其原理误差。

（4）完成各零部件的结构设计，进行总精度计算，找出全部误差源，写出各自的误差表示式，制定部件公差与技术条件，确定补偿方案。

（5）将给定的公差技术条件标注到部件工作图上，编写技术设计说明书。

3. 误差的分配方法

仪器总误差为系统总误差与随机总误差之和。由于误差性质不同，其分配方法也各异。

1）系统误差

系统误差影响较大而数目较少。当系统误差是某一变量的函数，则可用仪器误差方程式来表示。如测长机进行长度测量时，误差是长度的函数，仪器误差为$\pm\left(1+\frac{L}{200}\right)\mu\text{m}$，测量零件的尺寸长时则测量误差也较大。

系统误差公差制定的过程是：先算出原理系统误差，根据一般经济工艺水平给出原理误差的公差值，算出仪器局部的系统误差，最后合成总系统误差。

如果系统总误差大于或接近仪器允许的总误差,说明公差不合理,要考虑采取技术措施加以解决或推翻原方案,重新设计。

如果系统总误差大于1/2或小于仪器允许的总误差,一般可以先提高有关部分的公差等级,然后再考虑采用某些补偿措施。

如果系统总误差小于或接近仪器允许总误差的1/3,则初步认为所分配的公差合理,待制定随机误差的公差时,再进行综合平衡。

2）随机误差

随机误差的特点是数量多,一般按均方根法综合。在总误差中扣除系统总误差,剩下的是随机总误差为

$$\Delta_{\Sigma}=\Delta_{s}-\Delta_{e} \tag{5-35}$$

式中:Δ_s 为仪器总误差;Δ_e 为系统总误差;Δ_{Σ} 为随机总误差。

随机总误差分配,通常有两种方法:一种是按等作用原则;另一种是按不等作用原则。等作用原则:各零部件误差相等地作用于总误差,则每个单项误差为

$$\delta_i=\frac{\Delta_{\Sigma}}{\sqrt{n+m}} \tag{5-36}$$

式中:n 和 m 分别为未定系统误差和随机误差。

不等作用原则为

$$\delta_i=\frac{\Delta_{\Sigma}}{\sqrt{\sum_{i=1}^{m+n}P_m^2}} \tag{5-37}$$

式中:P_m 为各项随机性误差的作用系数。

3）公差调整

等作用原则的误差分配法没有考虑各部件的实际情况,从而造成有的公差偏松,有的偏紧,很不经济。

通常是在调研制造行业实际工艺水平和使用技术水平的基础上,定出三方面的公差评定等级,即经济公差极限、生产公差极限和技术公差极限,用以作为衡量标准。

经济公差极限——在通用设备上,采用最经济的加工方法所能达到的精度。

生产公差极限——在通用设备上,采用特殊工艺装备,不考虑效率因素进行加工所能达到的精度。

技术公差极限——在特殊设备上,在良好的实验室条件下,进行加工和检验时,所能达到的精度。

调整公差时,首先要确定调整对象。一般是先调整系统误差、误差传递系数

较大和容易调整的项目。

应该把低于经济公差极限的允差值都提高到经济公差极限。从总极限公差Δ_{Σ}中将其合成值扣除,则得到新的允许误差Δ_{Σ},经过多次反复调整,使大部分模件的公差都在经济公差极限内。此时,可能有少数值超过技术公差极限。对于这种误差,可采用补偿的办法来解决。

当调整到大多数的值在经济公差极限内,少数值在生产公差极限内,极个别的在技术公差极限内,且系统误差的公差等级比随机误差高,补偿措施少而经济效果显著时,即可认为合格。

如经反复调整仍达不到上述要求,则应考虑改变设计方案。

4）误差补偿

误差补偿是调整公差的一种有效手段。一般常采用下列两种补偿方式。

(1）误差值补偿法。它是一种直接减小误差源的办法。其补偿的形式有以下几种。

① 分级补偿。将补偿件的尺寸分成若干级,通过选用不同尺寸级的补偿件,使误差得到阶梯式的减小,通过修磨补偿垫的尺寸来达到预期的精度要求。

② 连续补偿。如导轨镶条,可用以连续调整间隙。

③ 自动补偿。如通过误差校正板,可自动校正误差。

(2）误差传递系数补偿法。通常采用以下 3 种方式。

① 选择最佳工作区。如偏心误差传递系数中有 $\sin\varphi$ 或 $\cos\varphi$ 项(φ 为偏心相位角),当零件工作角度范围不大时,可选择在最大偏心区以外的区域工作,从而减少误差;

② 改变误差传递系数。

③ 综合补偿。利用机械、光学、电气等技术手段去抵消某些误差,从而达到综合补偿的目的。

5.6 仪器的动态精度

在测量过程中被测参数 x 不随时间变化,称为静态测量。当测量的参数随时间而变化,如表面粗糙度测量、齿轮啮合精度测量,则称为动态测量。

动态测量会带来动态误差。为了避免或减小动态误差,必须研究仪器的动态特性,分析仪器在给定条件下的动态误差,进而选择合理的动态测试方案或有针对性地采取改进措施。

动态误差分析的一般方法是根据测量系统的动力学方程式,求出动态精度特性的各项精度指标。它不仅考虑几何尺寸精度,而且考虑到仪器的惯性、阻尼、摩擦和电气线路的过渡过程等因素。

对于接触式测量系统来说，主要的动态精度指标是被测量变化的临界频率特性、被测量件的临界送进速度、极限动态测量误差。

对于非接触式测量系统来说，主要动态精度指标是误差幅频特性和误差过渡函数。

1. 临界频率特性

它决定了传递尺寸的传动副脱开时刻的尺寸变化频率与幅值之间的关系。传递尺寸的传动副包括零件与测头，以及测量链中所有传动副。临界频率就是传递尺寸的传动副开始脱开时的尺寸变化频率。

一般计算方法如下。

（1）列出测量系统或传感器的运动微分方程式：

$$a\frac{\mathrm{d}^2 z(t)}{\mathrm{d}t^2}+b\frac{\mathrm{d}z(t)}{\mathrm{d}t}+cz(t)=Kf(t) \tag{5-38}$$

式中：以 a、b、c 为测量系统的常数；$z(t)$ 为系统输出量；$f(t)$ 为系统输入量。

（2）将不脱开条件 $f(t)\geqslant 0$ 代入方程，并求出尺寸变化频率 ω 与其他参数的关系。

（3）将不等式转化为等式以求出临界频率为

$$\omega_{kp}=f(P,e,k,M,\varphi,a,\xi,\cdots) \tag{5-39}$$

式中：P 为预拉力；φ 为固定测量仪器装置的振动频率；e 为尺寸变化幅度；a 为机床振动幅度；k 是为测量系统自振频率；ξ 为阻尼系数；M 为活动部分的折合质量。

为了不产生由于脱开而带来的动态误差，必须满足以下条件：

$$\omega_{\max}\leqslant\omega_{kp} \tag{5-40}$$

式中：$\omega_{\max}$ 为尺寸变化最大可能频率，其算法与精度频幅特性求法相同。

对已制成的测量仪器，ω_{kp} 可以表示为

$$\omega_{kp}=f(e) \tag{5-41}$$

式中：e 为尺寸变化幅值。

2. 临界送进速度

临界送进速度为接触式测量仪器尺寸突然加入时产生动态误差的条件，由测量链中传动副脱开时的被测件送进速度来决定。

计算步骤大体如下。

（1）写出测量系统的运动微分方程式。

（2）求出测头在被测件送进时受撞击后的速度，代入不脱开条件式中，便可

求得零件送进临界线的速度。

如果被测件送进测量位时，测头是抬起状态，而测量是在测头落下时进行，此时应改为求测头落下临界速度，在此速度以内，测头落下后不产生系统动态误差。

3. 极限动态误差

极限误差给出测量链传动副稍微脱开后，产生的动态误差的极限值，一般计算方法如下。

(1) 列出测量系统在传动副脱开后的运动微分方程式，即右项为零的方程式：

$$f_i\left(\frac{\mathrm{d}^2x}{\mathrm{d}t^2}\cdot\frac{\mathrm{d}x}{\mathrm{d}t}\cdot x\right)=0(i=1,2,\cdots,n) \tag{5-42}$$

(2) 求出在下列原始条件下方程式的解：

$$\begin{cases}\left(\dfrac{\mathrm{d}x_i}{\mathrm{d}t}\right)_{t=0}=\dot{x}_{0i}(i=1,2,\cdots,n)\\(x_i)_{i=0}=x_{0i}\end{cases} \tag{5-43}$$

解的形式为 $x_i=F_i(t)$，即脱开后系统的运动规律。

脱开后速度变化规律为

$$\dot{x}_i=\varphi_i(t) \tag{5-44}$$

由上式可以得到 $\dot{x}_i=0$ 时的时间 t_{0i}，即动态误差达到最大值的条件。将 t_{0i} 代入式(5-44)，得极限动态误差系统组成部分的表达式为

$$x_i(t_{0i})-x_1(t_{0i})=\Delta x(t_{0i}) \tag{5-45}$$

式中：$x_i(t_{0i})$ 为在 t_{0i} 时被测量的实际值。此式为系统误差部分，同时还有随机误差。

极限动态误差的规范形式为

$$\begin{cases}\Delta d_{\lim}=M(\Delta x)\pm3\sigma(n)\\\Delta d_{\lim}=M(\Delta x)\pm3\sigma(V)\end{cases} \tag{5-46}$$

式中：$M(\Delta x)$ 为极限动态误差的数学期望值；$3\sigma(n)$ 为与 n 有关的动态误差随机部分；$3\sigma(V)$ 为与 V 有关的动态误差随机部分。

在低速时动态系统误差不存在，则

$$\Delta d_{\lim}=\pm3\sigma(V)=\pm3\sigma(n) \tag{5-47}$$

当静态测量时，$n=0$（或 $V=0$），则其静态误差为

$$\Delta d_{\lim} = \Delta_{\lim} = \pm 3\sigma \tag{5-48}$$

4. 误差幅频特性

它是用以确定尺寸连续变化非接触测量系统的动态精度,如旋转零件的非接触测量或几何形状的自动测量仪器。

误差幅频特性给出了示值幅度误差与被测量变化角速度之间的关系。一般数学表达式为

$$\Delta A(\omega) = A(\omega) - A_{\mathrm{cm}} \tag{5-49}$$

式中:$A(\omega)$为在给定的尺寸变化幅度情况下测量系统的幅频特性;A_{cm}为在给定的尺寸变化幅度情况下测量系统的静态示值幅度。

测量系统的幅频特性,可用自动调节原理方法求得。

研究表明,在采用误差幅频特性的情况下,测量系统的随机误差按其来源可以分为以下几种。

(1) 与测量系统工作频率有关的随机误差。

(2) 与测量系统工作频率无关的随机误差,它们具有其本身的频率。

所有与被测尺寸变化频率有关的干扰都属于第一类随机误差的来源,如主轴游隙、传动不均性、未考虑的振动、预先没考虑到被测件形状不正确性等。这些干扰的频率可能等于工作频率,也可能是其倍数。其离散以 D_{y1} 表示。

所有独立的干扰都属于第二类随机误差源,如电压或气压的不稳定,空间或外界的干扰等。其离散以 D_{y2} 表示。

此两类随机误差互不相关,故总的离散等于

$$D_y = D_{y1} + D_{y2} \tag{5-50}$$

其所代表的动态精度特性的随机部分用最大极限误差 $\Delta A_r(\omega)$表示。

确定误差幅频特性的完全表达式,即由系统的和随机的两部分组成的完整表达式。系统误差部分是误差幅频特性的数学期望 $M[\Delta A_{\Sigma}(\omega)]$,即未考虑随机误差的误差幅频特性式(5-49),即

$$M[\Delta A_{\Sigma}(\omega)] = \Delta A(\omega) \tag{5-51}$$

所以有

$$\Delta A_{\Sigma}(\omega) = M[\Delta A_{\Sigma}(\omega) \pm 3\sigma(\omega)] \tag{5-52}$$

由此得出误差幅频特性的完全表达式的最大值可简写为

$$\Delta A_{\Sigma}(\omega) = M[\Delta A_{\Sigma}(\omega)] \pm 3\sigma(\omega) \tag{5-53}$$

当 $\omega=0$ 时,没有动态系统误差,则

$$M[\Delta A_{\Sigma}(\omega)]=0;\ \pm 3\sigma(\omega)=\pm 3\sigma \tag{5-54}$$

此时,有

$$\begin{aligned}\Delta A_{\Sigma}(\omega)&=\Delta_{\lim}\\ \Delta_{\lim}&=\pm 3\sigma\end{aligned} \tag{5-55}$$

为了保证自动测量系统正确地工作,必须遵守以下条件,即

$$\Delta A_{\Sigma}(\omega)\leqslant \Delta\delta_{g} \tag{5-56}$$

式中:$\Delta\delta_g$ 为允许测量误差。

图 5-4 所示为误差幅频特性的典型图例。

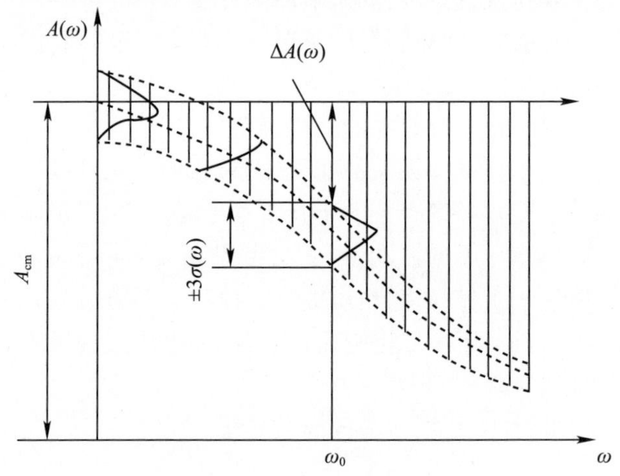

图 5-4　误差幅频特性图

当 $\omega=0$ 时,静态示值为 A_{cm},静态误差为 $\pm 3\sigma$;当工作频率为 ω 时,动态误差用误差幅频特性表示为

$$\Delta A_{\Sigma}(\omega)=\Delta A(\omega)\pm 3\sigma(\omega) \tag{5-57}$$

可采用动态调整法,将误差幅频特性的系统误差部分消除,仅剩下随机误差部分。因此,动态调整后的极限误差为

$$\Delta A_{\Sigma}(\omega)=\pm 3\sigma(\omega) \tag{5-58}$$

5. 误差过渡函数

它反映了一个被测值突然加入测量系统后,动态误差随时间变化的规律。其一般表达式为

$$\Delta S(t)=S_0[S_1(t)-S_{1cm}] \tag{5-59}$$

式中：S_0 为被测量实际值；$S_1(t)$为测量系统或元件的过渡函数；S_{1cm}为单位被测量的静态示值。

误差过渡函数与传递函数之间的关系为

$$\Delta S(t)=\ell^{-1}\Delta S(p)=\ell^{-1}\{[H(p)-1]S_{cm}\} \tag{5-60}$$

$$H(p)=\frac{S_2(p)}{S_1(p)} \tag{5-61}$$

式中：$S_2(p)$为输出量的拉氏变换；$S_1(p)$为输入量的拉氏变换；$H(p)$为测量系统的传递函数。

这种指标用来解决测量精度与测量效率之间的问题。对于自动线上用以测量固定尺寸误差的非接触测量系统，因为自动线具有严格的生产节拍，就要用误差过渡函数 $\Delta S(t)$来解决问题。

如图 5－5 所示的误差过渡函数图，对于曲线 2 来讲，假如允许误差为 $\Delta\delta_g$，则在稳定时间 t_1 内零件不得从自动测量位上转走。

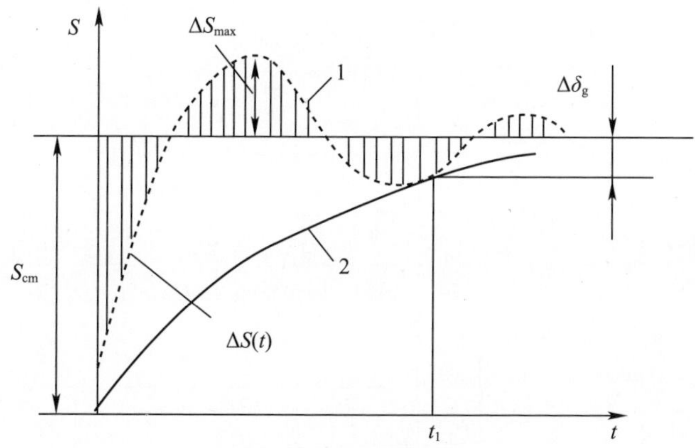

图 5－5　误差过渡函数图

假如测量系统运动方程为衰减振荡型，则从误差过渡函数引出一个附加特性，即附加被测值的最大动态测量误差 ΔS_{max}，如图 5－5 曲线 1 所示。此特性对触点经常通电的界限传感器是重要的，在有些补调装置及自动检测仪中也会遇到。

在 ΔS_{max}超过允许误差 $\Delta\delta_g$ 时，必须改变系统参数，使衰减振荡的最高峰值处在公差范围之内。

自动测量系统的动态精度特性及示例图见表 5－1。

表 5-1 自动测量系统的动态精度特性及示例

类别	装置及元件示例	自动测量典型过程	动态精度特性	图形
接触式	电触式装置	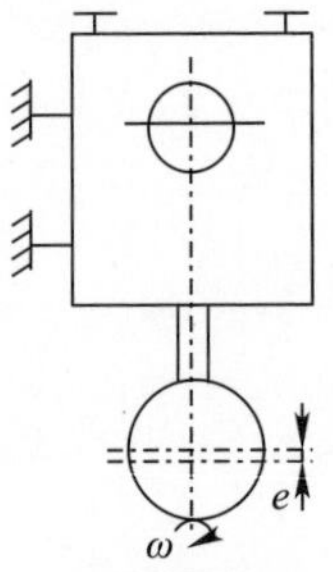 尺寸连续变化	临界频率特性 $\omega_{k_p}=\sqrt{\frac{C_{k_p}}{m_{k_p}}+\frac{p-m_{k_p}\psi^2 a_1}{m_{k_p}e}}$	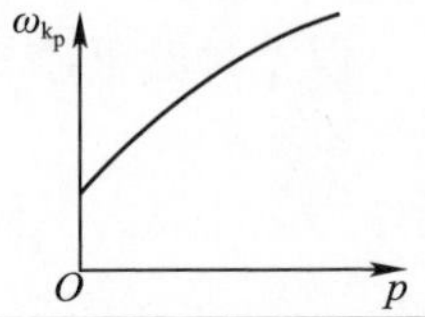 ω_{k_p}, O, p
	机械接触式装置		极限动态误差 $\Delta d_{lin}(\omega)=\Delta S(\omega)\pm 3\sigma(\omega)$	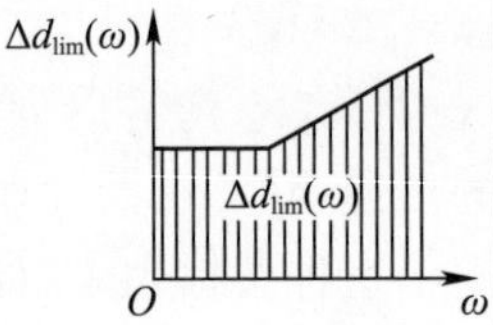 $\Delta d_{lim}(\omega)$, O, ω
	机械式量仪	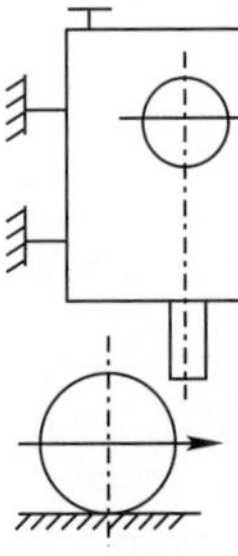 尺寸突然加入	零件送进临界线速度 $v_{k_p}=\frac{\alpha_1 h}{K}\tan\beta$	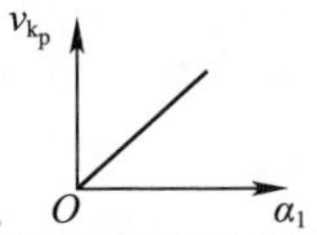 v_{k_p}, O, α_1
			极限动态误差 $\Delta d_{lin}(v)=\Delta M(v)\pm 3\sigma(\omega)$	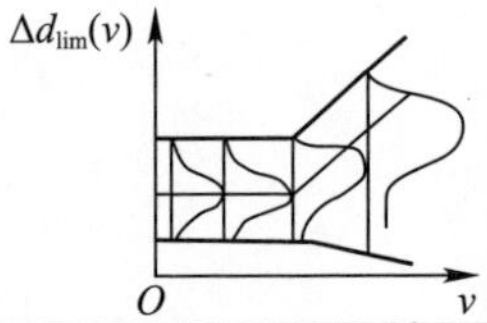 $\Delta d_{lim}(v)$, O, v
非接触式	气动测量装置	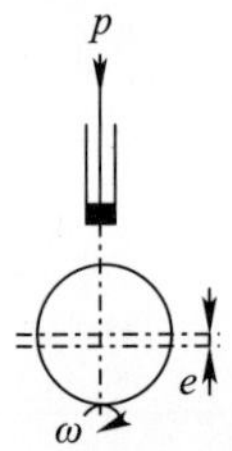 尺寸连续变化	精度幅频特性 $\Delta A_{\Sigma}(\omega)=\Delta A(\omega)\pm 3\sigma(\omega)$	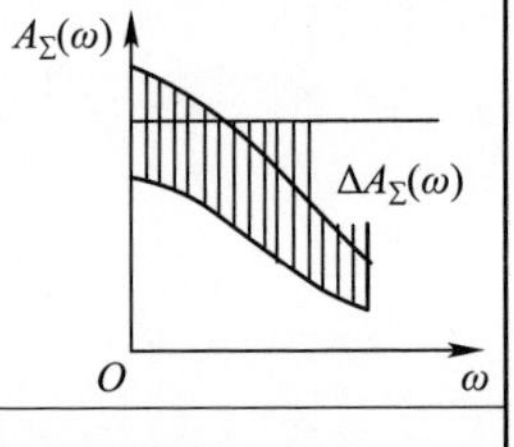 $A_{\Sigma}(\omega)$, $\Delta A_{\Sigma}(\omega)$, O, ω
	测量装置的电路		动态调整时的极限动态误差 $\Delta A_{\Sigma}(\omega)=\pm 3\sigma(\omega)$	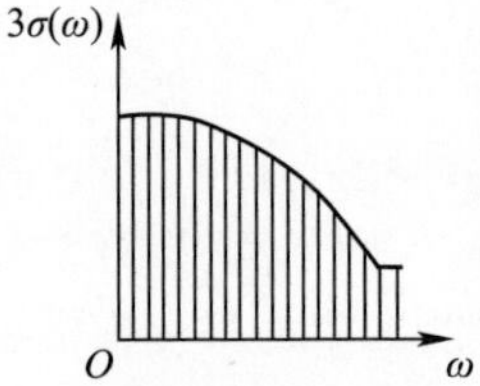 $3\sigma(\omega)$, O, ω
	指示仪器	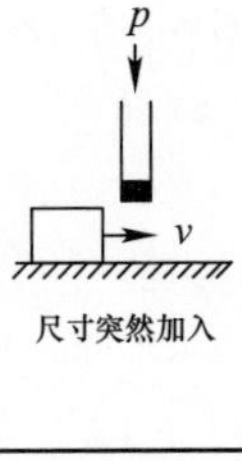 尺寸突然加入	精度过渡函数 $\Delta S(t)=$ $\varphi^{-1}\{[\Phi(S)-1]S_{1cm}\}^2$	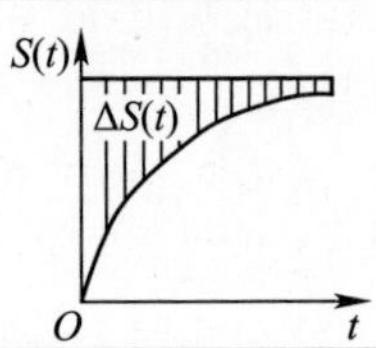 $S(t)$, $\Delta S(t)$, O, t

5.7 提高测量精度的措施

多数光电仪器或系统都是由光学、电子学、精密机械、计算机控制与处理等系统组成的,若提高仪器或系统的精度,可分别从提高各构成系统的精度做起。具体方法是从各系统的机构原理、测量链、加工、装调、测试方法、误差修正等环节入手,采取一些有效措施,减小其原始误差或误差传递系数,以达到提高仪器精度的目的。

1. 设计时从原理和结构上消除误差

1) 计量仪器设计应符合阿贝原则

在计量仪器中,设计时应符合阿贝原则,如阿贝比长仪和光学球径仪等都符合阿贝原则;而读数显微镜设计时不符合阿贝原则。所以,阿贝比长仪和光学球径仪的阿贝误差可忽略,而读数显微镜之阿贝误差就不能忽略。

2) 仪器设计应遵守等作用原则

在内基线测距机设计时遵守等作用原则,使被测光路与参考光路基本一致,可减小或避免因距离失调对测距精度的影响。

3) 光学系统设计中应采用远心光路、焦阑光路

在计量、检测系统中采用远心光路(照明或成像)可消除由物镜焦深引起的测量误差。

4) 应尽量缩短测量链

在考虑测量链时应尽量满足最短尺寸链原则,使测量环节越少越好,以减小误差来源。

5) 采用调整机构

在光电仪器中,对一些位置精度高的机构,往往采用调整机构和补偿机构来消除误差。如齿轮副间隙,可通过调整中心距来减小齿轮副间隙,利用弹性元件实行力封闭,使齿轮传动变成单面啮合,减小或消除间隙;光学瞄准镜常用的分划板调整机构;经纬仪中,调整两个轴系垂直度的偏心环机构;调整物镜光轴的双偏心机构;在光学设计中,调整杠杆臂的调整机构等都是常见的调整或补偿机构。

6) 尽量减小误差传递系数

在设计选择参数时,要从减小误差传递系数出发考虑,这是提高仪器精度的有效途径。例如,在屏幕读数测微器中,提高投影物镜之放大倍数,不仅可提高瞄准精度,同时可减小螺距误差对测量结果的影响,因为螺距误差造成的误差传递系数与物镜的放大倍率成反比。又如,在凸轮摆杆机构中,增大摆杆的长度,

可减小凸轮矢径的误差传递系数，从而降低凸轮误差对测量的影响。

7）减小间隙与空程引起的误差

仪器零件配合存在间隙，造成空程，从而影响精度。弹性变形在许多情况下将引起另一种空程——弹性空程，也会影响精度。设计时，应考虑以下几方面因素。

(1) 采用间隙调整机构，将间隙调至最小。

(2) 提高构件刚度，以减少弹性空程。

(3) 改善摩擦条件，减小摩擦力，以减少由于摩擦力造成的空程。

8）减小振动引起的误差

振动可能使工件或刻尺的像抖动或变模糊。振动频率高时，会使刻线或工件轮廓像扩大，产生测量误差；若外界的振动频率与仪器的自振频率相近，则会发生共振。振动还会使零件松动。减小振动影响的办法有以下几种。

(1) 在高精度测量中尽量不采用间歇运动机构，而采用连续扫描或匀速运动机构。

(2) 零部件的自振频率要避开外界振动频率。

(3) 采取各种防振措施，如防振墙、防振地基、防振垫等。

(4) 通过柔性环节使振动不传到仪器主体上。

9）采用误差补偿设计

(1) 设计中采用对径读数消除偏心误差

度盘、圆光栅等测角标准器，通常采取在 180°的对径位置同时读数然后取平均值的方法来消除偏心误差。如图 5-6 所示，O 点设为度盘旋转中心，O'点为度盘刻度中心，A 和 B 点为对径读数位置。不难看出，由偏心量 e 引起的 A、B 两点的读数误差都为 δ，即 A 点读数为 $0° - \delta$，而 B 点读数为 $180° + \delta$。取 A、B 两点读数的平均值即可消除偏心误差 δ。

详细证明可知，采用对径读数系统还可消除度盘或圆光栅的全部奇次误差。

(2) 设计合理的光路

设计干涉仪光路采用共路原则，使工作臂与参考臂尽量经过相同的路径（并排靠近），这样可补偿由于床身变形和环境条件变化带来的误差。

10）利用光学元件补偿光束漂移误差

激光准直仪是以激光束作为直线基准的。由于激光器的热变形会引起出射光线发生平移和角漂，这样就不可避免地会产生测量误差。如果将激光束通过如图 5-7 所示的棱镜组，将一束光分成全对称的两束光，并以对称线作为基线，便可得到一条比较稳定的空间基线。如果激光束发生平移和角漂，则在两路中其大小相等，方向相反，对称中心不变。

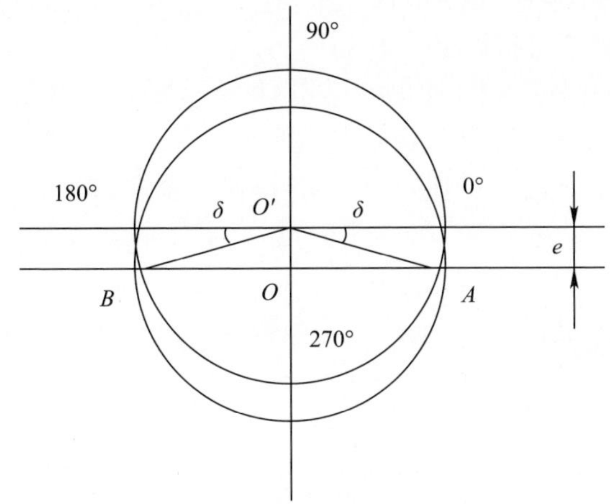

图 5-6 对径读数消除偏心误差

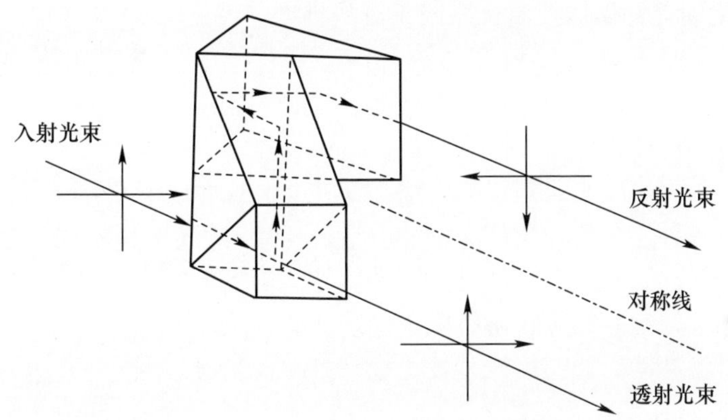

图 5-7 激光准直仪补偿漂移的原理

2. 从装配调整中消除误差

通过装配调整来提高光电仪器精度是一项行之有效的办法,具体做法如下。

1)单件修切法

例如,可采用以下几种方法:研配、修刮、修切某个端面来保证视度调节范围;修切分划镜的一个端面来保证分划面与物镜焦面重合;修切或研磨隔圈来保证透镜之间的间隔尺寸。

2)分组选配

例如,精密轴系的间隙要求很高,选择适当尺寸的轴与孔相配合就能得到所要求的间隙,在并联双光路系统中,如双目望远镜中,要求左右两镜筒的放大率允许误差小于或等于 2%,可通过选配目镜、物镜的焦距来达到。同样在内基线体视测距机中,两组物镜的焦距公差要求极严,可通过精选、配对来满足要求。

3. 对仪器的误差进行修正

1)对已定系统误差采用列表修正或微机修正

在光电仪器中,为了提高测量精度常常采用误差修正的办法。如温度变化范围大时,其误差为已定系统误差,只要精确测得温度,就可采用表格修正或由微机自动修正。

在光学仪器中,基准器的误差是仪器的主要误差,只要已知基准器的误差变化规律,就可采用修正的方法,或将误差函数输入微机进行自动修正,或用表格曲线进行逐点修正。

2)采用合理的测量方法

对于高精度仪器,如在经纬仪的测量中,利用正、倒镜测量法来消除视差和度盘偏心差的影响,利用变换度盘位置来减小度盘刻线误差的影响,采用多次瞄准以提高瞄准精度等,都是提高仪器精度的有效方法。

4. 采用误差补偿法提高仪器或系统的精度

误差补偿是提高仪器精度的一种有效手段。一般常采用下列 3 种补偿方式。

1)误差值补偿法

这是一种直接减小误差源的办法。其补偿形式有以下几种。

(1)分级补偿。将补偿件的尺寸分成若干级,通过选用不同尺寸级的补偿件,得到阶梯式的误差减小,通过修磨补偿件的尺寸来达到预期的精度要求。

(2)连续补偿。如导轨镶条用于连续调整间隙。

(3)自动补偿。如通过误差校正板来自动校正误差。

2)误差传递系数补偿法

(1)选择最佳工作区。如偏心误差传递系数中有 $\sin\varphi$ 或 $\cos\varphi$(φ 为偏心相位角),当零件工作角度范围不大时,可选择在最大偏心区以外的区域工作,从而减小误差。

(2)改变误差传递系数。如图 5-8 所示,当螺距 P 的误差为 ΔP,丝杠转一周时,工作台位移误差为 $\Delta L = \Delta P(1-\cos\theta)$,改变 θ 角即可改变误差传递系数。

3)综合补偿

利用机械、光学、电气等技术手段去抵消某些误差,从而达到综合补偿的目的。

以动态准直仪为标准器来跟踪测量一些高精度、数字式计量仪器导轨的直线度误差,并把测得的误差值经电路处理后转换为相应的脉冲数,输入给计数器

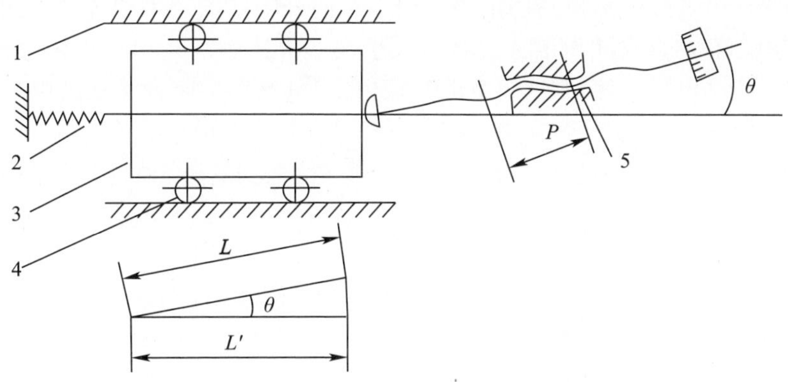

图 5－8　螺旋测微机构示意图

1—导轨；2—弹簧；3—滑块；4 滚珠；5—螺旋副。

或计算机进行阿贝误差补偿。其电路原理框图如图 5－9 所示。

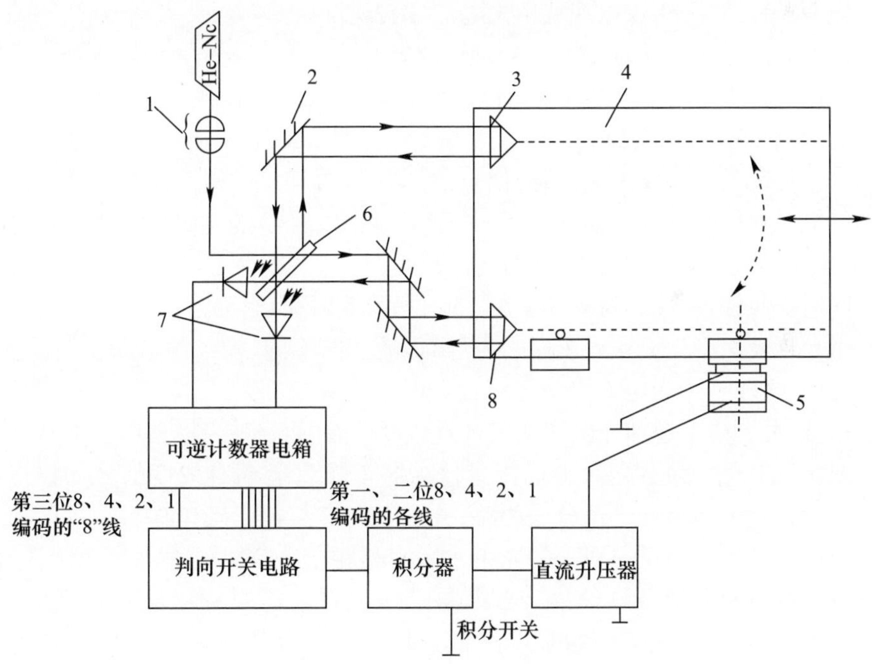

图 5－9　转角测量及校正原理

1—准直透镜组；2—全反射镜；3，8—角隅透镜；4—上工作台；
5—压电陶瓷；6—分光移相镜；7—光电接收器。

由干涉仪输出的线位移脉冲信号，一路直接送到计数器或计算机进行显示，另一路则经低通滤波器送到门电路。门电路的开闭取决于 D/A 转换器的输出电压与由动态准直仪测得的和导轨直线度误差成比例的输出电压相比较的结果。如果两个电压平衡,则比较电路无输出,门电路均关闭且无加减脉冲输出。只要两个电压不平衡,经过比较电路,或把加法门打开,或把减法门打开,这样就有脉冲通过加法门或减法门输出,一路加到计数器或计算机进行误差补偿,另一路送到 128 位计数器,使 D/A 转换器的输出电压与动态准直仪的输出电压达到重新平衡,又使门电路均关闭。在整个测量过程中,补偿是自动连续进行的。

5. 采用误差自动校正原理

对于精度要求较高,且又无法通过巧妙的结构安排使误差得到补偿的场合,可采取误差自动校正措施。近年来,误差自动校正还广泛应用在微细工程的自动调焦技术上。例如在大规模集成电路的制版、光刻、掩膜检查以及光盘技术中,都要求达到 0.1μm 量级甚至更高的调焦精度。

1)采用像散法离焦原理利用光电信号实现自动调焦

例如应用在光盘技术中的一种自动调焦方案如下。激光束经过半透半反射镜 P 折向物镜 L_1,聚焦于光盘表面后返回,通过 L_1、P 和 L_2,本应成像于 L_2 的后焦面上,然而由于在光路中插入了一块柱面镜,成像光点产生了像散。如图 5-10所示,在 a、b、c 3 个位置,像点的形状不同。如果按图所示在 a、b、c 处放置一个四象限光电接收器件,并按照 $(1+3)-(2+4)$ 的逻辑关系进行信号处理,不难理解,在 a、b、c 3 个位置的输出信号是不同的。实际使用时,将光电接收器固定在 b 位置,用它对应物面的正确位置,此时输出信号为零。

当光盘表面产生离焦误差时,根据离焦的方向不同,像点的形状将向 a 或 c 方向变化,这样利用光电输出信号便可实现自动调焦。

2)利用干涉原理和光电转换实现直线度误差的自动补偿

图 5-11 所示为激光两坐标测量仪纵向工作台运动直线度的自动校正系统。一束激光由移相分光镜分成两路,分别射向安装在浮动工作台上的两个立体棱镜。由立体棱镜反射回来的光束重新在移相分光镜处会合并发生干涉,由光电接收器检测干涉条纹信号。当纵向工作台在前进过程中无角运动时,光电接收器检测不到干涉条纹的变化,但是只要工作台略有偏转,干涉仪两臂光程差便发生改变,光电接收器便可测出条纹的变化。经过光电转换及电信号的处理,可驱动压电陶瓷使工作台转回原来的方位,这样就达到了自动校正的目的。

这一校正系统使工作台运动的直线度,在静态时由 4μm 减小到 0.5μm。尽管没有达到零,但已极大地改善了运动精度。

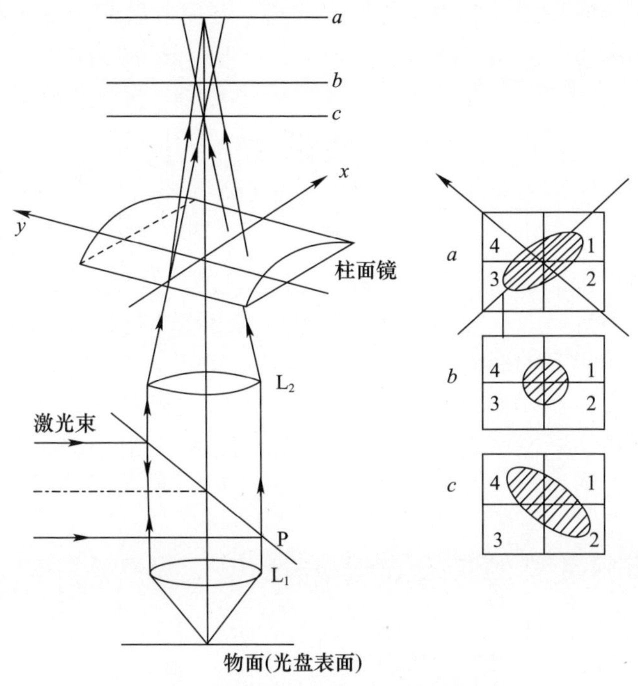

图 5-10　像散法离焦探测原理

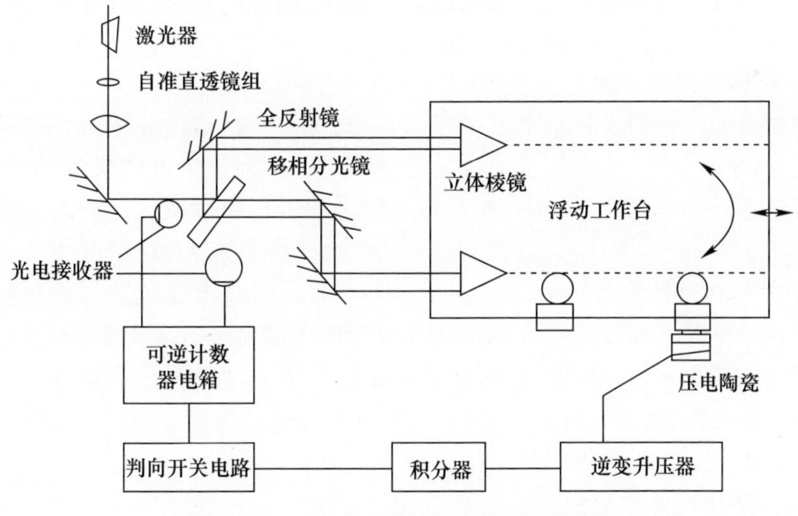

图 5-11　工作台运动直线度自动校正系统

第6章　测试系统评估

各种总线标准的自动测试系统,都有其各自的优缺点,也就是说,很难确定某种自动测试系统是否是最佳选择。要想研制出高性能的自动测试系统,就必须综合考虑各种因素的影响,在满足测试需要的前提下,实现最优的测试系统设计。因此在系统研制初期,建立自动测试系统的指标评价体系,使用科学合理的评价工具来评价自动测试系统的最终性能和研制成本,对于缩短系统研制周期、减少研制费用具有重要的意义。

6.1　自动测试系统评估的指标体系

6.1.1　指标体系建立的程序

评价指标的选择过程是对评价目标进行分析、概括的过程,而综合评价指标体系的建立是评价者对评价对象认识逐步深化、逐步完善、逐步系统化的过程。一般来说,建立综合评价指标体系有三步。

1. 指标体系初步建立

评价者对评价对象进行全面深入的系统分析,包括结构分析、功能分析、工作描述、性能理解等,确定评价的目的、目标和意义,确定评价体系的层次,选择可以描述系统性能的合适指标,初步建立综合评价指标体系。初选的指标只求全面不求优。

2. 指标体系的完善

评价指标体系初步建立以后,由于选择的指标并不一定是必要的,有些指标具有相关性或重复性,有些指标可能被遗漏或是错误的,因此应咨询相关专家的意见,对指标进行咨询—筛选—修改—咨询,如此反复操作,不断完善指标体系,直到得到满意、科学、合理的评价指标体系。

3. 确定指标体系结构

通过逐步地完善、检验以及指标体系结构的优化,形成一套科学、合理、全面,而且简明、易于操作的综合评价指标体系。

上述3个步骤是建立评价指标体系必须经过的,其建立流程如图6-1所示。

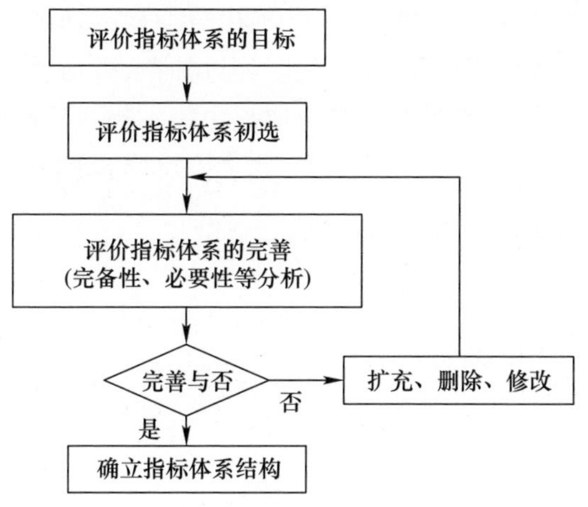

图 6－1　评价指标体系建立流程

6.1.2　指标体系建立的方法

对自动测试系统进行评价时要综合考虑不同使用环境的要求，由于使用环境复杂，仅凭决策者和效能评估分析人员的工作是远远不够的，必须借助各方面专家的知识和经验来完成。在这里采用 Delphi 咨询法（也称专家调查法）。该方法针对评估者和分析者在知识和经验上的局限性，通过组织各方面的专家，使之对指标体系涉及的问题发挥咨询作用，多次反复地交换信息、统计处理和归纳综合，合理地给出效能评估所包含的全部指标及各指标间的相互关系，从而确定指标体系的完整结构。该方法的流程图如图 6－2 所示。

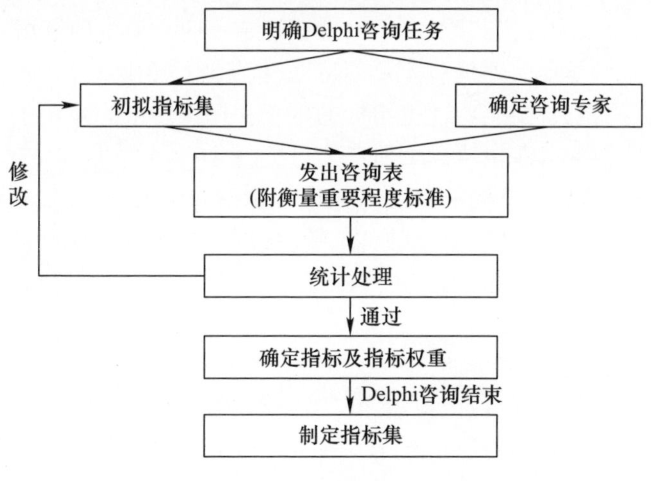

图 6－2　Delphi 咨询流程

Delphi 法的本质是系统分析方法在价值判断上的延伸,利用专家的经验和智慧,根据其掌握的各种信息和丰富经验,经过抽象、概括、综合、推理的思维过程,得出专家各自的见解,再经汇总分析而得出指标集。在使用该方法时,正确选用专家(包括专家数量、专家的领域等)是该方法成功的关键。

6.1.3 需求分析及指标确定的原则

1. 需求分析

1) 指标体系的实用性

首先应明确我们建立的指标体系是为谁服务,搞清楚其建立的目的。建立的指标体系要考虑其实用性。

2) 指标体系的科学性

指标体系是为了对在役的自动测试系统的优劣进行评价,并为先进自动测试系统的研制方案论证提供一定的技术支持。因此,指标体系必须是科学的,这样根据指标体系得到的评价结果才能让人信服。

2. 指标体系确定的准则

指标体系的确定,并非评价指标越多越好,关键在于指标在评价中所起作用的大小。指标体系越全面,决策的结果就越客观、越合理,但指标太多也会增加评价的复杂程度和难度,尤其是数据的计算量将以指数形式增长。一般性能指标体系的选取遵循科学性原则、完备性原则、系统性原则、目的性原则等内容。在建立自动测试系统指标体系时采用以下原则。

1) 科学性和系统性相结合原则

指标的选择要客观真实、符合实际,有科学的规定性,尽可能利用现有的统计、实测资料,数据的收集获取、权重的计算确定都应有科学的依据;指标体系应围绕评价目的,科学反映评价对象及其特征,指标概念正确、含义清晰,各指标之间不应有很强的相关性,避免评价指标的重复和评价体系的繁冗。

2) 全面性和重点性相结合原则

评价指标体系要从不同的角度来描述评价对象的性能特征,从各个角度全面、完整、系统地反映出评价对象的各系统、各层次的主要影响因素,不能"扬长避短",但是也不能不分主次地把所有指标都包含进来,要经过科学的分析,选择具有代表性的重要指标。

3) 定性与定量相结合原则

根据自动测试系统的性能特点,有些指标可以定量化,有些指标却难以定量描述,而可能这些指标却对评价起着主导性的作用。因此确定指标时尽量选择定量化的指标,但对于难以量化的指标也不能忽略,不能定量化的指标要定性描述。

4）可比性和可操作性相结合原则

评价指标体系对每一个评价对象都应该是公平的、可比的，即指标体系中的指标应该具有通用性，不能包含对某一对象来说是其特有的指标，否则综合评价的价值就会打折扣；同时指标体系中的每一个指标都必须能够及时搜集到准确的数据，如果某些指标搜集数据费时、费力、费钱，那么要设法寻找替代指标。

6.1.4 自动测试系统综合评价指标体系的确定

性能评价主要是对测试系统在不同的条件下能发挥出的效能给出一个度量标准。要求和着眼点不同，系统效能的度量准则也不同。选择适当的度量准则是性能评价的首要问题。一般自动测试系统评价时主要从以下几个方面考虑。

1. 物理因素

自动测试系统在向着集成化、小型化发展，这是自动测试系统的发展趋势。对于自动测试系统，首先要从宏观上进行评价，也就是对自动测试系统的物理因素进行评价，这一指标关系到测试设备使用中的机动性，也关系到测试设备的全寿命费用。机动性是指自动测试系统机动运输的难易程度以及对机动运输方式的适应能力。

能体现自动测试系统物理因素的指标有体积、质量以及功耗等，这些指标都是定量指标，可以计算出来。物理因素指标结构如图6-3所示。

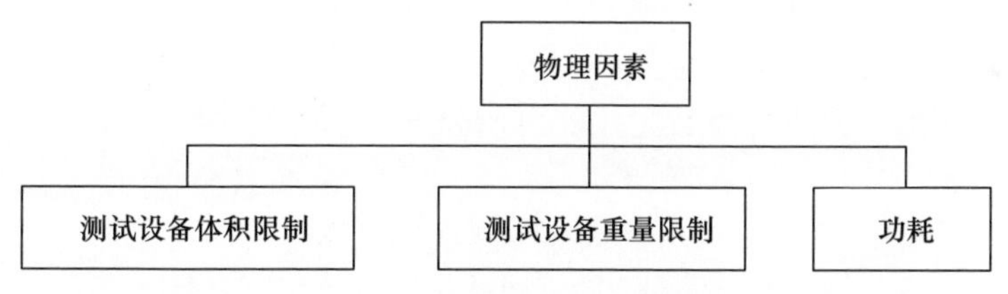

图6-3 物理因素指标结构

2. 可靠性和维修性

可靠性与维修性主要反映设备完好性、任务成功性、维修人力费用和保障费用等方面的要求，是衡量系统优劣的重要指标。它既体现了使用方对系统可靠性、维修性的要求，又体现了研制方对系统的设计水平。可靠性与维修性构成了系统的有效性，是系统使用性能的主要组成部分。

这个指标也可以说是自动测试系统的可用性评价指标。可用性是对系统在开始执行任务时系统状态的量度，一般可用可靠性、维修性等指标进行描述。可靠性是指产品在规定的条件下和规定的时间内完成规定功能的能力。自动测试系统的可靠性往往制约着其整体性能，评价可靠性可以选取平均故障前时间（MTTF）、平均故障间隔时间（MTBF）、$\bar{\lambda}$（平均故障率）等作为指标。维修性指系统在规定的时间和规定的人员技术水平下，用规定的程序和方法，在给定的维修级别下，进行维修时能保持或恢复到规定状态的能力。对维修性进行评价，可选取平均修复时间$\bar{M}_{\mathrm{ct}}$、最大修复时间M_{ctmax}、平均预防维修时间$\bar{M}_{\mathrm{pt}}$、平均维修时间$\bar{M}$等作为自动测试系统的维修性指标体系。

1）平均故障间隔时间

MTBF是指自动测试系统相邻两次故障间工作时间。可用公式表示为

$$\mathrm{MTBF} = \frac{1}{n}\sum_{i=1}^{n} t_i \tag{6-1}$$

式中：n为故障次数；t_i为第i次故障间隔时间。

2）平均修复时间（$\bar{M}_{\mathrm{ct}}$）

MTTR是排除一次故障所需的修复时间的平均值。其度量方法是，在规定的条件下和规定的时间内，产品在任一规定的维修级别上，维修总时间与被修复产品的故障的总次数之比，包括准备、检测诊断、换件、调校、检验及原件修复时间，但不包括由于管理或后勤供应造成的延误时间。

3）平均维修时间（$\bar{M}$）

平均维修时间是在规定条件下和规定期间内产品预防性维修和修复性维修总时间与相应的维修事件总数之比。可用公式表示为

$$\bar{M} = \frac{\lambda\bar{M}_{\mathrm{ct}} + f_{\mathrm{p}}\bar{M}_{\mathrm{pt}}}{\lambda + f_{\mathrm{p}}} \tag{6-2}$$

式中：λ为装备的故障率；f_{p}为装备预防性维修的频率

可靠性和维修性指标结构如图6-4所示。

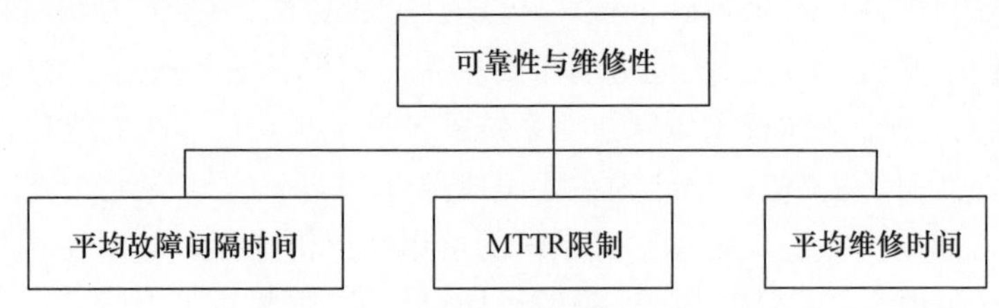

图6-4　可靠性和维修性指标结构

3. 可信性

可信性是对系统在执行任务过程中系统状态的量度，必须保证测试设备在任何时间、地点实施的测试都是可信的。

可信性指标结构如图 6-5 所示。

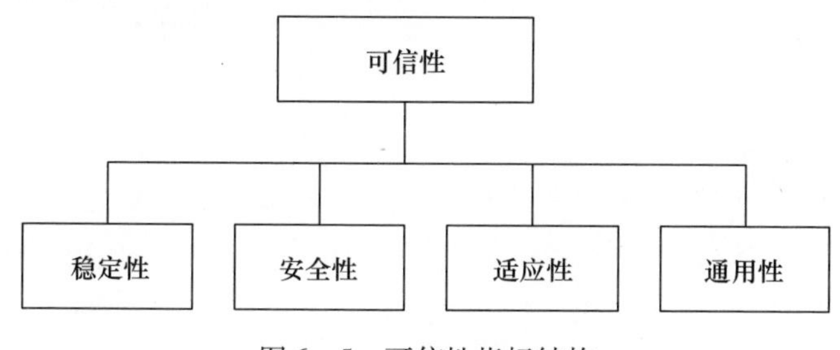

图 6-5　可信性指标结构

4. 测试能力

测试能力是系统性能的体现，是确定系统诸性能的依据。可以定义为：当已知系统在执行任务过程中的状态这一条件下，对系统达到任务目标的能力的度量。作为自动测试系统，首先要准确地完成各种测试任务。对自动测试系统进行评价时，要考虑这一基本测试性能；有时，并不是所有项目都要测试，这就牵扯到测试系统的测试策略；测试时还要考虑测试精度、测试速度以及系统从开机预热到正常工作的响应时间以及测试是否迅速、准确等因素。其中测试精度和测试速度是可以计算的指标。测试能力指标结构如图 6-6 所示。

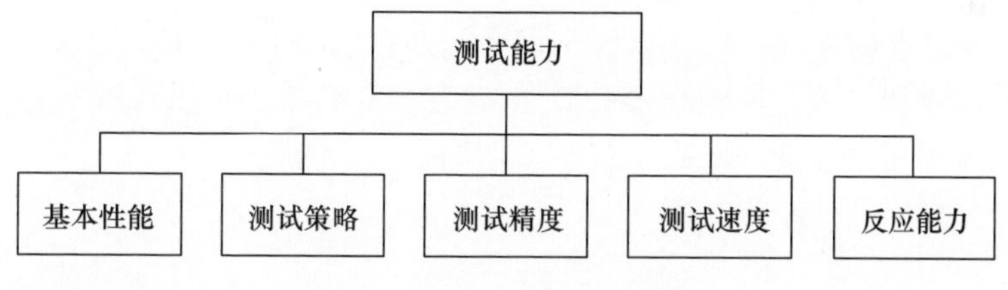

图 6-6　测试能力指标结构

5. 人员因素

设备是要靠人员来操作的，人员因素这一指标就是从测试设备的操作人员这一角度对自动测试系统进行评价。

当购置测试设备后，操作人员对其是否满意，人员训练时间的长短；维修人员能否快速诊断出设备的故障并进行维修都会影响测试设备的正常工作。因此，人员因素指标包括：人员赞同情况、测试设备操作复杂性、人员训练时间。人员因素指标结构如图 6-7 所示。

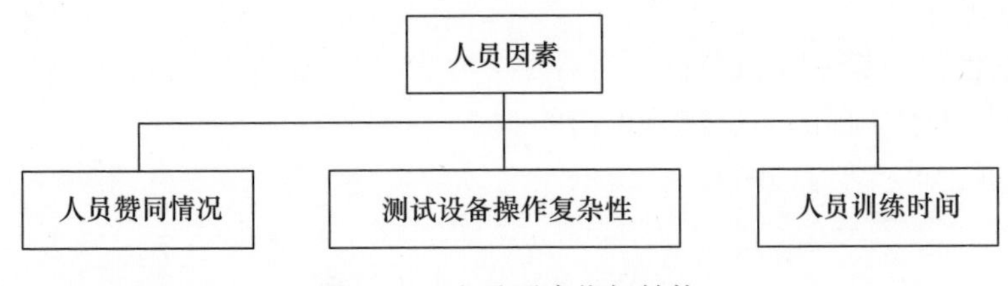

图 6－7　人员因素指标结构

6. 全寿命费用

全寿命费用指标即经济性评价指标。历史经验表明:单纯追求系统性能而忽视费用,可能会导致研制费大大超出预算,并且在使用过程中使保障费用支出过高。系统全寿命周期费用是一种衡量系统总费用和经济性的综合参数,它考虑的是系统全过程的费用,是在总体上度量系统的经济效益的主要指标。

全寿命周期费用是指在预期的系统寿命周期内,为了系统的论证、研制、生产、使用、维修和保障所需的直接、间接、重复性、一次性和其他费用之和。不论费用来自何种渠道,一切费用均应包括在内。系统寿命周期费用一般包括系统研制费、系统购置费、使用与保障费、退役处置费。这些指标都是定量指标,可以通过数据收集计算出来。

在费用估算时从论证与研制、购置、使用与保障以及退役处置等方面予以考虑,可划分为 4 个主费用单元:论证与研制费(CR)、购置费(CB)、使用与保障费(CU)以及退役处置费(CT),然后再对这 4 个主费用单元加以逐级细分(一般以年为单位来分析各个项目费用)。

(1) 论证与研制费一般占系统全寿命周期费用的 10%~15% 。

(2) 购置费一般占系统全寿命周期费用的 30%~35% 。

(3) 使用与保障费一般占系统全寿命周期费用的 50%~60% 。

全寿命费用指标结构如图 6－8 所示。

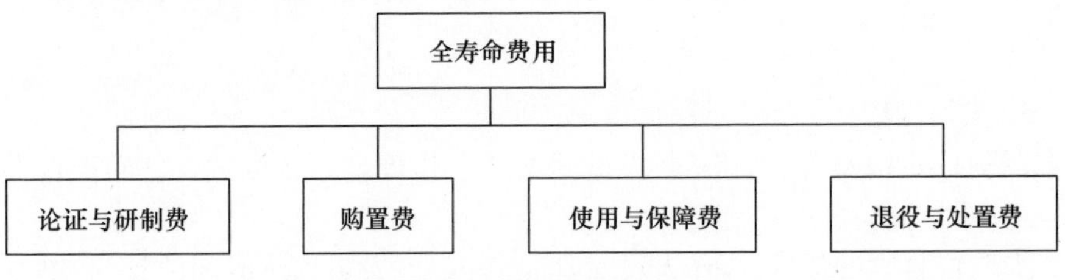

图 6－8　全寿命费用指标结构

针对准则层中的每一个指标,选择对其最为关键的测量指标,汇总后得到指标层的指标简略信息如表 6－1 所列,指标体系层次结构如图 6－9 所示。

表 6-1　评价指标说明

代号	指标	说明
C_1	测试设备大小限制	自动测试设备的体积大小
C_2	测试设备重量限制	自动测试设备的重量大小
C_3	功耗	测试设备完成测试任务所耗费的能量
C_4	平均故障间隔时间(MTBF)	失效或维护中所需要的平均时间
C_5	MTTR 限制	排除一次故障所需的修复时间的平均值
C_6	平均维修时间	在规定条件下和规定期间内产品预防性维修和修复性维修总时间与相应的维修事件总数之比
C_7	稳定性	自动测试系统在一次开机预热之后,其测试结果随时间和温度的变化
C_8	安全性	安全性主要包括系统各种软硬件的自身安全性、使用环节上的安全性、储运过程中的安全性等
C_9	适应性	自动测试系统对温度、振动、电场、磁场、辐射、湿度等影响的适应程度
C_{10}	通用性	自动测试系统可以适用于多种被测对象
C_{11}	基本性能	自动测试系统在测试环境和使用条件下能够正常完成测试任务
C_{12}	测试策略	根据的需要来确定测试内容
C_{13}	测试精度	在不同的使用环境中对设备进行测试时其结果要在误差允许范围
C_{14}	测试速度	在任何环境下完成测试任务所用的时间
C_{15}	反应能力	系统的响应(反应)时间、任务状态转换时间、工作方式转换时间等
C_{16}	赞同程度	操作人员对于测试设备的满意程度
C_{17}	测试设备操作复杂性	测试设备是否容易操作,维修人员是否人工检测出故障并快速地进行维修
C_{18}	人员训练时间	从操作人员接收设备到熟练使用设备进行测试所用时间
C_{19}	论证与研制费	全部技术研究、设计、样机、原型机制造、各种实验和鉴定的所有费用
C_{20}	购置费	订购方向承制方购置系统并获得系统所需的初始保障所支出的全部费用
C_{21}	使用与保障费	系统在使用过程中所需的全部费用
C_{22}	退役与处置费	系统退役或报废时加以处理所耗费的费用

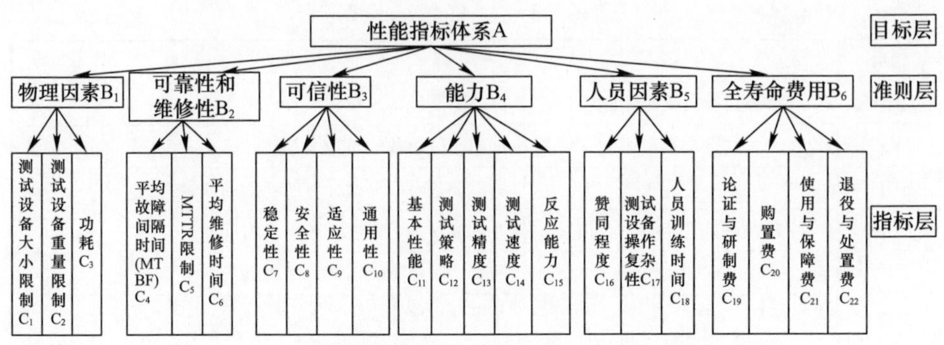

图 6－9　自动测试系统性能评价指标体系层次结构

6.2　指标权重的确定

在进行评价时,指标权重的确定是非常重要的,它反映了各个影响因素在综合评价过程中所起到的作用,并将直接影响评价的结果。

6.2.1　权重确定方法介绍

确定权重的方法主要可分为主观赋权法和客观赋权法两大类。目前主观赋权法有多种,研究的也比较成熟,这些方法的共同点是各评价指标的权重是由专家根据自己的经验和对实际的主观判断给出的。选取的专家不同,得到的指标权重也不同。主观赋权法的优点是:专家可以根据实际的评估问题和专家自身的知识经验,合理地确定各指标权重的排序,即虽然不能准确确定各指标的权重,但可以有效地确定各指标按重要程度给出的权重先后顺序,不至于出现指标权重与实际重要程度不符的情况。其缺点是:方案的排序具有很大的主观随意性,同时也受到评估专家的知识或经验的影响。

为了克服主观赋权法的不足,研究出了客观赋权法。客观赋权法的原始数据来自于评价矩阵的实际数据,切断了权重系数主观性的来源,使权重系数具有绝对的客观性。客观赋权法的优点是:主要根据指标之间的关联程度以及各指标所提供的信息量大小、对其他指标的影响程度等来度量。其缺点是:确定的权重可能与人们的主观愿望或实际情况不一致,不重要的指标可能具有较大的权重,而重要的指标却不一定具有较大的权重。

目前,国内外确定指标权重的方法主要有德尔菲法(Delphi 法)、层次分析法、熵值法、灰关联法、神经网络法等。

(1) 德尔菲法不需要样本数据,专家仅凭指标内涵与外延的理解即可做出判断。这种方法适用范围广,特别适用于无历史参考数据的情形。但由于过于依赖决策者的经验和分析判断能力,主观性强,且评价周期长,其公正性在一定程度上会出现偏差。

(2)熵值法是根据各指标所含信息有序度的差异性,即信息的效用价值来确定各指标的权重。此方法给出的指标权重系数与德尔菲法和 AHP 法相比有更好的可信度,但它缺乏各指标之间的横向比较,且需要完整的样本数据,因而在自动测试系统评价指标的应用上受到了限制。

(3)灰关联法是利用灰关联矩阵,通过对关联矩阵中关联度的分析来确定指标权重。灰关联矩阵中关联强度的分析依赖指标特性及评价者的偏好,易造成指标权重分配较平均,准确性的随机性大。

(4)神经网络法通过对模式样本的学习、总结、归纳来确定指标权重。此方法涉及复杂的多维输入和输出空间,网络训练时,权重矢量被调节在局部的最低点,不能达到实际最小误差,同时网络是“黑箱推理”,全部知识都存在于网络内部,难以对最终的结果提供可信的解释。

(5)模糊聚类法适用于同一层次有多项指标,但此法只能给出指标分类的权重,不能确定单项指标的权重。

6.2.2 层次分析法

层次分析法(AHP)是美国著名运筹学家、匹兹堡大学的 T. L. Satty 于 20 世纪 70 年代创立的一种实用的多准则决策方法。层次分析法的主要思想是根据研究对象的性质将要求达到的目标分解为多个组成因素,并按因素的隶属关系,将其层次化,组成一个层次结构模型,然后按层分析,最终获得最底层因素对于最高层(总目标)的重要性权值,或进行优劣性排序。

自动测试系统综合性能评价涉及的因素比较多,对其性能进行评价可以分解成对这若干个因素的考察,这就为层次分析法的应用创造了条件。

层次分析法的计算流程如图 6 - 10 所示。

层次分析法的步骤如下。

1. 建立描述系统功能或特征的内部独立的递阶层次结构

层次数的多少由问题的复杂程度和分析的深度来决定。通常,每一上层元素一般不与 9 个以上的下层元素相联系,否则将会给两两比较带来困难。有时,由于问题比较复杂,仅采用内部独立的递阶层次结构还不能解决问题,可采用更复杂的循环层次结构、反馈层次结构等。

2. 构造判断矩阵

在某一准则下,对于 n 个元素中的任意两个 A_i 和 A_j,通过比较可得出哪个

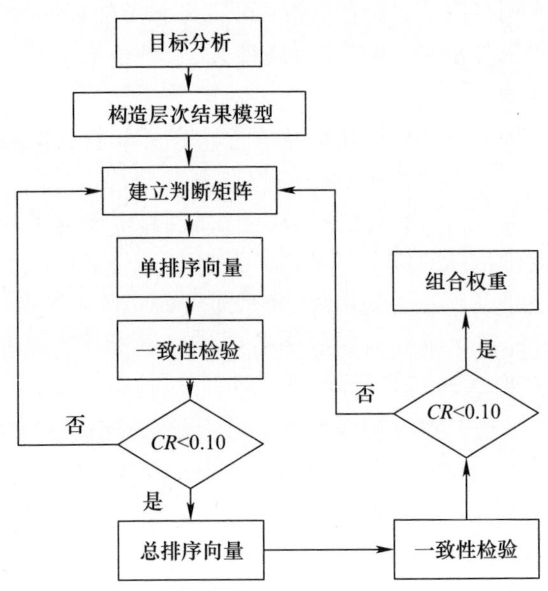

图 6－10　层次分析法计算流程

元素更重要些及重要多少，从而得到判断矩阵。目前多使用 1～9 的比例标度作为赋予重要程度的数值。比例标度的含义如表 6－2 所列。

表 6－2　构造判断矩阵的比例标度

元素 i 和元素 j 的比较情况	标度值（a_{ij}）
两个元素同等重要	1
两个元素中，元素 i 稍重要	3
两个元素中，元素 i 更重要	5
两个元素中，元素 i 有主导作用	7
两个元素中，元素 i 有强主导作用	9
折中情况	2,4,6,8 及其他中间值
两个元素的反向比较	$1/a_{ij}$

3. 计算单一准则下指标的相对权重并进行一致性检验

层次分析法的指标权重计算问题，可以归结为判断矩阵的特征向量和最大特征值的计算，$\boldsymbol{AW} = \lambda_{\max}\boldsymbol{W}$ 的特征向量 $\boldsymbol{W} = (w_1, w_2, \cdots, w_n)^{\mathrm{T}}$。可采用判断矩阵首行求和并归一化的近似方法来求解矩阵的特征向量 W。如此，根据判断矩阵 $\boldsymbol{A}$ 即可计算准则层 $\boldsymbol{B}$ 中相对于目标层 $\boldsymbol{A}$ 的优先权重；通过判断矩阵 $\boldsymbol{B}$ 求得指标层 $\boldsymbol{C}$ 的单排序向量。

$$v_i = \sum_{j=1}^{n} \frac{a_{ij}}{\sum_{k=1}^{n} a_{kj}} \tag{6-3}$$

$$w_i = \frac{v_i}{\sum_{i=1}^{n} v_i} \tag{6-4}$$

$$\lambda_{\max} = \frac{1}{n}\sum_{i=1}^{n} \frac{(AW)_i}{w_i}, \quad i = 1,2,\cdots,n \tag{6-5}$$

由于人们对复杂事物的各因素采用两两比较时不可能做到完全一致的度量,因此为了提高权重评价的可靠性,需要对判断矩阵做一致性检验。计算一致性指标 CI 为

$$\mathrm{CI} = \frac{\lambda_{\max} - n}{n-1} \tag{6-6}$$

其中 n 为判断矩阵阶数。RI 为平均随机一致性指标,其取值可查专门的表。若一致性比例 $\mathrm{CR} = \mathrm{CI}/\mathrm{RI} < 0.10$,则称判断矩阵具有满意的一致性,否则需重新进行两两比较,对判断矩阵进行调整。随机一致性指标 RI 取值如表 6-3 所列。

表 6-3　平均随机一致性指标 RI

阶数 n	1	2	3	4	5	6	7	8	9	10
RI 值	0	0	0.5149	0.8931	1.1185	1.2497	1.3450	1.4200	1.4620	1.4874

4. 计算组合权重及一致性检验

计算组合权重就是通过计算得到的某一层次所有因素对于最顶层相对重要性的权重。若层次 B 包含 m 个因素 $B_1,B_2,\cdots,B_m$,其组合权值为 $b_1,b_2,\cdots,b_m$,下一层次 C 包含 n 个因素 $C_1,C_2,\cdots,C_n$,其相对因素 B_j 的权值为 $c_{1j},c_{2j},\cdots,c_{nj}$(当 C_i 与 B_j 无关时,$C_{ij}=0$),于是 C 层因素的组合权重为

$$C_i = \sum_{j=1}^{m} b_j c_{ij} \tag{6-7}$$

计算组合权重以后,还应从上到下逐层进行递阶层次组合权重的一致性检验,若 C 层某些因素相对 B_j 的层次单排序一致性指标为 CI_j,相应地平均一致性指标为 RI_j,则层次总排序一致性比例为

$$\mathrm{CR} = \frac{\sum_{j=1}^{m} b_j \mathrm{CI}_j}{\sum_{j=1}^{m} b_j \mathrm{RI}_j} \tag{6-8}$$

AHP 法的主要贡献是:提供了层次思维框架,便于整理思路且结构严谨;通过比例标度进行对比,增加了判断的客观性;定性与定量相结合,增强了科学性和实用性。

通过数据计算发现 AHP 法还存在需要改进的地方。

(1) 对判断矩阵的一致性考虑得较多,而对判断矩阵的合理性考虑得太少。

(2) 虽然提高了判断的客观性,但仍过于依赖专家的经验和主观判断能力。

6.2.3 改进层次分析法

在层次分析法的基础上,采用一种带有专家可信度的层次分析法来确定指标的权重。其思想是:先确定参与评价的专家的可信度,再采用专家问卷调查法来构造判断矩阵,得出每个专家对指标体系中各项指标赋予的权重,最后用含有专家可信度的线性加权和确定群体专家对自动测试系统综合性能指标的综合权重做计算。其计算流程如图 6-11 所示。

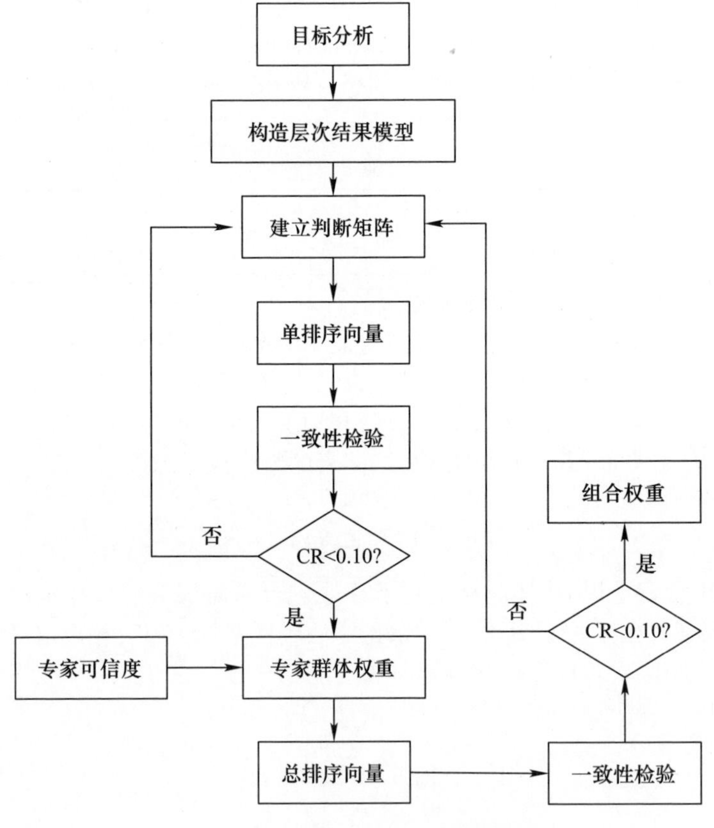

图 6-11 群体层次分析法流程图

（1）在用群体层次分析法确定评价指标的权重时，采用专家问卷调查法来构造判断矩阵。由于参与评价的专家的知识结构、经验水平以及对评价对象的熟悉程度不同，从而对确定指标权重的影响程度也不同。因此在确定评价指标的权重时，要求考虑参与决策的专家的可信度。表 6－4 为专家可信度分析表，从专家的工作岗位、职称、学历、判断依据、熟悉程度、自信度等 6 个方面来对参与专家进行综合评价。设专家组有 n 位专家，第 t 位专家的自我评价值为 G_t，则 $G_t = a_t b_t c_t d_t e_t f_t$。其中 a_t、b_t、c_t、d_t、e_t、f_t 表示第 t 位专家的知名度、职称、学历、判断依据、熟悉程度、自信度，则第 t 位专家的可信度 $R_t = G_t / \sum_{t=1}^{n} G_t, t = 1,2,\cdots,n$。专家可信度向量 $\boldsymbol{R} = (R_1, R_2, \cdots, R_n)$。

（2）对自动测试系统评价指标集合，分别让每位专家进行两两比较，在进行两两比较时，采用 A. L. Saaty 提出的 1－9 标度法。由此得到第 t 位专家的判断矩阵 $\boldsymbol{B}_t = \{b_{ij}^t | i,j = 1,2,\cdots,s\}_{s\times s}, t = 1,2,\cdots,n$，其中元素 b_{ij}^t 表示第 t 位专家从待评价的总目标考虑之下指标 b_i 对 b_j 的重要性程度。

（3）计算单一准则下指标的相对权重并进行一致性检验。

（4）评价指标集中各指标权重的确定。用含有专家可信度的线性加权和对每位专家求出的指标权重进行加权平均，得到专家组最后确定的对评价指标的权重向量 $\boldsymbol{W} = \boldsymbol{R}_{1\times n} \times \boldsymbol{U}_{n\times s} = (W_1, W_2, \cdots, W_s)$，其中 $\boldsymbol{R}_{1\times n}$ 是 1 中确定的专家可信度向量，$\boldsymbol{U}_{n\times s}$ 是上一步中确定的 n 位评价专家群体权重矩阵。

表 6－4　评审专家自我评价表

项目	评价标准及分值
工作岗位	一线使用人员、测试设备设计人员、理论研究人员（分值 10,9,8）
职称	正高、副高、中级（分值 10,9,8）
学历	博士后及博士、硕士、本科（分值 10,9,8）
判断依据	训练实践、参考学术著作、直观判断（分值 10,9,8）
对问题的熟悉程度	符合专业（熟悉）、相关专业（较熟悉）、专业不符（一般）（分值 10,9,8）
对评审的自信程度	自信、较自信、一般（分值 10,9,8）

6.2.4　权重确定示例

举一例子说明利用改进的层次分析法确定权重的步骤和计算方法。首先确定层次结构，设计专家问卷。向专家们发放调查问卷并回收，而后进行数据处理，计算各指标权重。问卷专家依岗位分为“一线人员、设计人员、理论研究人员”三类。这些专家的信息如表 6－5 所列。

表 6-5 专家信息表

项目＼专家	专家一	专家二	专家三	专家四	专家五
工作岗位	一线人员	一线人员	理论研究人员	设计人员	理论研究人员
职称	副高	中级	副高	副高	中级
学历	硕士	本科	博士	博士	硕士
判断依据	训练实践	训练实践	参考学术著作	参考学术著作	参考学术著作
对问题的熟悉程度	相关专业	专业不符	符合专业	相关专业	相关专业
对评审的自信程度	自信	较自信	自信	较自信	较自信

因此,按照专家自我评价表中的评分标准对这五位专家进行评价,可以很方便地得到专家可信度为

$$R=(0.2560,0.1618,0.2275,0.2073,0.1474)$$

专家调查打分信息见附录A,为了保证最终的结果能够具备较高的准确性,需要对问卷进行初步分析,保证专家的反馈结果没有明显的不合理。

以第一层指标(准则层指标)为例,指标体系的判断矩阵如表6-6~表6-10所列。

表 6-6 专家一(一线人员)之准则层 B 相对于目标层 A 的判断矩阵

	物理因素	可靠性和维修性	可信性	测试能力	人员因素	全寿命费用	$W_1^{(B\to A)}$
物理因素	1	1/3	3	1/5	4	5	0.1402
可靠性和维修性	3	1	5	1/3	6	8	0.2556
可信性	1/3	1/5	1	1/7	2	4	0.0727
测试能力	5	3	7	1	8	9	0.4579
人员因素	1/4	1/6	1/2	1/8	1	2	0.0448
全寿命费用	1/6	1/8	1/4	1/9	1/2	1	0.0288

$\lambda_{A\max}=6.3081$, $CI=0.0616$, $CR=0.0493$

表 6-7 专家二(一线人员)之准则层 B 相对于目标层 A 的判断矩阵

	物理因素	可靠性和维修性	可信性	测试能力	人员因素	全寿命费用	$W_2^{(B\to A)}$
物理因素	1	1/3	3	1/5	5	5	0.1400

续表

	物理因素	可靠性和维修性	可信性	测试能力	人员因素	全寿命费用	$W_2^{(B\to A)}$
可靠性和维修性	3	1	5	1/3	7	7	0.2544
可信性	1/3	1/5	1	1/7	3	3	0.0735
测试能力	5	3	7	1	9	9	0.4613
人员因素	1/4	1/6	1/2	1/8	1	1	0.0387
全寿命费用	1/6	1/8	1/4	1/9	1	1	0.0322

$\lambda_{A\max}=6.3570$, CI = 0.0714, CR = 0.0571

表 6-8 专家三(理论研究人员)之准则层 *B* 相对于目标层 *A* 的判断矩阵

	物理因素	可靠性和维修性	可信性	测试能力	人员因素	全寿命费用	$W_3^{(B\to A)}$
物理因素	1	3	2	1/3	4	2	0.2001
可靠性和维修性	1/3	1	1/2	1/5	2	1/2	0.0730
可信性	1/2	3	1	1/4	3	1	0.1324
测试能力	3	5	4	1	6	4	0.4264
人员因素	1/4	1/2	1/3	1/6	1	1/3	0.0472
全寿命费用	1/2	2	1	1/4	3	1	0.1209

$\lambda_{A\max}=6.1988$, CI = 0.0398, CR = 0.0318

表 6-9 专家四(设计人员)之准则层 *B* 相对于目标层 *A* 的判断矩阵

	物理因素	可靠性和维修性	可信性	测试能力	人员因素	全寿命费用	$W_4^{(B\to A)}$
物理因素	1	4	2	1/4	5	1/3	0.1400
可靠性和维修性	1/4	1	1/3	1/7	2	1/6	0.0470
可信性	1/2	3	1	1/5	4	1/4	0.0962
测试能力	4	7	5	1	8	2	0.4051
人员因素	1/5	1/2	1/4	1/8	1	1/7	0.0326
全寿命费用	3	6	4	1/2	7	1	0.2790

$\lambda_{A\max}=6.2224$, CI = 0.0445, CR = 0.0571

表 6-10　专家五(理论研究人员)之准则层 B 相对于目标层 A 的判断矩阵

	物理因素	可靠性和维修性	可信性	测试能力	人员因素	全寿命费用	$W_5^{(B\to A)}$
物理因素	1	3	4	1/3	5	6	0.2464
可靠性和维修性	1/3	1	2	1/5	3	4	0.1236
可信性	1/4	1/2	1	1/6	2	3	0.0817
测试能力	3	5	6	1	7	8	0.4593
人员因素	1/5	1/3	1/2	1/7	1	2	0.0533
全寿命费用	1/6	1/4	1/3	1/8	1/2	1	0.0358

$\lambda_{A\max}=6.2102, CI=0.042, CR=0.0336$

由这些判断矩阵可以得到评价专家群体权重矩阵为

$$U_A=\begin{bmatrix} W_1^{(B\to A)} & W_2^{(B\to A)} & W_3^{(B\to A)} & W_4^{(B\to A)} & W_5^{(B\to A)} \end{bmatrix}^{\mathrm{T}}$$

$$U_A=\begin{bmatrix} 0.1402 & 0.2556 & 0.0727 & 0.4579 & 0.0448 & 0.0288 \\ 0.1400 & 0.2544 & 0.0735 & 0.4613 & 0.0387 & 0.0322 \\ 0.2001 & 0.0730 & 0.1324 & 0.4264 & 0.0472 & 0.1209 \\ 0.1400 & 0.0470 & 0.0962 & 0.4051 & 0.0326 & 0.2790 \\ 0.2464 & 0.1236 & 0.0817 & 0.4593 & 0.0533 & 0.0358 \end{bmatrix}$$

因此,指标体系中第一层指标的权重为

$$W_A=RU_A$$

$$=\begin{bmatrix} 0.2560 \\ 0.1618 \\ 0.2275 \\ 0.2073 \\ 0.2073 \end{bmatrix}^{\mathrm{T}}\begin{bmatrix} 0.1402 & 0.2556 & 0.0727 & 0.4579 & 0.0448 & 0.0288 \\ 0.1400 & 0.2544 & 0.0735 & 0.4613 & 0.0387 & 0.0322 \\ 0.2001 & 0.0730 & 0.1324 & 0.4264 & 0.0472 & 0.1209 \\ 0.1400 & 0.0470 & 0.0962 & 0.4051 & 0.0326 & 0.2790 \\ 0.2464 & 0.1236 & 0.0817 & 0.4593 & 0.0533 & 0.0358 \end{bmatrix}$$

$$=(0.1694,\quad 0.1512,\quad 0.0926,\quad 0.4405,\quad 0.0431,\quad 0.1032)$$

对于第二层指标的权重计算过程见附录 B。

根据以上分析,经过计算后得到的最终结果如表 6-11 所列。

表 6-11　指标综合权重

代号	指标	权重
C1	测试设备大小限制	0.0636
C2	测试设备重量限制	0.0351
C3	功耗	0.0707
C4	平均故障间隔时间(MTBF)	0.0727
C5	MTTR 限制	0.0604
C6	平均维修时间	0.0181
C7	稳定性	0.0183
C8	安全性	0.0340
C9	适应性	0.0330
C10	通用性	0.0073
C11	基本性能	0.0396
C12	测试策略	0.1018
C13	测试精度	0.1890
C14	测试速度	0.0674
C15	反应能力	0.0427
C16	赞同程度	0.0145
C17	测试设备操作复杂性	0.0236
C18	人员训练时间	0.0049
C19	论证与研制费	0.0141
C20	购置费	0.0221
C21	使用与保障费	0.0619
C22	退役与处置费	0.0051

6.3　测试系统总体评价

对自动测试系统进行总体评价,首先对每个单项指标进行评价,获得评价分数或评价矩阵。对于定量指标,专家可以根据定量指标的一些具体参数以及自身的知识、经验对其进行评价,得到指标评价值;对于定性指标,专家只能根据自身的知识、经验按照评价等级对其进行评价。根据专家对所有指标进行评价得到的评价值可构造评价矩阵,再结合指标的权重确定最终的自动测试系统综合性能评价值。图 6-12 给出了准则层相对顶层的权重和指标层相对准则层的权重,结合表 6-11,方便计算使用。

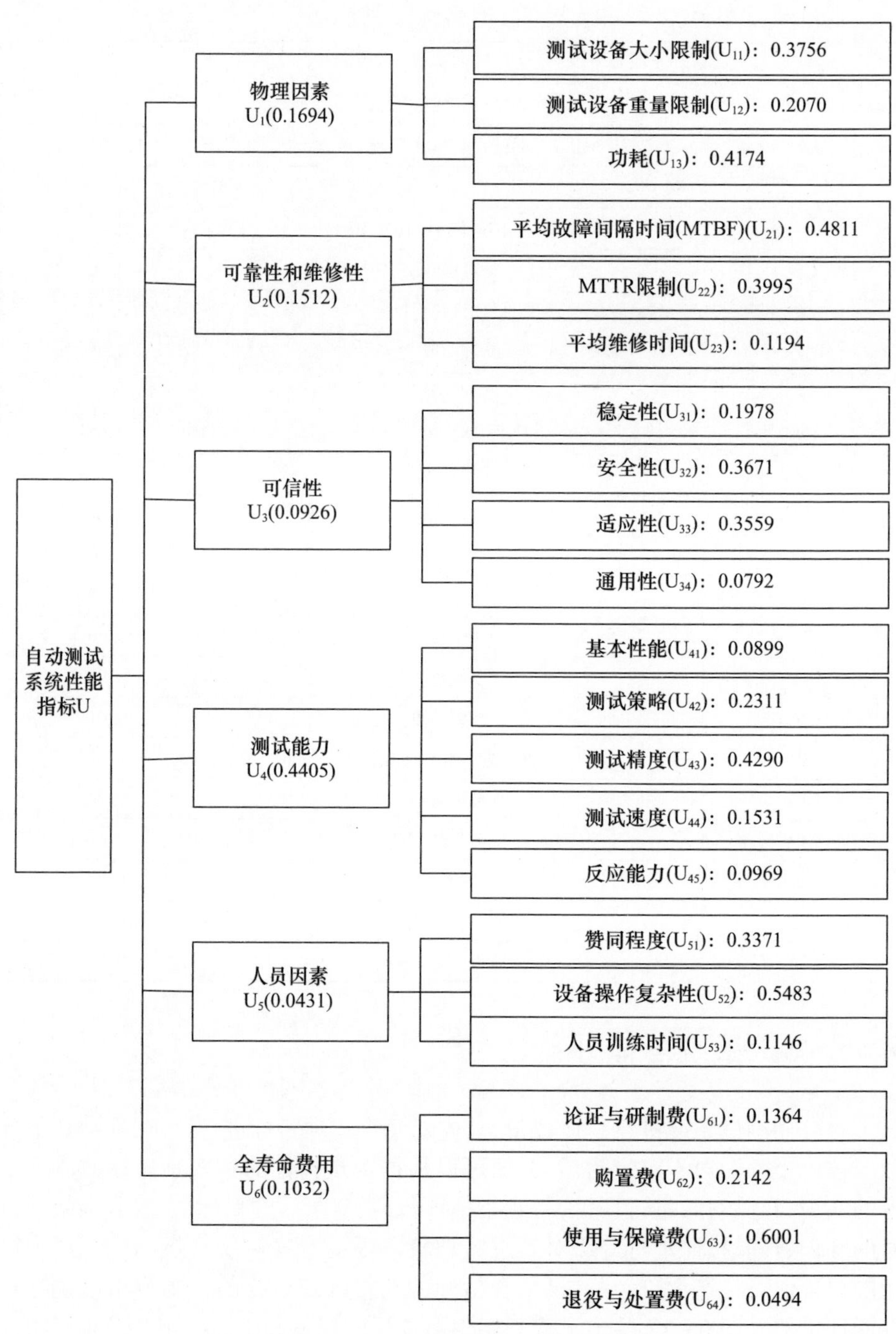

图 6－12　自动测试系统性能评价因素集

评价步骤如下。

(1) 每个专家按照图 6－12 所示的指标集对具体测试系统进行评价。可以直接使用每个专家的评价分数,也可以对专家的评价分数进行处理,比如按照等级划分进行模糊化处理。

(2) 根据专家的权重进行单项指标分数的加权求和,求得单项指标的得分,如某系统的 22 项指标的最终得分分别为 7、7、8、7、8、6、7、5、7、8. 5、8、8. 5、8、8、8、7、8、8、8、8、6、8。

(3) 按照表 6－11 的权重对 22 项指标得分进行加权求和,得最终评价得分,如本例最终评价得分为 7. 55。必要时可以按照图 6－12 中的权重得到每个准则层得分,如本例 6 个准则层得分分别是:物理因素 7. 42;可靠性和维修性 7. 28;可靠性 6. 38;测试能力 8. 12;人员因素 7. 66;全寿命费用 6. 80。

重复以上步骤,可以得到参与评价的所有测试系统的得分。根据每个测试系统的单指标得分、准则层得分和综合得分,可以比较每个测试系统的优势弱势,长处短处,为测试系统的研制决策提供科学可信的技术参考。

附录 A　自动测试系统综合性能评价体系问卷

前言

非常感谢您抽出宝贵的时间来回答这份问卷。为了建立一套完整全面的通用自动测试系统综合性能评价的体系，采用层次分析法（AHP）确定了自动测试系统性能指标的层次结构，并最终确定共计 22 个评价指标。请您对层次结构体系中同一个节点下各子节点之间的相互重要关系进行评价。图 A－1 是指标体系的层次结构图，表 A－1 是 22 项指标的说明。

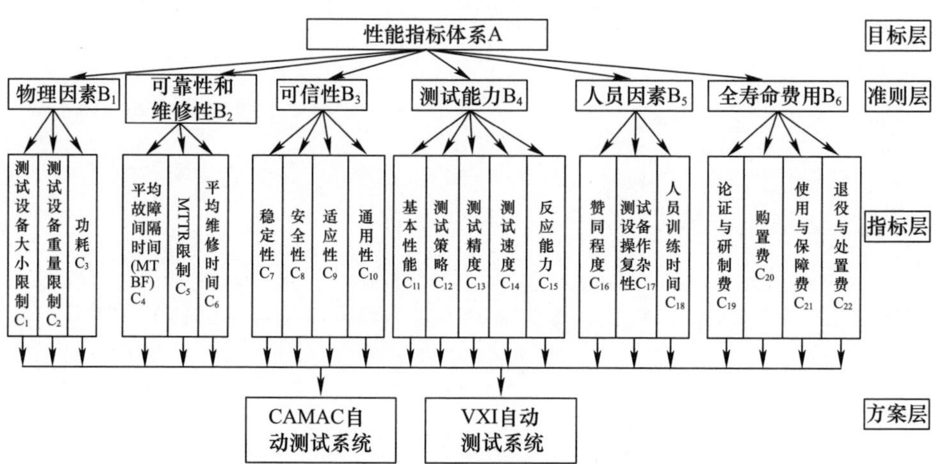

图 A－1　评价指标体系的层次结构图

表 A－1　评价指标说明

代号	指标	说明
C_1	测试设备大小限制	自动测试设备的体积大小
C_2	测试设备重量限制	自动测试设备的重量大小
C_3	功耗	测试设备完成测试任务所耗费的能量
C_4	平均故障间隔时间（MTBF）	失效或维护中所需要的平均时间，包括故障时间以及检测和维护设备的时间
C_5	MTTR 限制	排除一次故障所需的修复时间的平均值

续表

代号	指标	说明
C_6	平均维修时间	在规定条件下和规定期间内产品预防性维修和修复性维修总时间与相应的维修事件总数之比
C_7	稳定性	自动测试系统在一次开机预热之后,其测试结果随时间和温度的变化
C_8	安全性	安全性主要包括系统各种软硬件的自身安全性、作战使用环节上的安全性、储运过程中的安全性等
C_9	适应性	自动测试系统对温度、振动、电场、磁场、辐射、湿度等影响的适应程度
C_{10}	通用性	自动测试系统可以适用于多种型号导弹
C_{11}	基本性能	指自动测试系统在测试环境和作战条件下能够正常完成测试任务
C_{12}	测试策略	根据作战的需要来确定测试项目
C_{13}	测试精度	在不同的作战环境中对导弹进行测试时其结果要在误差允许范围内
C_{14}	测试速度	在任何环境下完成测试任务所用的时间
C_{15}	反应能力	系统的响应(反应)时间、任务状态转换时间、工作方式转换时间等
C_{16}	赞同程度	操作人员对于测试设备的满意程度
C_{17}	测试设备操作复杂性	测试设备是否容易操作,维修人员是否人工检测出故障并快速地进行维修
C_{18}	人员训练时间	从操作人员接收设备到熟练使用设备进行测试所用的时间
C_{19}	论证与研制费	全部技术研究、设计、样机、原型机制造、各种实验和鉴定的所有费用
C_{20}	购置费	订购方向承制方购置系统并获得系统所需的初始保障所支出的全部费用
C_{21}	使用与保障费	系统在装备部队后的使用过程中所需的全部费用
C_{22}	退役与处置费	系统退役或报废时加以处理所耗费的费用

一、被访人信息

姓名:

性别:

工作岗位: □一线部队人员 □理论研究人员 □测试设备设计人员

职称: □正高 □副高 □中级

学历: □博士后及博士 □硕士 □本科

判断依据：□部队训练实践　□参考学术著作　□直观判断

对问题的熟悉程度：

□符合专业(熟悉)□相关专业(较熟悉)□专业不符(一般)

对评分的自信程度：

□自信　　　　□较自信　　　　□一般

二、层次分析

(1) 比较得分说明。

以下您将需要对层次中各项之间的相对重要性进行评价，评价时采用的评分标准如表 A-2 所列。

表 A-2　指标比较的比例标度

比较项	被比较项	得分	说明
A	B	9	相对上级目标，A 与 B 相比，A 绝对重要
A	B	7	相对上级目标，A 与 B 相比，A 十分重要
A	B	5	相对上级目标，A 与 B 相比，A 比较重要
A	B	3	相对上级目标，A 与 B 相比，A 稍微重要
A	B	1	相对上级目标，A 与 B 相比，A 与 B 同样重要
A	B	1/3	相对上级目标，A 与 B 相比，B 稍微重要
A	B	1/5	相对上级目标，A 与 B 相比，B 比较重要
A	B	1/7	相对上级目标，A 与 B 相比，B 十分重要
A	B	1/9	相对上级目标，A 与 B 相比，B 绝对重要
A	B	2,4,6,8 及其他中间值	折中情况

(2) 自动测试系统综合性能有 6 个大的指标：物理因素 B_1、可靠性和维修性 B_2、可信性 B_3、测试能力 B_4、人员因素 B_5、全寿命费用 B_6，请您对它们相互之间的重要关系做出评价(表 A-3)。

表 A-3　准则层指标间的比较

比较项	被比较项	得分
物理因素 B_1	可靠性和维修性 B_2	—
物理因素 B_1	可信性 B_3	—
物理因素 B_1	测试能力 B_4	—
物理因素 B_1	人员因素 B_5	—
物理因素 B_1	全寿命费用 B_6	—
可靠性和维修性 B_2	可信性 B_3	—
可靠性和维修性 B_2	测试能力 B_4	—

续表

比较项	被比较项	得分
可靠性和维修性 B_2	人员因素 B_5	—
可靠性和维修性 B_2	全寿命费用 B_6	—
· 可信性 B_3	测试能力 B_4	—
可信性 B_3	人员因素 B_5	—
可信性 B_3	全寿命费用 B_6	—
测试能力 B_4	人员因素 B_5	—
测试能力 B_4	全寿命费用 B_6	—
人员因素 B_5	全寿命费用 B_6	—

(3) 相对物理因素 B_1 而言,有 3 个指标需要考虑:测试设备大小限制 C_1、测试设备重量限制 C_2、功耗 C_3,请您对它们相互之间的重要关系做出评价(表 A-4)。

表 A-4 物理因素准则下的指标间比较

比较项	被比较项	得分
测试设备大小限制 C_1	测试设备重量限制 C_2	—
测试设备大小限制 C_1	功耗 C_3	—
测试设备重量限制 C_2	功耗 C_3	—

(4) 相对可靠性和维修性 B_2 而言,有 3 个指标需要考虑:平均故障间隔时间(MTBF)C_4、MTTR 限制 C_5、平均修复时间 C_6,请您对它们相互之间的重要关系做出评价(表 A-5)。

表 A-5 可靠性和维修性准则下的指标间比较

比较项	被比较项	得分
平均故障间隔时间(MTBF)C_4	MTTR 限制 C_5	—
平均故障间隔时间(MTBF)C_4	平均修复时间 C_6	—
MTTR 限制 C_5	平均修复时间 C_6	—

(5) 相对可信性 B_3 而言,有 4 个指标需要考虑:稳定性 C_7、安全性 C_8、适应性 C_9 和通用性 C_{10},请您对它们相互之间的重要关系做出评价(表 A-6)。

表 A-6 可信性准则下的指标间比较

比较项	被比较项	得分
稳定性 C_7	安全性 C_8	—
稳定性 C_7	适应性 C_9	—

续表

比较项	被比较项	得分
稳定性 C_7	通用性 C_{10}	—
安全性 C_8	适应性 C_9	—
安全性 C_8	通用性 C_{10}	—
适应性 C_9	通用性 C_{10}	—

(6) 相对测试能力 B_4 而言,有 5 个指标需要考虑:基本性能 C_{11}、测试策略 C_{12}、测试精度 C_{13}、测试速度 C_{14} 和反应能力 C_{15},请您对它们相互之间的重要关系做出评价(表 A-7)。

表 A-7 测试能力准则下的指标间比较

比较项	被比较项	得分
基本性能 C_{11}	测试策略 C_{12}	—
基本性能 C_{11}	测试精度 C_{13}	—
基本性能 C_{11}	测试速度 C_{14}	—
基本性能 C_{11}	反应能力 C_{15}	—
测试策略 C_{12}	测试精度 C_{13}	—
测试策略 C_{12}	测试速度 C_{14}	—
测试策略 C_{12}	反应能力 C_{15}	—
测试精度 C_{13}	测试速度 C_{14}	—
测试精度 C_{13}	反应能力 C_{15}	—
测试速度 C_{14}	反应能力 C_{15}	—

(7) 相对人员因素 B_5 而言,有 3 个指标需要考虑:赞同程度 C_{16}、测试设备操作复杂性 C_{17} 和人员训练时间 C_{18},请您对它们相互之间的重要关系做出评价(表 A-8)。

表 A-8 人员因素准则下的指标间比较

比较项	被比较项	得分
赞同程度 C_{16}	测试设备操作复杂性 C_{17}	—
赞同程度 C_{16}	人员训练时间 C_{18}	—
测试设备操作复杂性 C_{17}	人员训练时间 C_{18}	—

(8) 相对全寿命周期费用而言,有 4 个指标需要考虑:论证与研制费 C_{19}、购置费 C_{20}、使用与保障费 C_{21} 以及退役与处置费 C_{22},请您对它们相互之间的重要关系做出评价(表 A-9)。

表 A-9　全寿命费用准则下的指标间比较

比较项	被比较项	得分
论证与研制费 C_{19}	购置费 C_{20}	—
论证与研制费 C_{19}	使用与保障费 C_{21}	—
论证与研制费 C_{19}	退役与处置费 C_{22}	—
购置费 C_{20}	使用与保障费 C_{21}	—
购置费 C_{20}	退役与处置费 C_{22}	—
使用与保障费 C_{21}	退役与处置费 C_{22}	—

三、具体单项指标评价

请您就某一型号的自动测试系统,针对以上的22个性能指标分别打分。打分的范围为1~10,分数越高表示某型号自动测试系统在该项指标上越优秀(表A-10)。

表 A-10　单项指标的评价得分

型号		评价时间	年　月~年　月
指标		得分	
测试设备大小限制 C_1		—	
测试设备重量限制 C_2		—	
功耗 C_3		—	
平均故障间隔时间(MTBF) C_4		—	
MTTR 限制 C_5		—	
平均维修时间 C_6		—	
稳定性 C_7		—	
安全性 C_8		—	
适应性 C_9		—	
通用性 C_{10}		—	
基本性能 C_{11}		—	
测试策略 C_{12}		—	
测试精度 C_{13}		—	
测试速度 C_{14}		—	
反应能力 C_{15}		—	
赞同程度 C_{16}		—	

续表

型号		评价时间	年　月 ~ 年　月
指标		得分	
测试设备操作复杂性 C_{17}		—	
人员训练时间 C_{18}		—	
论证与研制费 C_{19}		—	
购置费 C_{20}		—	
使用与保障费 C_{21}		—	
退役与处置费 C_{22}		—	

附录B 判断矩阵计算示例

步骤1:收集评价专家的原始数据,并进行分析(表B-1~表B-35)。

专家1:一线部队人员

表B-1 准则层 B 相对于目标层 A 的判断矩阵

	物理因素	可靠性和维修性	可信性	测试能力	人员因素	全寿命费用	W_B^A
物理因素	1	1/3	3	1/5	4	5	0.1402
可靠性和维修性	3	1	5	1/3	6	8	0.2556
可信性	1/3	1/5	1	1/7	2	4	0.0727
测试能力	5	3	7	1	8	9	0.4579
人员因素	1/4	1/6	1/2	1/8	1	2	0.0448
全寿命费用	1/6	1/8	1/4	1/9	1/2	1	0.0288

$\lambda_{A\max}=6.3081, CI=0.0616, CR=0.0493$

表B-2 指标层相对于准则层 B_1 的判断矩阵

物理因素	测试设备大小限制	测试设备重量限制	功耗	$W_C^{B_1}$
测试设备大小限制	1	3	4	0.6232
测试设备重量限制	1/3	1	2	0.2395
功耗	1/4	1/2	1	0.1373

$\lambda_{A\max}=3.0183, CI=0.0091, CR=0.0178$

表B-3 指标层相对于准则层 B_2 的判断矩阵

可靠性和维修性	平均故障间隔时间	MTT 限制	平均维修时间	$W_C^{B_2}$
平均故障间隔时间	1	1/2	5	0.3431
MTTR 限制	2	1	6	0.5750
平均维修时间	1/5	1/6	1	0.0819

$\lambda_{A\max}=3.0291, CI=0.0145, CR=0.0282$

表 B-4　指标层相对于准则层 B_3 的判断矩阵

可信性	稳定性	安全性	适应性	通用性	$W_C^{B_3}$
稳定性	1	1/4	1/6	1/2	0.0705
安全性	4	1	1/3	3	0.2594
适应性	6	3	1	5	0.5577
通用性	2	1/3	1/5	1	0.1124

$\lambda_{A\max}=4.0788$, $CI=0.0263$, $CR=0.0294$

表 B-5　指标层相对于准则层 B_4 的判断矩阵

测试能力	基本性能	测试策略	测试精度	测试速度	反应能力	$W_C^{B_4}$
基本性能	1	1/6	1/7	1/5	1/3	0.0419
测试策略	6	1	1/2	2	4	0.2728
测试精度	7	2	1	3	5	0.4245
测试速度	5	1/2	1/3	1	3	0.1772
反应能力	3	1/4	1/5	1/3	1	0.0836

$\lambda_{A\max}=5.1356$, $CI=0.0339$, $CR=0.0303$

表 B-6　指标层相对于准则层 B_5 的判断矩阵

人员因素	赞同程度	设备操作复杂性	人员训练时间	$W_C^{B_5}$
赞同程度	1	1/5	2	0.1741
设备操作复杂性	5	1	6	0.7225
人员训练时间	1/2	1/6	1	0.1033

$\lambda_{A\max}=3.0291$, $CI=0.0145$, $CR=0.0282$

表 B-7　指标层相对于准则层 B_6 的判断矩阵

全寿命费用	论证与研制费	购置费	使用与保障费	退役费	$W_C^{B_6}$
论证与研制费	1	1/2	1/6	3	0.1201
购置费	2	1	1/5	4	0.1866
使用与保障费	6	5	1	8	0.6385
退役费	1/3	1/4	1/8	1	0.0548

$\lambda_{A\max}=4.1217$, $CI=0.0406$, $CR=0.0454$

专家 2:一线部队人员

表 B-8　准则层 B 相对于目标层 A 的判断矩阵

	物理因素	可靠性和维修性	可信性	测试能力	人员因素	全寿命费用	W_B^A
物理因素	1	1/3	3	1/5	5	5	0.1400
可靠性和维修性	3	1	5	1/3	7	7	0.2544
可信性	1/3	1/5	1	1/7	3	3	0.0735
测试能力	5	3	7	1	9	9	0.4613
人员因素	1/4	1/6	1/2	1/8	1	1	0.0387
全寿命费用	1/6	1/8	1/4	1/9	1	1	0.0322

$\lambda_{A\max}=6.3570$, CI = 0.0714, CR = 0.0571

表 B-9　指标层相对于准则层 B_1 的判断矩阵

物理因素	测试设备大小限制	测试设备重量限制	功耗	$W_C^{B_1}$
测试设备大小限制	1	2	1/3	0.2395
测试设备重量限制	1/2	1	1/4	0.1373
功耗	3	4	1	0.6232

$\lambda_{A\max}=3.0246$, CI = 0.0123, CR = 0.0239

表 B-10　指标层相对于准则层 B_2 的判断矩阵

可靠性和维修性	平均故障间隔时间	MTTR 限制	平均维修时间	$W_C^{B_2}$
平均故障间隔时间	1	1/3	3	0.2605
MTTR 限制	3	1	5	0.6333
平均维修时间	1/3	1/5	1	0.1062

$\lambda_{A\max}=3.0385$, CI = 0.0193, CR = 0.0374

表 B-11　指标层相对于准则层 B_3 的判断矩阵

可信性	稳定性	安全性	适应性	通用性	$W_C^{B_3}$
稳定性	1	1/3	1/5	3	0.1219
安全性	3	1	1/3	5	0.2633
适应性	5	3	1	7	0.5579
通用性	1/3	1/5	1/7	1	0.0569

$\lambda_{A\max}=4.117$, CI = 0.0390, CR = 0.0437

表 B-12　指标层相对于准则层 B_4 的判断矩阵

测试能力	基本性能	测试策略	测试精度	测试速度	反应能力	$W_C^{B_4}$
基本性能	1	1/5	1/7	1/4	1/3	0.0456

续表

测试能力	基本性能	测试策略	测试精度	测试速度	反应能力	$W_C^{B_4}$
测试策略	5	1	1/2	2	4	0.2649
测试精度	7	2	1	4	5	0.4511
测试速度	4	1/2	1/4	1	2	0.1474
反应能力	3	1/4	1/5	1/2	1	0.0909

$\lambda_{A\max}=5.1209$, CI $=0.0302$, CR $=0.0270$

表 B－13　指标层相对于准则层 B_5 的判断矩阵

人员因素	赞同程度	设备操作复杂性	人员训练时间	$W_C^{B_5}$
赞同程度	1	1/3	3	0.2605
设备操作复杂性	3	1	5	0.6333
人员训练时间	1/3	1/5	1	0.1062

$\lambda_{A\max}=3.0385$, CI $=0.0193$, CR $=0.0374$

表 B－14　指标层相对于准则层 B_6 的判断矩阵

全寿命费用	论证与研制费	购置费	使用与保障费	退役费	$W_C^{B_6}$
论证与研制费	1	1/2	1/5	4	0.1395
购置费	2	1	1/4	5	0.2136
使用与保障费	5	4	1	8	0.5968
退役费	1/4	1/5	1/8	1	0.0501

$\lambda_{A\max}=4.1345$, CI $=0.0448$, CR $=0.0502$

专家三:理论研究人员

表 B－15　准则层 B 对于目标层 A 的判断矩阵

	物理因素	可靠性和维修性	可信性	测试能力	人员因素	全寿命费用	W_B^A
物理因素	1	3	2	1/3	4	2	0.2001
可靠性和维修性	1/3	1	1/2	1/5	2	1/2	0.0730
可信性	1/2	3	1	1/4	3	1	0.1324
测试能力	3	5	4	1	6	4	0.4264
人员因素	1/4	1/2	1/3	1/6	1	1/3	0.0472
全寿命费用	1/2	2	1	1/4	3	1	0.1209

$\lambda_{A\max}=6.1988$, CI $=0.0398$, CR $=0.0318$

表 B-16　指标层相对于准则层 B_1 的判断矩阵

物理因素	测试设备大小限制	测试设备重量限制	功耗	$W_C^{B_1}$
测试设备大小限制	1	2	1/3	0.2395
测试设备重量限制	1/2	1	1/4	0.1373
功耗	3	4	1	0.6232

$\lambda_{A\max}=3.0183$, $CI=0.0091$, $CR=0.0178$

表 B-17　指标层相对于准则层 B_2 的判断矩阵

可靠性和维修性	平均故障间隔时间	MTTR 限制	平均维修时间	$W_C^{B_2}$
平均故障间隔时间	1	2	4	0.5571
MTTR 限制	1/2	1	3	0.3202
平均维修时间	1/4	1/3	1	0.1226

$\lambda_{A\max}=3.0183$, $CI=0.0091$, $CR=0.0178$

表 B-18　指标层相对于准则层 B_3 的判断矩阵

可信性	稳定性	安全性	适应性	通用性	$W_C^{B_3}$
稳定性	1	1/4	1/2	3	0.1497
安全性	4	1	3	6	0.5443
适应性	2	1/3	1	4	0.2399
通用性	1/3	1/6	1/4	1	0.0662

$\lambda_{A\max}=4.0813$, $CI=0.0271$, $CR=0.0303$

表 B-19　指标层相对于准则层 B_4 的判断矩阵

测试能力	基本性能	测试策略	测试精度	测试速度	反应能力	$W_C^{B_4}$
基本性能	1	1/4	1/3	2	4	0.1368
测试策略	4	1	2	5	7	0.4438
测试精度	3	1/2	1	4	5	0.2841
测试速度	1/2	1/5	1/4	1	3	0.0900
反应能力	1/4	1/7	1/5	1/3	1	0.0453

$\lambda_{A\max}=5.1561$, $CI=0.0390$, $CR=0.0349$

表 B-20　指标层相对于准则层 B_5 的判断矩阵

人员因素	赞同程度	设备操作复杂性	人员训练时间	$W_C^{B_5}$
赞同程度	1	2	5	0.5679
设备操作复杂性	1/2	1	4	0.3339
人员训练时间	1/5	1/4	1	0.0982

$\lambda_{A\max}=3.0246$, $CI=0.0123$, $CR=0.0239$

表 B-21　指标层相对于准则层 B_6 的判断矩阵

全寿命费用	论证与研制费	购置费	使用与保障费	退役费	$W_C^{B_6}$
论证与研制费	1	1	1/5	5	0.1650
购置费	1	1	1/5	5	0.1650
使用与保障费	5	5	1	9	0.6252
退役费	1/5	1/5	1/9	1	0.0448

$\lambda_{A\max}=4.1332$, CI = 0.0444, CR = 0.0497

专家四：测试设备研究人员

表 B-22　准则层 B 对于目标层 A 的判断矩阵

	物理因素	可靠性和维修性	可信性	测试能力	人员因素	全寿命费用	W_B^A
物理因素	1	4	2	1/4	5	1/3	0.1400
可靠性和维修性	1/4	1	1/3	1/7	2	1/6	0.0470
可信性	1/2	3	1	1/5	4	1/4	0.0962
测试能力	4	7	5	1	8	2	0.4051
人员因素	1/5	1/2	1/4	1/8	1	1/7	0.0326
全寿命费用	3	6	4	1/2	7	1	0.2790

$\lambda_{A\max}=6.2224$, CI = 0.0445, CR = 0.0356

表 B-23　指标层相对于准则层 B_1 的判断矩阵

物理因素	测试设备大小限制	测试设备重量限制	功耗	$W_C^{B_1}$
测试设备大小限制	1	3	1/3	0.2605
测试设备重量限制	1/3	1	1/5	0.1062
功耗	3	5	1	0.6333

$\lambda_{A\max}=3.0385$, CI = 0.0193, CR = 0.0374

表 B-24　指标层相对于准则层 B_2 的判断矩阵

可靠性和维修性	平均故障间隔时间	MTT 限制	平均维修时间	$W_C^{B_2}$
平均故障间隔时间	1	3	6	**0.6393**
MTTR 限制	1/3	1	4	**0.2737**
平均维修时间	1/6	1/4	1	**0.0869**

$\lambda_{A\max}=3.0536$, CI = 0.0268, CR = 0.0521

表 B－25　指标层相对于准则层 B_3 的判断矩阵

可信性	稳定性	安全性	适应性	通用性	$W_C^{B_3}$
稳定性	1	1/3	3	4	0.2594
安全性	3	1	5	6	0.557
适应性	1/3	1/5	1	2	0.1124
通用性	1/4	1/6	1/2	1	0.0705

$\lambda_{A\max} = 4.0788$, CI = 0.0263, CR = 0.0294

表 B－26　指标层相对于准则层 B_4 的判断矩阵

测试能力	基本性能	测试策略	测试精度	测试速度	反应能力	$W_C^{B_4}$
基本性能	1	3	1/5	1/2	2	0.1291
测试策略	1/3	1	1/7	1/4	1/2	0.0518
测试精度	5	7	1	4	6	0.5367
测试速度	2	4	1/4	1	3	0.2016
反应能力	1/2	2	1/6	1/3	1	0.0808

$\lambda_{A\max} = 5.122$, CI = 0.0305, CR = 0.0273

表 B－27　指标层相对于准则层 B_5 的判断矩阵

人员因素	赞同程度	设备操作复杂性	人员训练时间	$W_C^{B_5}$
赞同程度	1	1/4	2	0.2014
设备操作复杂性	4	1	5	0.6806
人员训练时间	1/2	1/5	1	0.1179

$\lambda_{A\max} = 3.0246$, CI = 0.0123, CR = 0.0239

表 B－28　指标层相对于准则层 B_6 的判断矩阵

全寿命费用	论证与研制费	购置费	使用与保障费	退役费	$W_C^{B_6}$
论证与研制费	1	1/3	1/5	5	0.1330
购置费	3	1	1/3	7	0.2676
使用与保障费	5	3	1	9	0.5577
退役费	1/5	1/7	1/9	1	0.0417

$\lambda_{A\max} = 4.1707$, CI = 0.0569, CR = 0.0637

专家五:理论研究人员

表 B-29　准则层 B 对于目标层 A 的判断矩阵

	物理因素	可靠性和维修性	可信性	测试能力	人员因素	全寿命费用	W_B^A
物理因素	1	3	4	1/3	5	6	0.2464
可靠性和维修性	1/3	1	2	1/5	3	4	0.1236
可信性	1/4	1/2	1	1/6	2	3	0.0817
测试能力	3	5	6	1	7	8	0.4593
人员因素	1/5	1/3	1/2	1/7	1	2	0.0533
全寿命费用	1/6	1/4	1/3	1/8	1/2	1	0.0358

$\lambda_{A\max}=6.2102$, CI = 0.042, CR = 0.0336

表 B-30　指标层相对于准则层 B_1 的判断矩阵

物理因素	测试设备大小限制	测试设备重量限制	功耗	$W_C^{B_1}$
测试设备大小限制	1	1/3	1/5	0.1062
测试设备重量限制	3	1	1/3	0.2605
功耗	5	3	1	0.6333

$\lambda_{B_1\max}=3.0385$, CI = 0.0193, CR = 0.0374

表 B-31　指标层相对于准则层 B_2 的判断矩阵

可靠性和维修性	平均故障间隔时间	MTT 限制	平均维修时间	$W_C^{B_2}$
平均故障间隔时间	1	4	3	0.6232
MTTR 限制	1/4	1	1/2	0.1373
平均维修时间	1/3	2	1	0.2395

$\lambda_{B_2\max}=3.0183$, CI = 0.0091, CR = 0.0178

表 B-32　指标层相对于准则层 B_3 的判断矩阵

可信性	稳定性	安全性	适应性	通用性	$W_C^{B_3}$
稳定性	1	4	2	5	0.4896
安全性	1/4	1	1/3	2	0.1264
适应性	1/2	3	1	4	0.3054
通用性	1/5	1/2	1/4	1	0.0786

$\lambda_{B_3\max}=4.0484$, CI = 0.0161, CR = 0.018

表 B-33　指标层相对于准则层 B_4 的判断矩阵

测试能力	基本性能	测试策略	测试精度	测试速度	反应能力	W_C^{B4}
基本性能	1	3	1/5	1/2	1/3	0.0946
测试策略	1/3	1	1/7	1/4	1/5	0.0451
测试精度	5	7	1	4	3	0.4845
测试速度	2	4	1/4	1	1/2	0.1469
反应能力	3	5	1/3	2	1	0.2289

$\lambda_{B_4\max}=5.1374, CI=0.0344, CR=0.0307$

表 B-34　指标层相对于准则层 B_5 的判断矩阵

人员因素	赞同程度	设备操作复杂性	人员训练时间	W_C^{B5}
赞同程度	1	2	3	0.5390
设备操作复杂性	1/2	1	2	0.2973
人员训练时间	1/3	1/2	1	0.1638

$\lambda_{B_5\max}=3.0092, CI=0.0046, CR=0.0089$

表 B-35　指标层相对于准则层 B_6 的判断矩阵

全寿命费用	论证与研制费	购置费	使用与保障费	退役费	W_C^{B6}
论证与研制费	1	1/3	1/5	3	0.1219
购置费	3	1	1/3	5	0.2633
使用与保障费	5	3	1	7	0.5579
退役费	1/3	1/5	1/7	1	0.0569

$\lambda_{B_6\max}=4.117, CI=0.039, CR=0.0437$

步骤 2:计算各个指标的综合权重。

专家可信度为

$R=(0.2560, 0.1618, 0.2275, 0.2073, 0.1474)$

对于第一层指标:

由判断矩阵可以得到评价专家群体权重矩阵为

$$\boldsymbol{U}_A=\begin{bmatrix} 0.1402 & 0.2556 & 0.0727 & 0.4579 & 0.0448 & 0.0288 \\ 0.1400 & 0.2544 & 0.0735 & 0.4613 & 0.0387 & 0.0322 \\ 0.2001 & 0.0730 & 0.1324 & 0.4264 & 0.0472 & 0.1209 \\ 0.1400 & 0.0470 & 0.0962 & 0.4051 & 0.0326 & 0.2790 \\ 0.2464 & 0.1236 & 0.0817 & 0.4593 & 0.0533 & 0.0358 \end{bmatrix}$$

因此,指标体系中第一层指标的集中权重为

$$W_A = RU_A$$

$$= \begin{bmatrix} 0.2560 \\ 0.1618 \\ 0.2275 \\ 0.2073 \\ 0.1474 \end{bmatrix} \begin{bmatrix} 0.1402 & 0.2556 & 0.0727 & 0.4579 & 0.0448 & 0.0288 \\ 0.1400 & 0.2544 & 0.0735 & 0.4613 & 0.0387 & 0.0322 \\ 0.2001 & 0.0730 & 0.1324 & 0.4264 & 0.0472 & 0.1209 \\ 0.1400 & 0.0470 & 0.0962 & 0.4051 & 0.0326 & 0.2790 \\ 0.2464 & 0.1236 & 0.0817 & 0.4593 & 0.0533 & 0.0358 \end{bmatrix}$$

$$= (0.1694, 0.1512, 0.0926, 0.4405, 0.0431, 0.1032)$$

同理,可得指标体系中第二层指标的权重为

$$W_{B1} = (0.3756, 0.2070, 0.4174)$$

$$W_{B2} = (0.4811, 0.3995, 0.1194)$$

$$W_{B3} = (0.1978, 0.3671, 0.3559, 0.0792)$$

$$W_{B4} = (0.0899, 0.2310, 0.4290, 0.1531, 0.0969)$$

$$W_{B5} = (0.3371, 0.5483, 0.1146)$$

$$W_{B6} = (0.1364, 0.2142, 0.6001, 0.0494)$$

所以指标层的综合权重为

$$W = \begin{pmatrix} 0.0636, 0.0351, 0.0707, 0.0727, 0.0604, 0.0181, 0.0183, 0.0340, \\ 0.0330, 0.0073, 0.0396, 0.1018, 0.1890, 0.0674, 0.0427, 0.0145, \\ 0.0236, 0.0049, 0.0141, 0.0221, 0.0619, 0.0051 \end{pmatrix}$$

参考文献

[1] 王大珩,等. 现代仪器仪表技术与设计[M]. 北京:科学出版社,2004.
[2] 陈科山,王燕. 现代测试技术[M]. 北京:北京大学出版社,2011.
[3] 洪水棕. 现代测试技术[M]. 上海:上海交通大学出版社,2004.
[4] 张毅刚,彭喜元,姜守达,等. 自动测试系统[M]. 哈尔滨:哈尔滨工业大学出版社,2001.
[5] 潘伸明,王跃科,杨俊. 现代测控理论基础[M]. 长沙:国防科技大学出版社,2004.
[6] 施文康,余晓芬. 检测技术[M]. 北京:机械工业出版社,2002.
[7] 古天祥,王厚军,习友宝,等. 电子测量原理[M]. 北京:机械工业出版社,2004.
[8] 张毅刚. 总线即插即用规范[M]. 哈尔滨:哈尔滨工业大学出版社,2001.
[9] 余成波. 虚拟仪器技术与设计[M]. 重庆:重庆大学出版社,2006.
[10] 李行善,左毅,孙杰. 自动测试系统集成技术[M]. 北京:电子工业出版社,2004.
[11] 张毅,周绍磊,杨秀霞. 虚拟仪器技术分析与应用[M]. 北京:机械工业出版社,2004.
[12] 柳爱利,周绍磊. 自动测试技术[M]. 北京:电子工业出版社,2007.
[13] 陈长龄,田书林,师奕兵,等. 自动测试及接口技术[M]. 北京:机械工业出版社,2005.
[14] 何广军,高育鹏. 现代测试技术[M]. 西安:西安电子科技大学出版社,2007.
[15] 张毅刚,彭喜元,姜守达,等. 自动测试系统[M]. 哈尔滨:哈尔滨工业大学出版社,2001.
[16] 任家富,庹先国,陶永莉. 数据采集与总线技术[M]. 北京:北京航空航天大学出版社,2008.
[17] 夏士智,刘家群,成少铭. 测量系统设计与应用[M]. 北京:机械工业出版社,2011.
[18] 孙大勇,屈显明,张松滨. 先进制造技术[M]. 北京:机械工业出版社,2000.
[19] 程不时. 工程设计的系统工程[M]. 北京:航空工业出版社,1996.
[20] 黄纯颖. 工程设计方法[M]. 北京:中国科学技术出版社,1989.
[21] 尚振东,张勇. 智能仪器工程设计[M]. 西安:西安电子科技大学出版社,2008.
[22] 朱欣华,姚天忠,邹丽新. 智能仪器原理与设计[M]. 北京:中国计量出版社,2002.
[23] 张先立,吕斌. 复杂电磁环境下电磁兼容性设计[M]. 兰州:甘肃科学技术出版社,2006.
[24] 王学浩. 导弹通用自动测试系统综合性能分析与评价研究[D]. 西安:第二炮兵工程学院,2010.
[25] 张杰,唐宏,苏凯. 效能评估方法研究[M]. 北京:国防工业出版社,2009.
[26] 王莲芬,许树柏. 层次分析法引论[M]. 北京:中国人民大学出版社,1989.
[27] 姜艳萍,樊治平. 基于判断矩阵的决策理论与方法[M]. 北京:科学出版社,2008.
[28] 许树柏. 层次分析法原理[M]. 天津:天津大学出版社,1988.
[29] 赵焕臣,许树柏,和金生. 层次分析法[M]. 北京:科学出版社,1986.
[30] 殷富国,杨随先. 计算机辅助设计与制造技术[M]. 武汉:华中科技大学出版社,2008.